高等职业教育铁道供电技术专业“十三五”规划教材
全国高职院校专业教学创新系列教材——铁道运输类

继电保护装置运行与调试

主　编○常国兰　支崇珏
副主编○张绍静　刘志斌　许云雅　孔　瑾
参　编○梁东霞　朱晓强　江　澜
主　审○林宏裔

西南交通大学出版社
·成　都·

图书在版编目（CIP）数据

继电保护装置运行与调试／常国兰，支崇珏主编．
—成都：西南交通大学出版社，2017.3（2024.8 重印）
高等职业教育铁道供电技术专业“十三五”规划教材
全国高职院校专业教学创新系列教材．铁道运输类
ISBN 978-7-5643-5264-6

Ⅰ．①继… Ⅱ．①常… ②支… Ⅲ．①继电保护装置－运行－高等职业教育－教材②继电保护装置－调试－高等职业教育－教材 Ⅳ．①TM774

中国版本图书馆 CIP 数据核字（2017）第 024395 号

高等职业教育铁道供电技术专业“十三五”规划教材
全国高职院校专业教学创新系列教材——铁道运输类

继电保护装置运行与调试

主　编　常国兰　支崇珏

责任编辑	宋彦博
封面设计	何东琳设计工作室
出版发行	西南交通大学出版社 （四川省成都市金牛区二环路北一段 111 号 西南交通大学创新大厦 21 楼）
营销部电话	028-87600564　028-87600533
邮政编码	610031
网址	http://www.xnjdcbs.com
印刷	成都蓉军广告印务有限责任公司
成品尺寸	185 mm × 260 mm
印张	13.25
字数	329 千
版次	2017 年 3 月第 1 版
印次	2024 年 8 月第 5 次
书号	ISBN 978-7-5643-5264-6
定价	42.00 元

课件咨询电话：028-81435775

高等职业教育铁道供电技术专业“十三五”规划教材

编 委 会

出版说明

近年来，我国铁路建设快速发展，取得了令世人瞩目的成绩。到 2015 年年底，全国铁路运营里程达 12.1 万千米，居世界第二位。在铁路建设快速发展的当下，企业急需大量德才兼备的高技能型专业人才，这对铁路职业教育提出了更高的要求。

为适应新形势，同时为满足企业对人才培养的迫切需要，促进铁路专业课程体系与教材体系趋于完善，西南交通大学出版社与全国 19 所铁路高、中职学校共同策划、拟在今明两年内出版一套“十三五”规划教材——高等职业教育铁道供电技术专业“十三五”规划教材。这套教材包括：《安全用电》《高电压工程》《接触网施工》《牵引供电规程》《接触网实训教程》《电力线路施工与检修》《电机与电力控制技术》《接触网设备检修与维护》《变电所综合自动化技术》《牵引变电系统运行与维护》《继电保护装置运行与调试》《高压电气设备的检修与试验》等。

这套教材严格遵照教育部《普通高等学校高等职业教育专科（专业）目录（2015 年）》与《高等职业学校专业教学标准》的文件精神编写，切合高职院校专业教学与铁路现场实际，具有创新性，是目前铁道供电技术专业的最新教材，能在为我国电气化铁路行业培养出更多高素质、专业技术强的接班人方面发挥重要作用。其编写特色体现在：

1. 针对性强

主要针对高职院校铁路行业技能型人才培养目标以及目前铁道供电技术专业教学与人才培养方案。书里的内容皆对应铁道供电技术专业的核心课程或主干课程。

2. 实用性强

在编写内容布局上，遵循高职院校教学的“必需、够用、实用”原则，充分体现高等职业教育的实用特征；在编写体系设置上，坚持以“夯实基础，贴近岗位”为准则，突出可操作性，使知识与技能较好融合。为便于教学，每本书皆配有教师可用、学生可学的资料、资源。

3. 编者基础厚实

担任本套教材的主编和其他编者（不少是双师型教师），既有丰富的实践经验与课堂教学经验，又有编写出版教材的经历。在铁路建设高速发展以及中国高铁迈向世界的背景下，他们仍在继续不断地学习与钻研现代铁路技术，走访企业、现场，搜集、掌握相关技术资料，这为编写出版高质量的教材奠定了坚实基础。

4. 立体化

本套教材的出版，在纸质出版时辅以数字出版，使教材表现形态多元化、立体化。学生可通过扫二维码或使用网络媒体等多种手段，获得丰富的学习资源，提高学习效率。这样的教材，会使教学变得更加开放、便捷，从而实现更好培养高技能型人才的目标。

本套教材的出版，得到以下学校的积极响应和大力支持，我们在此表示衷心的感谢。他们是：包头铁道职业技术学院、辽宁铁道职业技术学院、北京铁路电气化学校、天津铁道职业技术学院、西安铁路职业技术学院、武汉铁路职业技术学院、山东职业学院、贵阳职业技术学院、四川管理职业学院、黑龙江交通职业技术学院、吉林铁道职业技术学院、昆明铁道职业技术学院、广州铁路职业技术学院、湖南铁道职业技术学院、湖南铁路科技职业技术学院、湖南高速铁路职业技术学院、郑州铁道职业技术学院、湖北铁路运输职业技术学院、南京铁道职业技术学院等。

同时，我们还要对在教材出版幕后做出积极贡献的相关领导及专家表示崇高的敬意。他们是：西南交通大学陈维荣教授，湖南铁路科技职业技术学院副院长石纪虎教授，黑龙江交通职业技术学院副院长宫国顺教授，包头铁道职业技术学院院长张澍东教授、广州铁路职业技术学院王亚妮教授、谢家的教授，北京铁路电气化学校林宏裔科长。此外，还要特别感谢以下做出重要贡献的老师，他们或建言献策、直抒已见，或主动担纲、揽承编写任务。他们是：杨旭清、祁瑒娟、刘德勇、郭艳红、林宏裔、谢奕波、赵先堃、江澜、支崇珏、于洪永、高秀梅、魏玉梅、曾洁、唐玲、严兴喜、袁兴伟、谢芸、杨柳、邓缬、王向东、张灵芝、龙剑、上官剑、饶金根、程波等。

教材是体现教学内容和教学方法的知识载体，是人才培养工作顺利开展的重要基础，需要社会关注与扶持。我社作为轨道交通特色出版社，一直坚持把服务高职院校教学与服务铁路企业人才培养作为出版社的重要工作之一，把规划、开发与出版更多的、更优质的轨道交通类教材作为首要任务并予以落实。希望本套教材的出版，能对高职院校的铁路专业教学与改革，对铁路企业、现场的职工培训与人才培养发挥重要作用，产生积极影响。

西南交通大学出版社

2017 年 2 月

前　言

由于继电保护在电力系统中处于十分重要的地位，因此“继电保护技术”是供用电技术及电力系统自动化专业的一门专业主干课程。本书是面向高职高专等职业类院校，针对电气化铁道供电系统编写的教材。该书改变了过去的教材理论分析偏多，与实践脱节的情况，将理论、实践及实际设备相融合，贯彻回归工程教学的理念，旨在从继电保护装置的配置、接线、整定、调试、运行等多方位多层次地介绍继电保护，实现对学生知识、能力、素质一体化的培养。

该书保留了部分传统的模拟式保护，又结合了当前电力系统已广泛采用数字式继电保护装置的实际情况，将重点放在了数字式保护。

本教材共有七个项目：项目一介绍继电保护的基本知识，项目二介绍继电保护的基本元件与测试仪器，项目三介绍输电线路阶段式电流电压保护运行与调试，项目四介绍输电线路阶段式距离保护运行与调试，项目五介绍自动装置运行与调试，项目六介绍电力变压器保护运行与调试，项目七介绍铁路牵引供电系统继电保护装置运行与调试。

每个项目由 2～4 个任务组成，以工作任务驱动课程教学。通过任务的完成，学生能学到继电保护装置运行与调试的专业知识和技能。

本书由北京铁路电气化学校常国兰、武汉铁路职业技术学院支崇珏担任主编，由武汉铁路职业技术学院张绍静、湖南高速铁路职业技术学院刘志斌、北京铁路电气化学校许云雅、山东职业学院孔瑾担任副主编。参加编写工作的还有北京铁路电气化学校梁东霞、朱晓强以及武汉铁路职业技术学院江澜。具体编写分工如下：项目一由梁东霞编写，项目二的任务一、二由朱晓强编写，项目二的任务三、四由江澜编写，项目三的任务一、二、三由张绍静编写，项目三的任务四由支崇珏编写，项目四由刘志斌编写，项目五由许云雅编写，项目六由常国兰编写，项目七由孔瑾编写。全书由北京铁路电气化学校林宏裔担任主审。

由于编者水平有限，书中难免存在不妥之处，恳请广大读者批评指正。

编　者

2017 年 1 月

目 录

项目一　继电保护的基本知识

【学习目标】

（1）能正确区分电力系统的运行状态。

（2）能说出实训室继电保护的类型。

（3）理解继电保护的作用。

（4）能正确判断继电保护的选择性与非选择性。

（5）理解继电保护的基本要求。

（6）了解继电保护的特点。

（7）掌握继电保护的工作原理。

（8）了解继电保护的分类。

继电保护是电力系统的重要组成部分，对保证电力系统的正常运行，防止事故发生或扩大起到重要作用。继电保护通过预防事故或缩小事故范围来提高系统运行的可靠性，最大限度地保证向用户安全连续供电。电力系统的飞速发展不断对继电保护提出新的要求，电子技术、计算机技术与通信技术的飞速发展又不断为继电保护技术的发展注入新的活力。

任务一　继电保护的作用

【任务描述】

分析电力系统的运行状态，能准确说出继电保护的作用。

【知识链接】

一、电力系统的运行状态

电力系统的运行状态分为正常运行、不正常运行和故障 3 种。

（1）电力系统的正常运行状态：指电力系统的电压、波形、频率等都在标准要求的范围内，电气参数、电能质量符合规定要求，电力系统有较高的可靠性和经济性的运行状态。

（2）电力系统的不正常运行状态：指电力系统中的电气元件的正常工作遭到破坏，但没有发生故障的运行状态，如过负荷、频率降低、过电压、电力系统振荡等。

（3）电力系统的故障状态：指系统或者其中一部分的正常工作遭到破坏，并造成对用户少送电或电能质量降低到设备不能正常工作，甚至造成人身伤亡和电气设备损坏。电力系统的故障主要有短路故障和断相故障，其中最危险的故障就是各种形式的短路故障。

短路故障是指不同电位导电部分之间的不正常短接或者带电部分与大地之间短接。短路故障通常分为三相短路故障、两相短路故障、单相接地短路故障、单相接中性点短路故障、两相接地短路故障和两相短路接地故障 6 种形式，如图 1-1-1 所示。

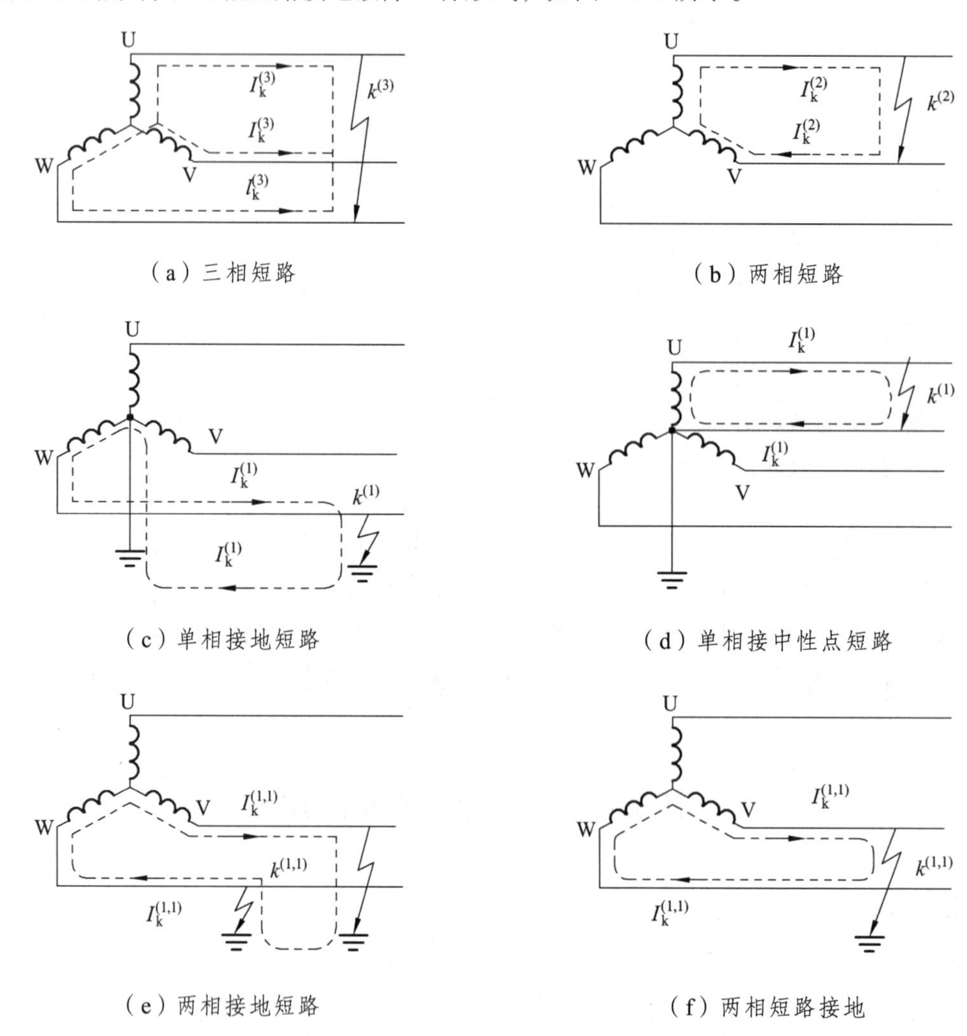

图 1-1-1　短路的基本类型接线示意图

造成短路的原因很多，主要有以下几种情况：

（1）电气设备载流部分绝缘破坏。

（2）误操作。

（3）飞禽跨接裸导体。

电力系统发生短路时，短路电流可达数千安培到数万安培，远远超过导线和设备所允许的电流限度，造成电气设备过热或烧毁，甚至引起火灾。短路的严重后果主要有以下几个方面：

（1）故障点通过的很大的短路电流及所燃起的电弧，使故障元件损坏。

（2）短路电流通过非故障元件，由于发热和电动力作用，使元件损坏或使其使用寿命缩短。

（3）电力系统中部分地区的电压大大降低，甚至造成停电事故。

（4）破坏电力系统并列运行的稳定性，引起系统振荡，甚至导致整个系统瓦解。

（5）单相短路时，对附近的通信线路、电子设备产生电磁干扰。

当电力系统发生各种类型的短路故障时，就需要有相应的继电保护及测控装置及时将故障元件从系统中切除，并保护其他相关电气设备。

二、继电保护的作用

继电保护的作用主要有以下三点：

（1）当电力系统发生故障时，自动、迅速、有选择性地将故障元件从电力系统中切除，使故障元件免于继续遭到破坏，保证其他无故障元件迅速恢复正常运行。

（2）反应电气元件的不正常运行状态，并根据不正常运行的类型和电气元件的维护条件发出信号，由运行人员进行处理或自动进行调整。

（3）继电保护装置还可以和电力系统中的其他自动装置配合，在条件允许时，采取预定措施，缩短事故停电时间，尽快恢复供电，从而提高电力系统运行的可靠性。

总之，针对各种故障与不正常运行状态，电力系统继电保护装置就是能反应电力系统中电气元件的故障或不正常运行状态，并动作于断路器跳闸或发出信号的一种自动装置。即当电力系统发生故障时，继电保护装置应可靠而迅速地动作；当电力系统处于不正常运行状态时，继电保护装置应发出相应的报警信号。

三、继电保护工作的特点及要求

电力系统的安全连续供电，要求继电保护具有一定的性能和特点，同时对继电保护工作者也提出了相应的要求。继电保护工作的主要特点及对继电保护工作者的要求如下：

（1）电力系统是一个由很多复杂的一次主设备和二次保护、控制、调节、信号等辅助设备组成的有机整体。每个设备都有其特有的运行特性和故障时的工况。任一设备的故障都将立即引起系统正常运行状态的改变或破坏，给其他设备以及整个系统造成不同程度的影响。因此，继电保护的工作涉及每个电气主设备和二次辅助设备。这就要求继电保护工作者对所有这些设备的工作原理、性能、参数计算和故障状态的分析等有深刻的理解，还要有广泛的生产运行知识，并对整个电力系统的规划设计原则、运行方式制订的依据、电压及频率调节的理论、潮流及稳定计算的方法以及经济调度、安全控制原理和方法等都要有清楚的概念。

（2）电力系统继电保护是一门综合性的学科，它奠基于电工、电机学和电力系统分析等基础理论，还与电子技术、通信技术、计算机技术和信息科学等新理论、新技术有着密切的关系。纵观继电保护技术的发展史，可以看到电力系统通信技术的每一个重大进展都导致了一种新保护原理的出现，如高频保护、微波保护和光纤保护等。每一种新电子元件的出现，也都引起了继电保护装置的革命。由机电式继电器发展到晶体管保护装置、集成电路式保护装置和微机保护，就充分说明了这个问题。目前，微机保护及光纤通信和信息网络的实现正在使继电保护技术的面貌发生根本的变化，在继电保护的设计、制造和运行方面都将出现一些新的理论、新的概念和新的方法。由此可见，继电保护工作者应密切注意相邻学科中新理论、新技术、新材料的发展情况，积极而慎重地运用各种新技术成果，不断发展继电保护的理论，提高其技术水平和可靠性指标，改善保护装置的性能，以保证电力系统的安全运行。

（3）继电保护是一门理论和实践并重的学科。为掌握继电保护装置的性能及其在电力系统发生故障时的动作行为，继电保护工作者既需运用所学的理论知识对系统故障情况和保护装置动作行为进行分析，还需对继电保护装置进行实验室试验、数字仿真分析、动态模拟试验、现场人工故障试验以及在现场条件下的试运行。继电保护工作者仅通过理论分析不能认为对保护性能的了解是充分的。继电保护装置只有经过各种严格的试验，且试验结果和理论分析基本一致，并满足预定的要求，才能在实践中采用。因此，要做好继电保护工作，不仅要善于对复杂的系统运行和保护性能问题进行理论分析，还必须掌握科学的试验技术，尤其是在现场条件下进行调试和试验的技术。

（4）继电保护工作稍有差错，就可能对电力系统的运行造成严重的影响，给国民经济和人民生活带来不可估量的损失。国内外几次电力系统瓦解，进而导致广大地区工、农业生产瘫痪和社会秩序混乱，都是由一个继电保护装置不正确动作所引起的。因此，继电保护工作者对电力系统的安全运行肩负着重大的责任，这就要求继电保护工作者有高度的责任感和严谨细致的工作作风，在工作中树立可靠性第一的思想。此外，还要求他们有合作精神，主动配合各规划、设计和运行部门分析研究电力系统的发展和运行情况，了解对继电保护的要求，以便及时采取应有的措施，确保继电保护满足电力系统运行的要求。

【任务实施】

（1）学生接受任务，根据给出的相关知识以及查阅相关的资料，自行完成任务的内容。

（2）各小组成员之间、各小组之间互相检查，发现问题，提出意见。

（3）老师检查各小组及个人完成的任务，提出问题，给出成绩。

【课堂训练与测评】

（1）简述电力系统的运行状态有哪几种。

（2）简述电力系统继电保护的作用。

（3）简述对继电保护工作者的基本要求。

【知识拓展】

上网搜索市面上的继电保护装置生产厂家，并在下次上课时分组展示。

任务二　继电保护的原理与分类

【任务描述】

分析继电保护的原理，能说出实训室变电所所具备的继电保护类型。

【知识链接】

一、继电保护的原理

继电保护的基本原理是：利用被保护线路或设备故障前后某些突变的物理量作为信息量，当其测量值达到一定数值（即整定值）时，启动逻辑控制环节，发出相应的跳闸脉冲或信号。

继电保护装置相当于一种在线开环的自动控制装置，根据控制过程中信号性质的不同，分为模拟型和数字型两类。常规的模拟继电保护装置，一般包括测量部分、逻辑部分和执行部分，如图 1-2-1 所示。

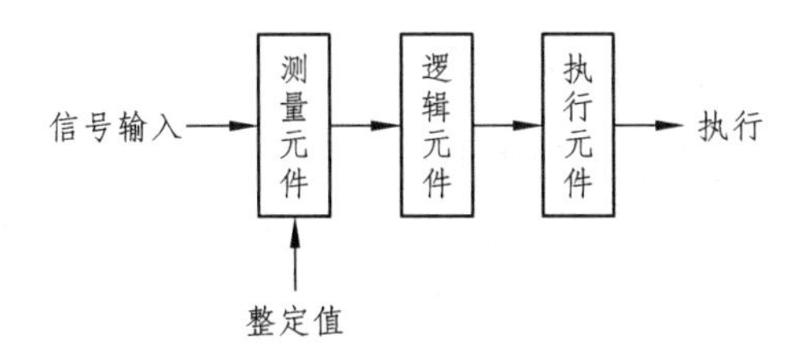

图 1-2-1 继电保护装置的原理方框图

（1）测量部分：测量被保护对象的有关物理量，并与已给定的整定值进行比较，以判断是否发生故障或出现不正常运行状态，然后根据比较结果输出逻辑信号，用于判断保护装置是否应该启动。

（2）逻辑部分：根据测量部分的输出结果，进行一系列的逻辑判断，确定是否输出动作信号给执行部分。

（3）执行部分：依据前面环节判断得出的结果，做出相应的处理。例如：故障时，保护动作于跳闸；异常时，保护动作于发信号；正常运行时，不动作。

当电力系统发生故障或处于不正常运行状态时，系统的运行参数会发生显著的变化。继电保护装置的作用就是实时检测电力系统的各种运行参数，一旦检测到参数的变化，确定电力系统出现异常，即刻发出相应动作命令或告警信号，以便采取各种相应的措施，从而起到对电力系统的保护作用。

继电保护装置多数情况下是由几个继电器组成的自动装置，按其工作原理分为：过电流保护装置、电流速断保护装置、过（欠）电压保护装置、差动保护装置、瓦斯保护装置、单相接地保护装置等。

下面以图 1-2-2 所示电流保护装置为例说明继电保护装置的动作过程。

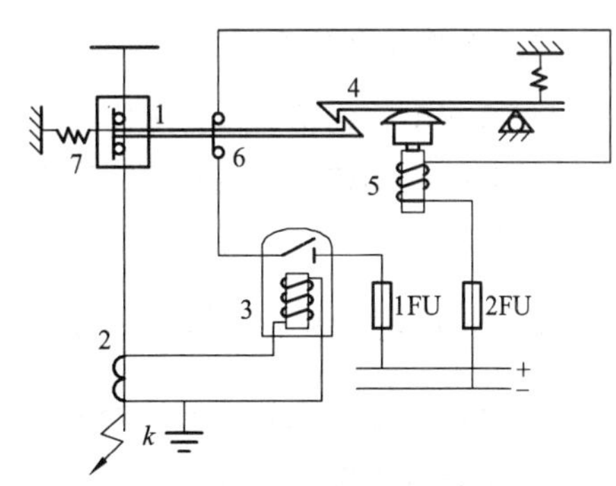

图 1-2-2 电流保护原理示意图

1—断路器；2—电流互感器；3—电流继电器；4—锁扣机构；5—断路器的跳闸线圈；6—断路器的辅助接点；7—跳闸弹簧

图中的输电线路上设置了电流保护装置，其中电流互感器 2 的作用是检测线路电流值，并将线路中的电流转换为小电流输送给电流继电器 3。正常运行时，线路中通过负荷电流，电流较小，电流互感器二次侧电流也较小，保护装置保持不动作状态。一旦线路发生短路故障，线路中的短路电流迅速增大，此时通过电流互感器二次侧流入继电器的电流随之增大，即继电器线圈的电流增大，产生的电磁力也随之增大。较大的电磁力吸引继电器的衔铁动作并使继电器的常开接点闭合，断路器的跳闸线圈受电，跳闸线圈中的铁心被吸入线圈并撞开锁扣机构，断路器在跳闸弹簧的弹力作用下迅速跳闸，从而将故障从电力系统中切除。断路器的辅助接点与断路器的动作是同步的，当断路器跳闸后，辅助接点同时断开，以避免断路器跳闸线圈长时间通电而烧损。

二、继电保护的类型

（一）按保护装置反应的物理量分类

不同保护装置所检测的电力系统的物理量各不相同。继电保护根据保护装置所反应的物理量可分为电流保护、电压保护、阻抗保护、零序保护、电流方向保护、差动保护、瓦斯保护等。

通过检测各种状态下被保护元件所反应的各种物理量的变化并予以鉴别，保护内部对不同的物理量有一个界定系统正常与否的整定值，以便根据测量量进行故障与否的判断。保护装置反应的物理量又分为两种：

1. 反应电气量

电力系统发生故障时，线路电流增大，电压降低，电流与电压的比值（阻抗）和它们之间的相位角等都会发生不同的变化。因此，在被保护元件的首端装设各种变换器，用于测量、比较，并鉴别出故障时这些基本参数与正常运行时的差别。这样，根据测量的电气参数不同可构成不同原理的继电保护装置，如电流保护、电压保护、阻抗保护等。若反应电气量增大而动作称为过值保护，如过电流保护、差动电流保护；反之，称为欠值保护，如欠压保护、阻抗保护等。

2. 反应非电气量

对某些电气设备，如变压器，除了对其电气量进行测量之外，还需对其内部温度、压力、气流等非电气物理量进行检测，从而构成相应的保护，如电力变压器的温度保护、压力保护、瓦斯保护等。

（二）按保护装置的保护对象分类

继电保护按不同的被保护对象设计相应的成套保护装置，独立安装运行，以便于设备的操作、检修维护等，如发电机保护、输电线路保护、变压器保护、母线保护等。

（三）按组成保护装置的元件类型分类

继电保护按组成保护装置的元件类型分类可分为电磁型保护、集成电路型保护、微机型保护等。

（四）按保护装置所反应故障类型分类

继电保护按保护装置所反应的故障类型分类可分为相间短路保护、接地故障保护、匝间短路保护、断线保护、失步保护、失磁保护及过励磁保护等。

（五）按保护装置的作用分类

继电保护按保护装置的作用不同可分为主保护、后备保护、辅助保护等。

（1）主保护：满足系统稳定性和设备安全要求，能以最快速度有选择性地切除被保护设备和线路故障的保护。

（2）后备保护：主保护或断路器拒动时用来切除故障的保护。后备保护又分为远后备保护和近后备保护两种。近后备保护是当主保护拒动时，由本电力设备或线路的另一套保护来实现后备的保护。远后备保护是当主保护或断路器拒动时，由相邻电力设备或线路的保护来实现后备的保护。当断路器拒动时，由断路器失灵保护来实现后备保护。

（3）辅助保护：为补充主保护和后备保护的性能或当主保护和后备保护退出运行时而增设的简单保护。

【任务实施】

（1）学生接受任务，根据给出的相关知识以及查阅相关的资料，自行完成任务的内容。

（2）各小组成员之间、各小组之间互相检查，发现问题，提出意见，进行自评与互评。

（3）老师检查各小组及个人完成的任务，进行评价总结。

【课堂训练与测评】

（1）简述继电保护的原理。

（2）画出继电保护装置的原理框图。

（3）简述继电保护的类型。

（4）画出电流保护原理示意图。

【知识拓展】

根据保护所反应的物理量的不同写出实训室变电所有哪些保护。

任务三　对继电保护装置的基本要求

【任务描述】

准确描述如图 1-3-1 所示的单侧电源的辐射型电网，当 k_1、k_2、k_3 等不同地点发生短路故障时相应的跳闸开关，并通过此案例准确描述对继电保护装置的基本要求。

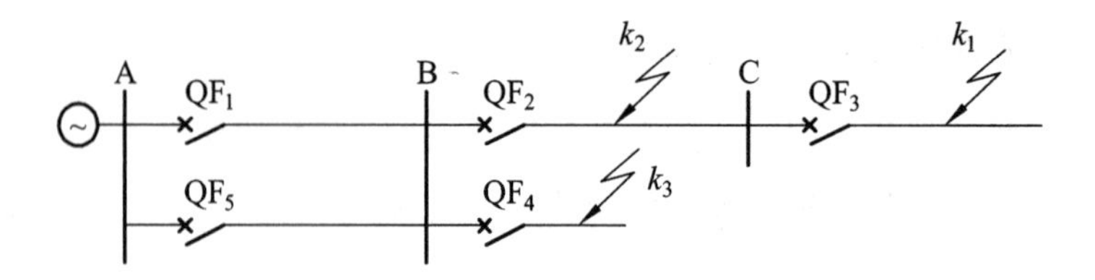

图 1-3-1 单侧电源的辐射型电网示意图

【知识链接】

动作于跳闸的继电保护装置，在技术上一般应满足四个基本要求，即选择性、速动性、灵敏性和可靠性。

一、选择性

当电力系统的某元件发生故障时，在很大范围内的电气量都会随之发生变化，因而该范围内相应的保护装置都会检测到故障的存在，同时也有可能动作，如果这样将引起电力系统大范围停电。为了使故障影响的范围尽可能小，则要求仅距离故障元件最近的保护装置动作，将故障切除。保护装置这种有选择性的动作就称为保护的选择性。为保证选择性，相邻设备和线路的保护装置的动作值及动作时间要相互配合。

例如，图 1-3-2 所示为简单电力系统不同点发生短路的示意图，当不同点发生短路时，不同的开关动作，体现保护的选择性。

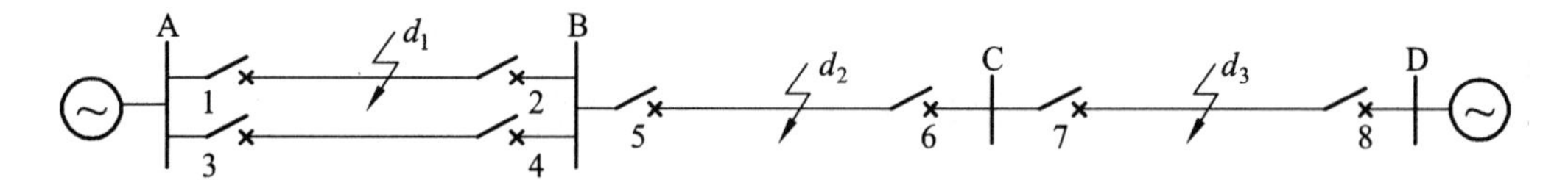

图 1-3-2 简单电力系统不同点发生短路示意图

当 d_1 短路时，保护 1、2 动作跳开断路器 1DL、2DL 为有选择性。当 d_2 短路时，保护 5、6 动作跳开 5DL、6DL 为有选择性。当 d_3 短路时，保护 7、8 动作跳开 7DL、8DL 为有选择性。若保护 7 拒动或 7DL 拒动，保护 5 动作跳开断路器 5DL，满足选择性要求；若保护 7 和 7DL 正确动作于跳闸，保护 5 动作跳开断路器 5DL，则为越级跳闸，不满足选择性要求。

总之，选择性就是故障点在动作区内时保护装置动作，在动作区外时保护装置不动作。当主保护未动作时，由近后备或远后备保护切除故障，但远后备保护切除故障的时间较长。在高压电网中，应特别注意提高主保护动作的可靠性。

二、速动性

快速地切除故障可以提高电力系统并列运行的稳定性，减少用户在电压降低的情况下的工作时间，以及减轻故障元件的损坏程度。因此，在发生故障时，应力求保护装置能迅速动作切除故障。

速动性是指保护装置应以最短的时间切除短路故障。提高速动性主要有以下优点：

（1）能够提高电力系统中发电机并联运行的稳定性。

（2）可以减轻短路电流对电气设备损害的程度。

（3）可以防止故障范围扩大，提高自动重合闸动作的成功率。

继电保护装置切除故障的时间为：$t = t_{OP} + t_{QF}$（即保护动作时间 + 断路器动作时间）。实际应用中，保护装置速动性的提高往往受到各种限制，因此对不同情况下的保护装置，其速动性的要求不尽相同。目前最快的继电保护装置的动作时间为 5 ms。

三、灵敏性

继电保护装置的灵敏性，是指其对于所保护范围内发生故障或不正常运行的反应能力。满足灵敏性要求的保护装置应该是在事先规定的保护范围内发生故障时，不论短路点的位置、短路的类型如何，以及短路点是否有过渡电阻，都能敏锐感觉，正确反应。保护装置的灵敏性，通常用灵敏系数来衡量，它主要取决于被保护元件和电力系统的运行方式。

电力系统的运行方式有最大运行方式和最小运行方式，如图 1-3-3 所示。最大运行方式，是系统具有最小的短路阻抗值，发生短路后产生的短路电流最大的一种运行方式。一般根据系统最大运行方式的短路电流值来校验所选用的开关电器的稳定性。最小运行方式，是系统具有最大的短路阻抗值，发生短路后产生的短路电流最小的一种运行方式。一般根据系统最小运行方式的短路电流值来校验继电保护装置的灵敏度。简单点说，判定运行方式就是看短路电流，短路电流最大的就是最大运行方式，短路电流最小的就是最小运行方式。

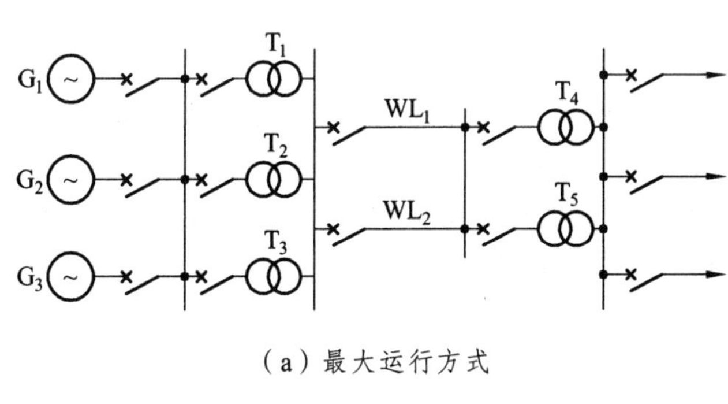

（a）最大运行方式

（b）最小运行方式

图 1-3-3　系统运行方式

保护装置的灵敏性受电力系统运行方式的影响很大。这是因为，系统在最大运行方式下，并联发电机组和并联线路最多，系统阻抗最小，短路电流大，电压降幅较小；反之，在最小运行方式下，系统阻抗大，短路电流小，电压降幅较大。

灵敏性是用灵敏系数 K_s 来表示的。所谓灵敏系数，是指故障时保护装置测量的故障量与给定的装置启动值之比，它是校验继电保护灵敏性的具体指标。在保护装置中，灵敏系数应根据实际最不利的运行方式、故障类型及短路点位置进行校验计算。对于过值保护和欠值保护，其灵敏系数的计算方法不同。

对于过值保护装置，在最小运行方式下，发生短路故障时短路电流最小，灵敏系数最小，故需检验此时的灵敏度。其灵敏系数的计算公式为

$$K_s = \frac{\text{保护范围末端金属性短路时故障参数的最小计算值}}{\text{保护的动作参数}} \tag{1-3-1}$$

例如，过电流保护装置的灵敏系数为

$$K_s = \frac{I_{kmin}}{I_{op}} \tag{1-3-2}$$

式中 I_{kmin}——最小运行方式下保护区末端的最小短路电流；

I_{op}——保护装置的动作电流。

对于欠值保护装置，在最大运行方式下，短路后电压降低程度较小，故需检验此时的灵敏系数是否满足要求。其灵敏系数的计算公式为

$$K_s = \frac{\text{保护的动作参数}}{\text{保护范围末端金属性短路时故障参数的最大计算值}} \tag{1-3-3}$$

例如，低电压保护装置的灵敏系数为

$$K_s = \frac{U_{op}}{U_{kmax}} \tag{1-3-4}$$

式中 U_{kmax}——保护区末端短路时，保护装置安装处的最大残压；

U_{op}——保护装置的动作电压。

以上灵敏系数均大于 1，一般要求其在 1.2～2 之间。在《继电保护和安全自动装置技术规程》中对各类保护的灵敏系数都做了具体规定。

四、可靠性

保护装置的可靠性是指，在该保护装置规定的保护范围内发生了它应该动作的故障时，它不应该拒绝动作，而在其他任何不应该动作的情况下，则不应该误动作。可靠性是对继电保护的最根本要求。可靠性主要是针对保护装置本身的质量和维护运行水平而言。一般说来，保护装置的组成元件的质量越高，接线越简单，回路中继电器的触点数量越少，保护装置的工作就越可靠。同时，正确的调整试验、良好的运行维护以及丰富的运行经验，对于提高保护的可靠性也具有重要作用。

使得保护装置不可靠的因素有：继电器或元件可靠性不高，结构设计不合理，安装、调试及性能维护不当，设计整定计算不精确等。

提高保护装置可靠性的措施主要有以下几点：选用适当的保护原理，在可能条件下尽量简化接线，减少元器件和接点的数量；提高保护装置的元器件质量和工艺水平，并采取必要的抗干扰措施；提高保护装置安装和调试的质量，并加强维护和管理；采取保护装置多重化。

【任务实施】

（1）学生接受任务，根据给出的相关知识以及查阅相关的资料，自行完成任务的内容。

（2）各小组成员之间、各小组之间互相检查，发现问题，提出意见。

（3）老师检查各小组及个人完成的任务，提出问题，给出成绩。

【课堂训练与测评】

（1）分组说出对继电保护装置的四个基本要求。

（2）写出继电保护的速动性的含义和优点。

（3）叙述继电保护可靠性的含义。

（4）举例说明继电保护选择性的含义。

【知识拓展】

自己设计一个简单电力系统，并确定不同点短路时动作的开关，在下次上课时展示。

【思考与练习】

一、判断题

1.（　　）安装继电保护装置的最终目的是切除故障部分，保证非故障部分继续运行。

2.（　　）继电保护的灵敏系数小于1。

3.（　　）继电保护的基本任务是：当电力系统出现故障时，能自动、快速、无选择性地将故障设备从系统中切除。

4.（　　）电力系统的最大运行方式，是具有最小的短路阻抗值，发生短路后产生的短路电流最大的一种运行方式。

5.（　　）电力系统的运行状态分为正常运行、不正常运行、故障3种。

6.（　　）继电保护中的后备保护，都是延时动作的。

7.（　　）继电保护装置必须满足选择性等6个基本要求。

8.（　　）输电线路长度发生变化时，应重新调整继电保护定值。

9.（　　）对于过值保护和欠值保护，其灵敏系数的计算方法相同。

10.（　　）可靠性是对继电保护的最根本要求。

二、选择题

1. 继电保护按所起作用不同，可分为（　　）、后备保护和辅助保护。

A. 主保护　　B. 过流保护　　C. 速断保护　　D. 零序保护

2. 继电保护装置应满足的四个基本要求是（　　）。

A. 选择性、速动性、灵敏性、经济性　　B. 选择性、可靠性、灵敏性、可调性

C. 选择性、可靠性、灵敏性、适用性　　D. 选择性、速动性、灵敏性、可靠性

3. 下列状态中，（　　）不属于电力系统的故障状态。

A. 单相短路　　B. 断线　　C. 三相短路　　D. 过负荷

4. 继电保护装置一般由（　　）、逻辑部分和执行部分组成。

A. 测量部分　B. 动作部分　C. 信号部分　D. 报警部分

5. 下列选项中，(　　)是对继电保护的最根本要求。

A. 通用性　B. 适用性　C. 经济性　D. 可靠性

6. 下列选项中，(　　)不是按保护装置的保护对象分类的。

A. 发电机保护　B. 变压器保护　C. 母线保护　D. 断线保护

7. 下列选项中，(　　)不是按保护装置所反应故障类型分类的。

A. 接地故障保护　B. 变压器保护　C. 相间短路保护　D. 断线保护

三、简答题

1. 简述电力系统的运行状态有哪几种。
2. 简述电力系统继电保护的作用。
3. 简述继电保护的原理。

四、画图题

1. 画出继电保护装置的原理框图。
2. 画出电流保护原理示意图。

项目二　继电保护的基本元件与测试仪器

【学习目标】

（1）了解电流互感器的结构特点、分类及使用注意事项。

（2）了解电压互感器的结构特点、分类及使用注意事项。

（3）能够测试电流互感器的变比、伏安特性和极性。

（4）能够测量电压互感器的绕组直流电阻、绝缘电阻、变比误差并判断其极性。

（5）掌握常用电磁继电器的结构、工作原理、符号及性能参数。

（6）掌握典型电磁式继电器的检验和调试方法。

（7）掌握微机保护装置的系统组成及硬件结构。

（8）会分析微机保护装置的系统构成及各部分的作用。

（9）会分析采样保持电路的基本原理和采样过程。

（10）能够完成对 CSC-103 型微机线路保护装置的硬件检查和绝缘实验。

（11）能够利用 AD331 测试仪对普通电磁型时间继电器、电流继电器、电压继电器和中间继电器进行调试、整定。

（12）能通过 PWAE 系列继电保护测试仪完成对继电器的动作值和返回值的测量。

（13）掌握 PWAE 系列继电保护测试仪的基本配置和信号参数。

电力系统在飞速发展的同时，也不断对继电保护元件提出了新的要求。随着电子技术、计算机技术与通信技术的快速发展，继电保护技术已经经过了机电式、半导体式、微机式三个发展阶段。本章将对继电保护元件中的互感器、电磁式继电器以及微机保护装置的基本概念、元件校验及装置应用加以介绍。

任务一　互感器的类型及其检验

【任务描述】

为保证操作人员和仪表的安全，在将互感器投入使用之前，要对其特性进行测试。本节以一般电流互感器和电压互感器为例，对各自的特性检验方法加以介绍。

【知识链接】

互感器又被称为仪用变压器，是电流互感器和电压互感器的统称。其功能主要是将高电压或大电流按比例变换成标准低电压（100 V）或标准小电流（5 A 或 1 A，均指额定值），以便实现测量仪表、保护设备及自动控制设备的标准化、小型化。同时，互感器还可用来隔开高电压系统，以保证人身和设备的安全。

一、电流互感器

（一）电流互感器基本原理、结构及分类

电流互感器与变压器类似，是根据电磁感应原理工作的。一次绕组电流 I_1 与二次绕组电流 I_2 的比，叫作实际电流比 K。电流互感器在额定电流下工作时的电流比叫作电流互感器额定电流比，用 K_n 表示。

$$K_n = \frac{I_{1n}}{I_{2n}} = \frac{N_2}{N_1}$$

电流互感器一次绕组的匝数（N_1）较少，直接串联于电源线路中。一次负荷电流通过一次绕组时，产生的交变磁通感应产生按比例减小的二次电流。二次绕组的匝数（N_2）较多，与仪表、继电器、变送器等电流线圈的二次负荷（Z）串联形成闭合回路，如图 2-1-1 所示。

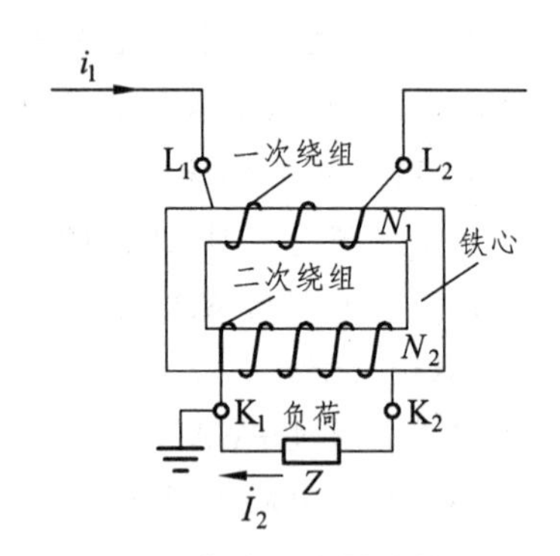

图 2-1-1　电流互感器结构原理图

电流互感器的结构较为简单，由相互绝缘的一次绕组、二次绕组、铁心以及构架、壳体、接线端子等组成。

一般情况下，电流互感器按一次线圈的结构形式可以分为：

（1）单匝式：可分为芯柱型、母线型、套管型三种形式。

（2）多匝式：可分为线圈型、线环型、链型三种形式。

（3）电缆电容式。

按安装方式可以分为：

（1）贯穿式电流互感器：用来穿过屏板或墙壁的电流互感器。

（2）支柱式电流互感器：安装在平面或支柱上，兼作一次电路导体支柱用的电流互感器。

（3）套管式电流互感器：一种没有一次导体和一次绝缘，直接套装在绝缘的套管上的电流互感器。

（4）母线式电流互感器：一种没有一次导体但有一次绝缘，直接套装在母线上使用的电流互感器。

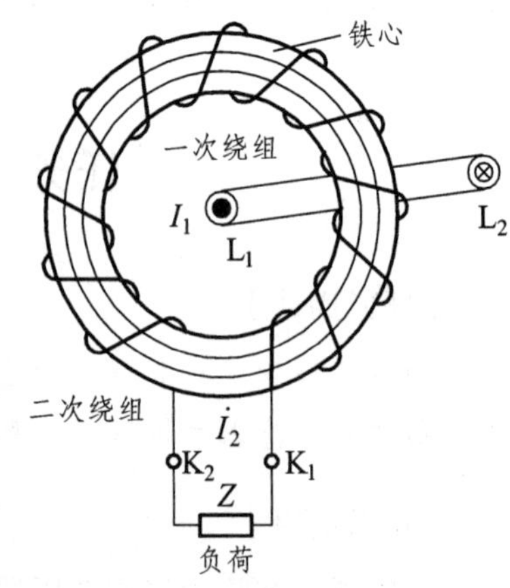

图 2-1-2　穿心式电流互感器结构原理图

其中，穿心式电流互感器是电力系统中常用的一种类型，其本身结构不设一次绕组，载流（负荷电流）导线由 L1 至 L2 穿过由硅钢片擀卷制成的圆形（或其他形状）铁心，起一次绕组作用。二次绕组直接均匀地缠绕在圆形铁心上，与仪表、继电器、变送器等电流线圈的二次负荷串联形成闭合回路。穿心式电流互感器的结构如图 2-1-2 所示。

由于穿心式电流互感器不设一次绕组，其变比由一次绕

组穿过互感器铁心中的匝数确定。穿心匝数越多，变比越小；反之，穿心匝数越少，变比越大。额定电流比：I_1/n。式中，I_1 为穿心 1 匝时一次额定电流，n 为穿心匝数。

（二）电流互感器的使用注意事项

（1）极性连接要正确。电流互感器一般按减极性标注，如果极性连接不正确，就会影响计量，甚至在同一线路有多台电流互感器并联时，会造成短路事故。

（2）二次回路应设保护性接地点，并可靠连接。为防止一、二次绕组之间绝缘击穿后高电压窜入低压侧危及人身和仪表安全，电流互感器二次侧应设保护性接地点。接地点只允许接一个，一般将靠近电流互感器的箱体端子接地。

（3）运行中二次绕组不允许开路，否则会导致以下严重后果：

① 二次侧出现高电压，危及人身和仪表安全。

② 出现过热，可能烧坏绕组。

③ 增大计量误差。

（4）用于电能计量的电流互感器的二次回路，不应再接继电保护装置和自动装置等，以防止互相影响。

二、电压互感器

（一）电压互感器基本原理、结构及分类

电压互感器主要由一、二次线圈，铁心和绝缘组成。当在一次绕组上施加一个电压 U_1 时，在铁心中就产生一个磁通 Φ，根据电磁感应定律，则在二次绕组中就产生一个二次电压 U_2。改变一次或二次绕组的匝数，可以产生不同的一次电压与二次电压比，这样就可组成不同电压比的电压互感器。电压互感器在额定电压下工作时的电压比叫作电压互感器额定电压比，用 K_n 表示。

$$K_n = \frac{I_{2n}}{I_{1n}} = \frac{N_1}{N_2}$$

电压互感器一次绕组的匝数（N_1）较多，并联于电源线路中，二次绕组的匝数（N_2）较少，与仪表、继电器、变送器等电压线圈的二次负荷（Z）并联形成回路，如图 2-1-3 所示。

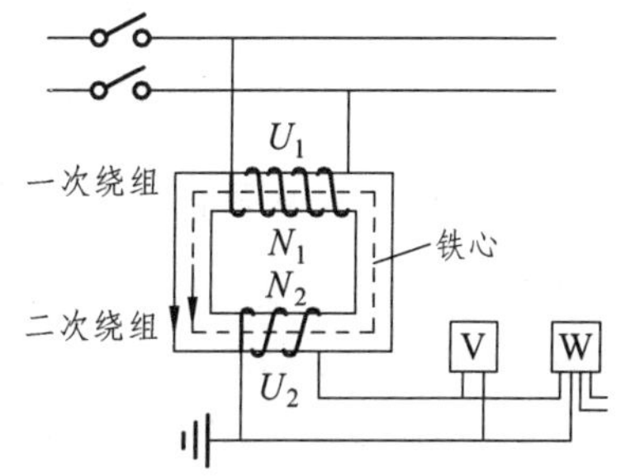

图 2-1-3　电压互感器结构原理图

电压互感器按绝缘方式可分为干式、浇注式、油浸式和充气式。干式电压互感器的结构简单，无着火和爆炸危险，但绝缘强度较低，只适用于 6 kV 以下的户内式装置。浇注式电压互感器的结构紧凑，维护方便，适用于 3 ~ 35 kV 户内式配电装置。油浸式电压互感器的绝缘性能较好，可用于 10 kV 以上的户外式配电装置。充气式电压互感器用于 SF_6 全封闭电器中。常见的电压互感器如图 2-1-4 所示。

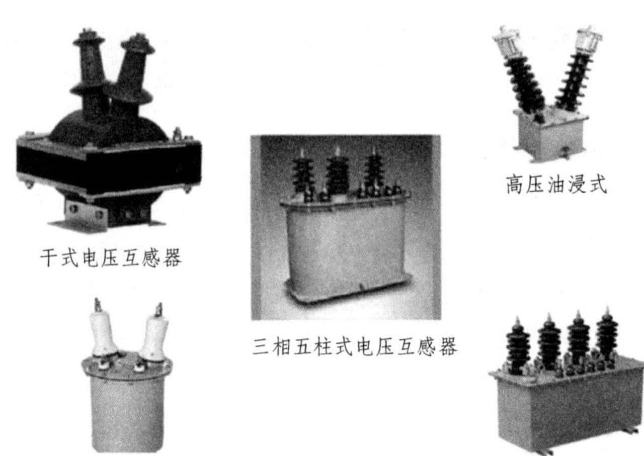

图 2-1-4 不同类型的电压互感器实物图

电容式电压互感器是电力系统中常用的一种类型，它实际上是一个单相电容分压管，由若干个相同的电容器串联组成，接在高压相线与地面之间，广泛用于 110～330 kV 的中性点直接接地的电网中。电容式电压互感器的结构及原理如图 2-1-5 所示。

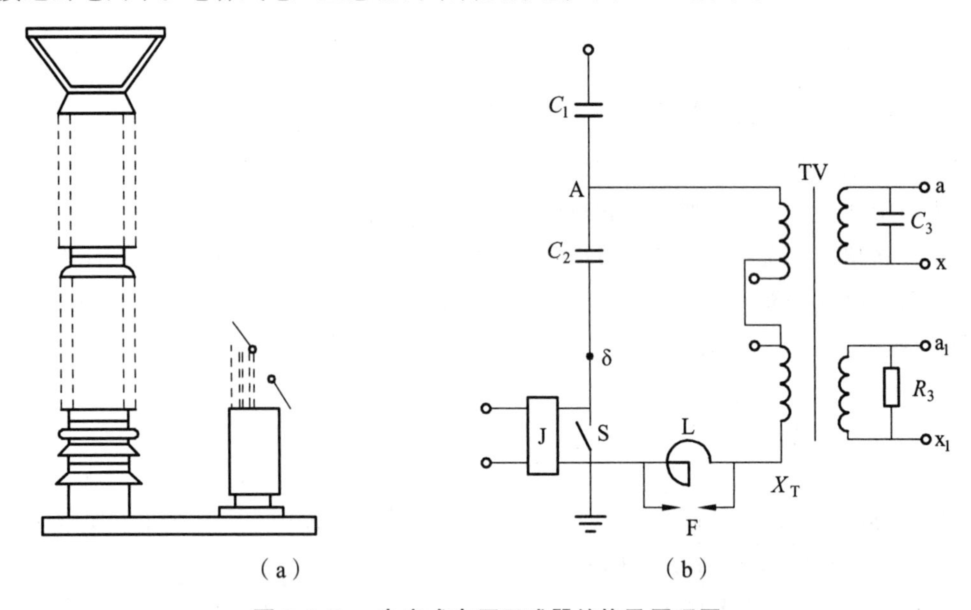

图 2-1-5 电容式电压互感器结构及原理图

（二）电压互感器的使用注意事项

（1）电压互感器在投入运行前要按照规程规定的项目进行试验检查，例如测极性、测连接组别、测绝缘、核相序等。

（2）电压互感器的接线应正确。一次绕组应和被测电路并联，二次绕组应和所接的测量仪表、继电保护装置或自动装置的电压线圈并联，同时要注意极性的正确性。

（3）接在电压互感器二次侧的负荷不应超过其额定容量，否则会使互感器的误差增大，难以保证测量的准确性。

（4）电压互感器二次侧不允许短路。由于电压互感器的内阻抗很小，若二次回路短路，会出现很大的电流，将损坏二次设备，甚至危及人身安全。电压互感器可以在二次侧装设熔断器，以保护其自身不因二次侧短路而损坏。在可能的情况下，一次侧也应装设熔断器，以保护高压电网不因互感器高压绕组或引线故障危及一次系统的安全。

（5）为了确保人在接触测量仪表和继电器时的安全，电压互感器二次绕组必须有一点接地。因为接地后，当一次和二次绕组间的绝缘损坏时，可以防止仪表和继电器出现高电压危及人身安全。

【任务实施】

（1）学生接受任务，学习相关知识，查阅相关资料。

（2）学生自行制订计划，与其他成员及老师讨论计划的可行性。

（3）测试电流互感器的变比。

用电流法测试电流互感器变比的接线如图 2-1-6 所示。

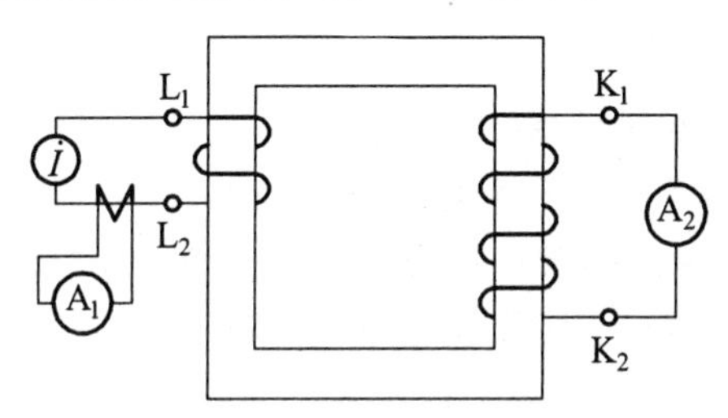

图 2-1-6　用电流法测试电流互感器变比的接线图

L_1、L_2—电流互感器一次线圈 2 个端子；K_1、K_2—电流互感器二次线圈 2 个端子；A_1、A_2—电流表（测量电流互感器一、二次电流）；电流源包括 1 台调压器、1 台升流器

电流法的优点是基本模拟电流互感器的实际运行（仅二次负荷的大小有差别），从原理上讲是一种无可挑剔的试验方法，也可以说是一种容易理解的试验方法。但随着系统容量增加，电流互感器的电流越来越大，可达数万安培，所以实际应用时，电流法对于测试大电流系统误差较大，效果不佳。

（4）测试电流互感器的伏安特性。

电流互感器的伏安特性是指互感器一次侧开路，二次侧励磁电流与所加电压的关系曲线，实际上就是铁心的磁化曲线。测试伏安特性的主要目的是检查互感器的铁心质量，通过鉴别磁化曲线的饱和程度，判断互感器的绕组有无匝间短路等缺陷。测试时的接线如图 2-1-7 所示。

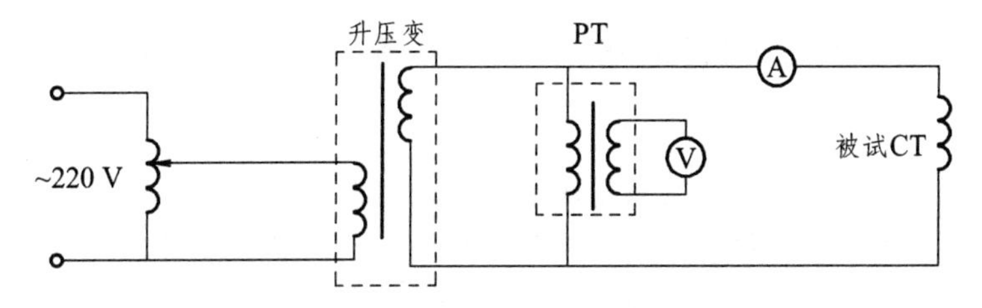

图 2-1-7　电流互感器伏安特性测试接线图

其接线比较复杂，因为一般的电流互感器电流加到额定值时，电压已达 400 V 以上，单用调压器无法升到试验电压，所以还必须再接一个升压变（其高压侧输出电流需大于或等于

电流互感器二次侧额定电流）升压和一个 PT 读取电压。如果有 FLUKE87 型万用表，由于其可测最高交流电压为 4 000 V，可用它直接读取电压而无须另接 PT。

试验前应将电流互感器二次绕组引线和接地线均拆除。试验时，一次侧开路，从二次侧施加电压，可预先选取几个电流点，逐点读取相应电压值。通入的电流或电压以不超过制造厂技术条件的规定为准。当电压稍微增加一点而电流增大很多时，说明铁心已接近饱和，应极其缓慢地升压或停止试验。试验后，根据试验数据绘出伏安特性曲线。

相关注意事项：

① 电流互感器的伏安特性测试，只对继电保护有要求的二次绕组进行。

② 将测得的伏安特性曲线与过去或出厂时的伏安特性曲线比较，电压不应有显著降低。若有显著降低，应检查二次绕组是否存在匝间短路。

③ 电流表宜采用内接法。

④ 为使测量准确，可先对电流互感器进行退磁，即先升至额定电流值，再降到 0，然后逐点升压。

（5）测试电流互感器的极性。

① 直流法测试电流互感器的极性。

如图 2-1-8 所示，将互感器一次线圈的 L_1 接于 1.5～3 V 干电池的正极，L_2 接于负极。互感器的二次侧 K_1 接毫安表正极，K_2 接毫安表负极。接好线后，将 K 合上，毫安表指针正偏，将 K 断开，毫安表指针负偏，说明互感器接在电池正极上的端头与接在毫安表正端的端头为同极性，即 L_1、K_1 为同极性，亦即互感器为减极性。若指针摆动方向与上述相反，则为加极性。

② 交流法测试电流互感器的极性。

如图 2-1-9 所示，将电流互感器一、二次线圈的 L_2 和二次侧 K_2 用导线连接起来，在二次侧通以 1～5 V 的交流电压，用 10 V 以下的电压表测量 U_2 及 U_3 的数值，若 $U_3 = U_1 - U_2$，则为减极性。

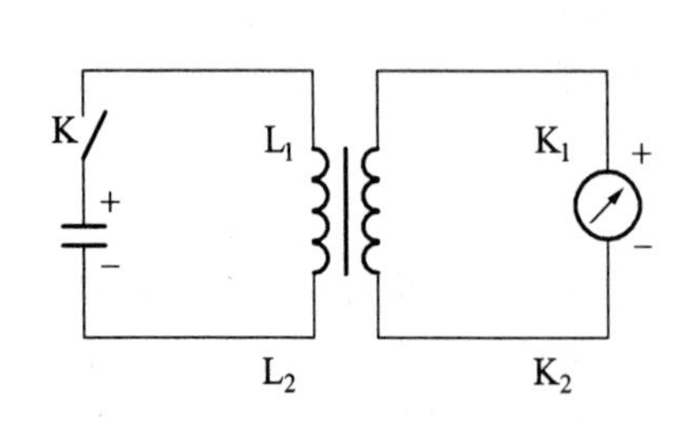

图 2-1-8　直流法测电流互感器极性图

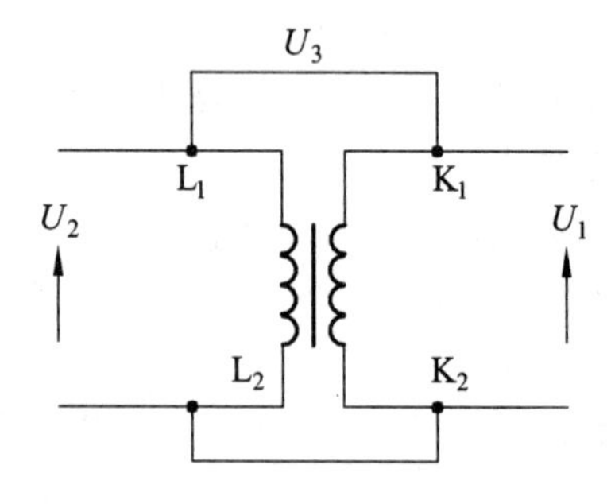

图 2-1-9　交流法测电流互感器极性图

（6）测量电压互感器绕组直流电阻。

① 对电压互感器一次绕组，宜采用单臂电桥进行测量。

② 对电压互感器的二次绕组以及电流互感器的一次或二次绕组，宜采用双臂电桥进行测量。如果二次绕组直流电阻超过 10 Ω，应采用单臂电桥测量。

③ 也可采用直流电阻测试仪进行测量，但应注意测试电流不宜超过线圈额定电流的 50%，以免线圈发热、直流电阻增加，影响测量的准确度。

④ 接线：将被测绕组首尾端分别接入电桥，非被测绕组悬空。采用双臂电桥（或数字式

直流电阻测试仪）时，电流端子应在电压端子的外侧，如图 2-1-10 所示。

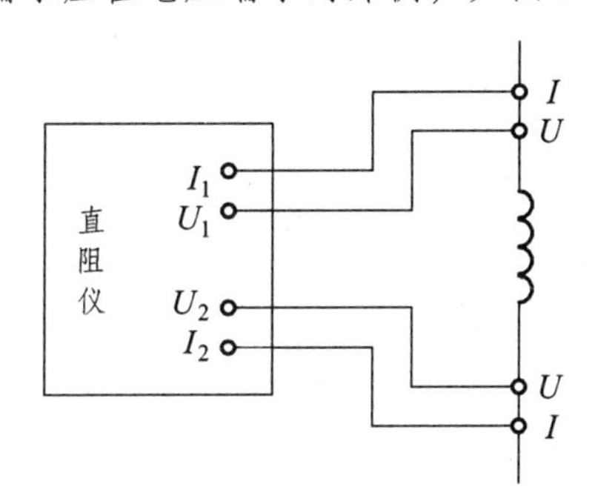

图 2-1-10　电压互感器直流电阻测量接线图

⑤ 换接线时应断开电桥的电源，并将被测绕组短路充分放电后才能拆开测量端子，如果放电不充分而强行断开测量端子，容易造成过电压而损坏线圈的主绝缘。

⑥ 测量电容式电压互感器中间变压器一、二次绕组直流电阻时，应拆开一次绕组与分压电容器的连接和二次绕组的外部连接线，当中间变压器一次绕组与分压电容器在内部连接而无法分开时，可不测量一次绕组的直流电阻。

⑦ 将测试结果与出厂值或初始值比较应无明显差别。测试时应记录环境温度。

（7）测量电压互感器的绝缘电阻。

① 试品温度应为 10～40 °C。

② 用 2 500 V 兆欧表测量，测量前对被测绕组进行充分放电。

③ 接线：电磁式电压互感器需拆开一次绕组的高压端子和接地端子，拆开二次绕组。测量电容式电压互感器中间变压器的绝缘电阻时，须将中间变压器一次线圈的末端（通常为 X 端）及 C_2 的低压端（通常为δ）打开，将二次绕组端子上的外接线全部拆开，按图 2-1-11 接好测量线路。

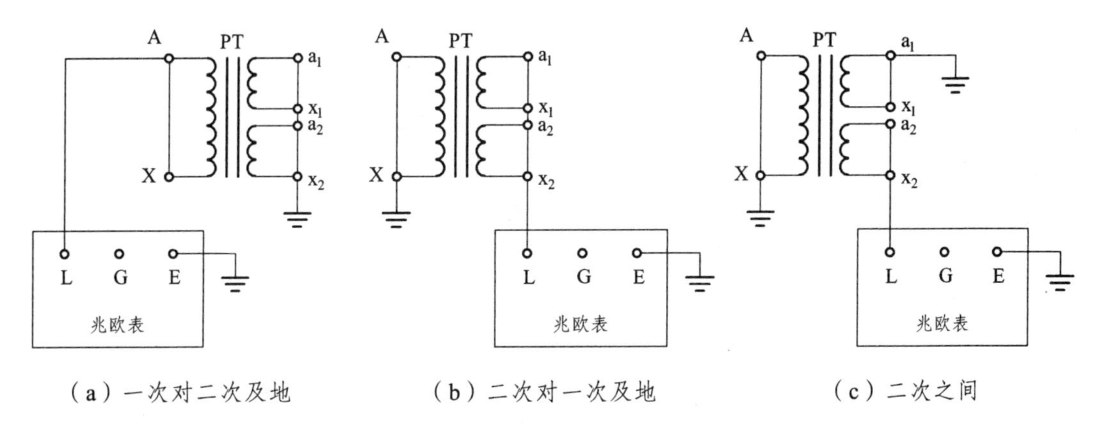

（a）一次对二次及地　　（b）二次对一次及地　　（c）二次之间

图 2-1-11　电磁式电压互感器绝缘电阻测量接线图

④ 驱动兆欧表达额定转速，或接通兆欧表电源开始测量，待指针稳定后（或 60 s 后），读取绝缘电阻值。读取绝缘电阻值后，先断开被测绕组的连接线，再使兆欧表停止运转。

⑤ 断开兆欧表后应对被测电压互感器进行放电接地。

⑥ 将测试结果与出厂值或初始值比较应无明显差别。测试时应记录环境温度。

（8）测量电压互感器的变比误差。

测量接线如图 2-1-12 所示。

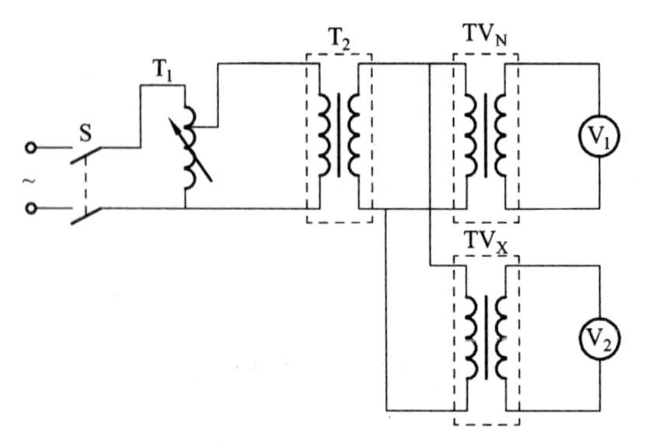

图 2-1-12　电压互感器变比误差测量接线图

TV_N—标准电压互感器；TV_X—被测电压互感器

如果实际电压比为已知，可求出一次侧的实际电压 $U_1 = K_u U_2$

但实际电压比一般为未知，因为它和电压互感器的工作方式有关。为了求出 U_1，可以利用额定变压比（厂家提供的名牌数据）来求出近似实际值的一次电压，即

$$U_1' = K_{un} U_2$$

式中，K_{un} 为铭牌上的额定电压比，$K_{un} = K_{n2} / K_{n2}$。

用标准电压互感器校验的电压比误差

$$\gamma_u = \frac{U_1' - U_1}{U_1} \times 100\% = \frac{K_{un} U_2 - K_u U_2}{K_u U_2} \times 100\% = \frac{K_{un} - K_u}{K_u} \times 100\% = \gamma_{uk}$$

式中　γ_u——电压的误差；

γ_{uk}——电压比的误差。

从公式可见，电压的误差比也就是电压比误差。电压比误差的测量和变压器一样，也可以用电压表法进行。但要求比变压器高，一次侧应施加额定电压，用标准 TV_N 测量一次电压，二次侧要加额定的负载。所用的标准电压互感器电压比应比电压互感器的准确度高。图中，TV_N 为标准电压互感器，其变比为 K_u。V_1 测量的电压为 U_1'，则实际一次电压为 $U_1 = K_u U_2$，则被测电压互感器变比为 $K_u = U_1 / U_2'$。V_2 测量的电压为 U_2'，如果被测电压互感器变比为 K_{u2}，则变比误差为

$$\gamma_{uk} = \frac{K_u' - K_{u2}}{K_{u2}}$$

（9）检验电压互感器的极性。

电压互感器的极性检验指测量单相电压互感器极性，主要采用直流法。具体参考电流互感器直流测试法。

【课堂训练与测评】

（1）说明电流互感器的工作原理及常用分类。

（2）简述电流互感器运行时的注意事项。
（3）画出电流法测试电流互感器变比的原理图。
（4）简述电压互感器运行时的注意事项。
（5）使用兆欧表测试电压互感器的绝缘电阻。
（6）画出电压互感器直流电阻测量接线图。

【知识拓展】

查看专业测试仪器说明书，对互感器进行参数检验。

任务二　电磁型继电器检验与调试

【任务描述】

为了保证继电保护装置的正确工作，对在现场运行的继电器应进行检查试验。继电器的检验可以分为新安装验收检验、定期检验和补充检验。本节将选取几种典型的继电器，介绍相关的检验和调试方法。

【知识链接】

一、电磁型继电器概述

传统继电保护是以继电器为主要元件来完成各种保护功能的。电磁型继电器就是继电保护装置较为早期的应用形式。

电磁型继电器主要由铁心、线圈、可动衔铁、反作用力弹簧及接点组成。当线圈中通过一定的电流时，电磁铁心就会产生磁通和电磁力。当电磁力大于弹簧的反作用力时，则可吸动衔铁动作，并通过接点闭合，进行电路的切换；而当线圈中的电流减小时，产生的电磁力减小，衔铁返回，接点断开。这样，就完成了电路的转换、控制功能。这就是电磁型继电器的工作原理。

由此可见，电磁型继电器是通过电磁力使可动部分动作，并带动继电器的接点转换，从而实现输出信号的改变。这种有机械触点的继电器元件称为有触点元件。由于通过继电器接点的电流一般比较小，故不需要灭弧装置。继电器的接点有常开、常闭接点两类，又称为动合、动断接点。

二、电磁型继电器的主要类型

1. 电流继电器

当流过继电器线圈的电流足够大时，会产生较大的电磁力，吸引衔铁转动，并带动转轴，使继电器接点状态切换，常开接点闭合，常闭接点断开。而当电流减小时，电磁力也减小，此时由于反作用力弹簧的作用，衔铁返回，从而带动接点返回，即常开接点断开，常闭接点闭合。电流继电器的线圈有两组，可以串联或并联接线。线圈并联时通过的电流比串联时增加一倍。

继电器的可动系统装在铁心的两极间，连在同一轴上的有游丝、桥形动触点和Z形动片。当加在线圈上的电流达到整定值时，动片和桥形触点一起转动，动合触点闭合，动断触点断开；当断电或电流低于返回值时，可动系统受游丝反作用力矩的作用返回到原来位置，动合触点断开，动断触点闭合。

继电器铭牌上的刻度值是线圈串联时的电流值。改变整定值时，当整定范围确定之后（线圈串、并联）只需拨动刻度盘上的指针，即改变游丝的力矩即可。

电流继电器的文字符号为KA。电磁型电流继电器的结构如图2-2-1所示。

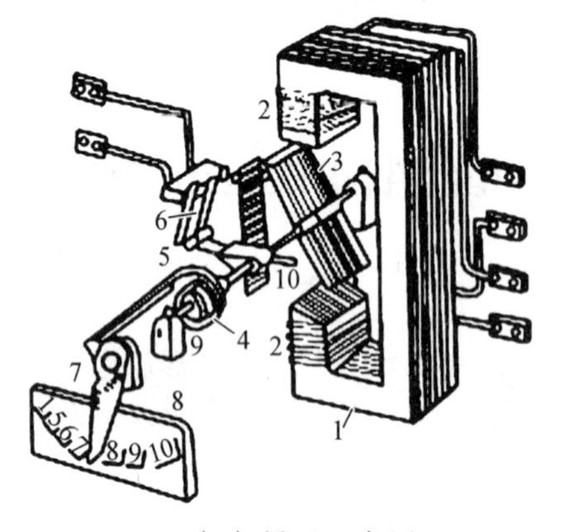

（a）原理示意图

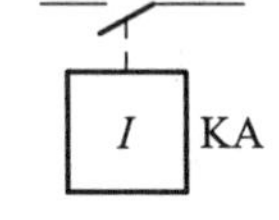

（b）图形及文字符号

图2-2-1 电磁型电流继电器结构示意图及图形符号

1—电磁铁；2—线圈；3—Z形动片；4—螺旋弹簧；5—动触点；6—静触点；7—整定值调整把手；8—刻度盘；9—轴承；10—止挡

电流继电器的主要参数为：

（1）动作电流I_{op}：使继电器动作的最小电流值。

（2）返回电流I_{re}：使继电器返回的最大电流值。

（3）返回系数K_{re}：返回电流与动作电流之比。

返回系数不能过大，也不能过小，技术规范要求其数值为0.85～0.9。返回系数过大，继电器动作灵敏但不可靠；反之，继电器动作可靠但不灵敏。

2. 电压继电器

电压继电器与电流继电器的工作原理相似，其主要区别在于电压继电器的线圈匝数比较多而导线细，故线圈阻抗较大。继电器线圈并联于测量电路中，内部两组线圈可以并联，也可以串联，串联时测量的电压比并联时测量的电压增加一倍。

电压继电器的文字符号为KV。

电压继电器分为过电压继电器和欠电压继电器两类，前者用于过电压保护，后者用于欠电压保护。

过电压继电器的主要参数为：

（1）动作电压U_{op}：使继电器动作的最小电压值。

（2）返回电压U_{re}：使继电器返回的最大电压值。

（3）返回系数K_{re}：返回电压与动作电压之比。

欠电压继电器与过电压继电器的动作过程正好相反：当电压降低，电磁力减小使得衔铁返回时，常闭接点处于闭合状态，称为继电器动作；当电压升高，衔铁被吸动时，常闭接点处于断开状态，称为继电器返回。欠电压继电器的主要参数为：

（1）动作电压：能使继电器动作的最大电压。

（2）返回电压：能使继电器返回的最小电压。

（3）返回系数：返回电压与动作电压之比。

返回系数一般不大于 1.2，返回系数越小，继电器越灵敏，但可靠性降低。

3. 时间继电器

在继电保护装置中往往为了保护选择性的需要，保护动作及信号的发出需要一定的延时，时间继电器就是用来建立保护装置所需的时间，实现延时功能。

时间继电器又称为时限元件。使用时应先计算保护及测控装置中整定时间的大小，然后进行时间继电器的延时调整。根据继电器延时接点的动作过程不同，又分为缓吸型和缓放型两种：线圈得电延时切换的接点称为缓吸型，线圈失电延时切换的接点称为缓放型。

时间继电器的文字符号为 KT。电磁型时间继电器的结构如图 2-2-2 所示。

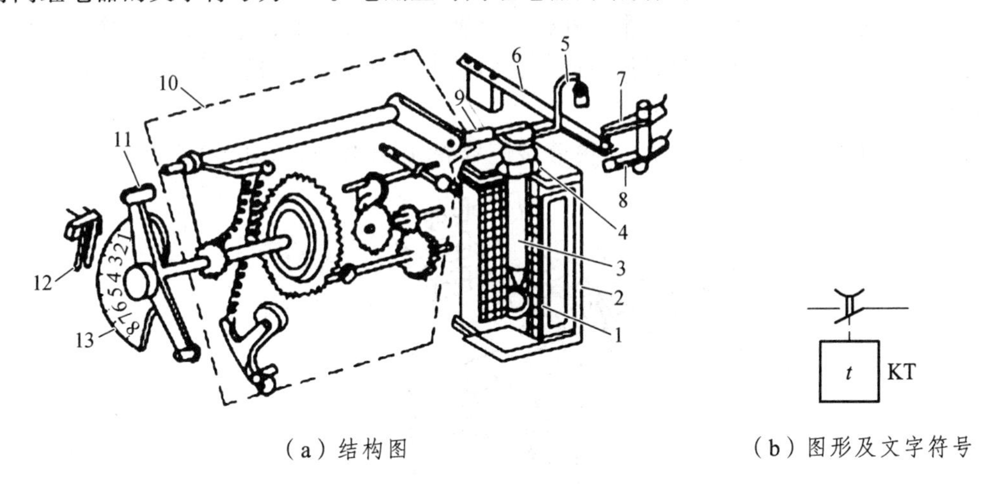

（a）结构图　　（b）图形及文字符号

图 2-2-2　电磁型时间继电器结构示意图及图形符号

1—线圈；2—电磁铁；3—衔铁；4—返回弹簧；5—轧头；6—可瞬动部分；7、8—固定瞬时动断、动合触点；9—曲柄杠杆；10—钟表机构；11—动触点；12—静触点；13—刻度条

4. 中间继电器

中间继电器在继电保护装置中起桥梁作用，即当需要同时闭合或断开几条独立回路或要求比较大的接点容量去闭合或断开大电流回路时，经常采用中间继电器。中间继电器具有接点容量大、接点数目多的特点。中间继电器常作为保护装置的出口执行元件，被广泛用于各种保护和自动控制线路中。

中间继电器的文字符号为 KM。电磁型中间继电器的结构如图 2-2-3 所示。

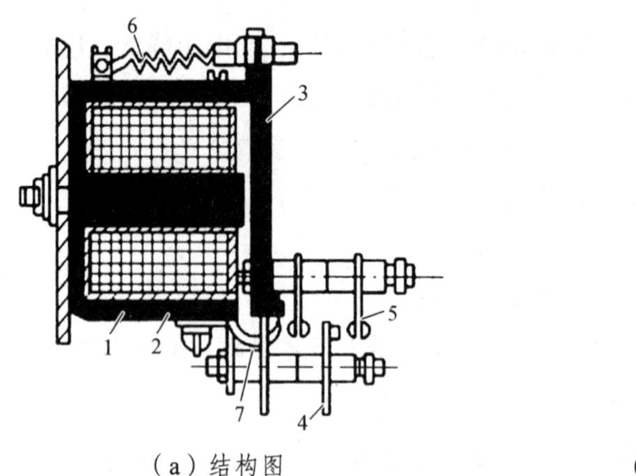

（a）结构图

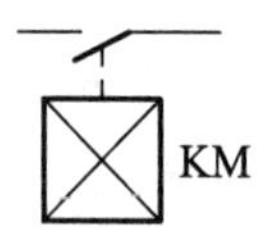

（b）图形及文字符号

图 2-2-3　电磁型中间继电器结构原理图

1—电磁铁；2—线圈；3—活动衔铁；4—静触头；5—动触点；6—弹簧；7—衔铁行程限制器

5. 信号继电器

信号继电器是主要用于指示保护或自动装置动作的继电器。例如，DX-31 型信号继电器，是在保护和自动装置中用于机械保持和手动复归的动作指示器。当继电器线圈未通电时，衔铁受弹簧的作用而离开铁心，衔铁托住信号牌；当线圈受电，吸动衔铁动作时，信号牌失去支持而落下，发出掉牌信号，同时固定在转轴上的可动接点与静接点接通并保持，直到值班员复归掉牌时，继电器才返回。

信号继电器的文字符号为 KS。电磁型信号继电器的结构如图 2-2-4 所示。

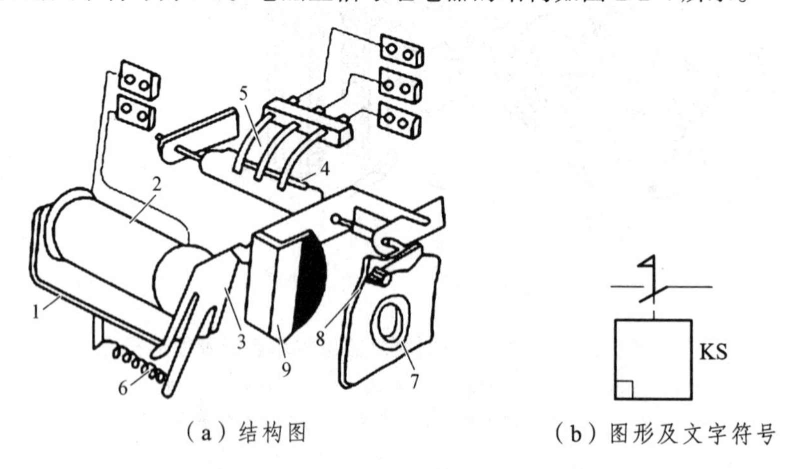

（a）结构图　　（b）图形及文字符号

图 2-2-4　电磁型信号继电器结构示意图及图形符号

1—电磁铁；2—线圈；3—衔铁；4—动触点；5—静触头；6—弹簧；
7—信号牌显示窗口；8—复归旋钮；9—信号牌

信号继电器有电流型和电压型两种形式。它们在电路中的接线各不相同，电流型的线圈在电路中与其他元件串联使用，电压型的线圈则直接并接于电源。

【任务实施】

（1）学生接受任务，学习相关知识，查阅相关的资料。

（2）学生自行制订计划，与其他成员及老师讨论计划的可行性。

（3）DL-10 系列电流继电器的检验。

DL-10 系列电流继电器用于电动机、变压器和输电线路的过负荷保护和在短路保护电路中作为启动原件。DL-10 系列电流继电器背后端子接线图如图 2-2-5 所示。

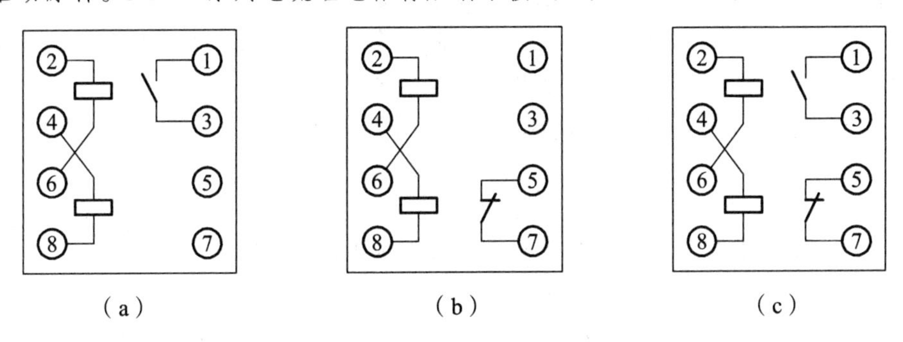

图 2-2-5　DL-10 系列电流继电器背后端子接线图

对该系列继电器的检验和调试主要有以下几个方面：

① 动作值极限误差检验。

DL-10 系列电流继电器的检验调试接线图如图 2-2-6 所示。具体检验步骤为：

a. 检验整定值误差。各整定值（刻度）误差的绝对值应不大于 6%。检验时只需检查最大和最小整定值两点。

b. 将输入激励量从零开始平稳上调直至被试继电器动作，动合触点可靠闭合（这时动作指示用中间继电器可靠动作），如此重复测试 5 次（或 10 次）。

c. 调整最大整定值。当实测动作值大于整定值超差时，调止档螺丝，使动片的初始位置靠近磁极；反之，则应使动片远离磁极。注意，调小动片与磁极的间隙时，应保证继电器在规定的任何工作情况下动片和磁极不能相碰。

d. 调整最小整定值。当实测动作值大于或小于整定值超差时，则调整游丝的力矩。其原则是：放松游丝，力矩减小，动作值降低；反之，动作值增高。

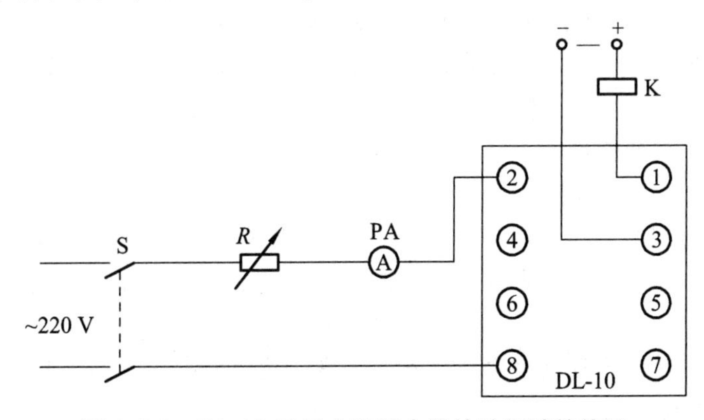

图 2-2-6　DL-10 系列电流继电器检验调试接线图

② 动作值的一致性检验。

根据上述试验数据计算动作值的一致性，应不超过 6%。如误差超过技术要求，可检查轴尖、轴承的清洁度及磨损情况、轴向活动量等是否符合要求，否则进行清洗和调整，甚至更换零件。

③ 返回系数检验。

a. 动作值测试：调节输入激励量，使电流增大到使继电器动作，同时动作指示中间继电器可靠动作，读取被试继电器的最小工作电流即为动作值。

b. 返回值测试：继电器动作后，调节输入激励量使工作电流均匀下降至继电器返回，同时动作指示中间继电器可靠返回，读取被测继电器返回时的最大工作电流即为返回值。

c. 返回系数：应不小于 0.8。对于最大整定值 200 A 的规格，返回系数应不小于 0.7。如不符合技术要求，应检查静触点片的弹力和动、静触点的配合。

④ 动作时间的检验。

DL-10 系列电流继电器的动作时间检验调试按图 2-2-7 接线。

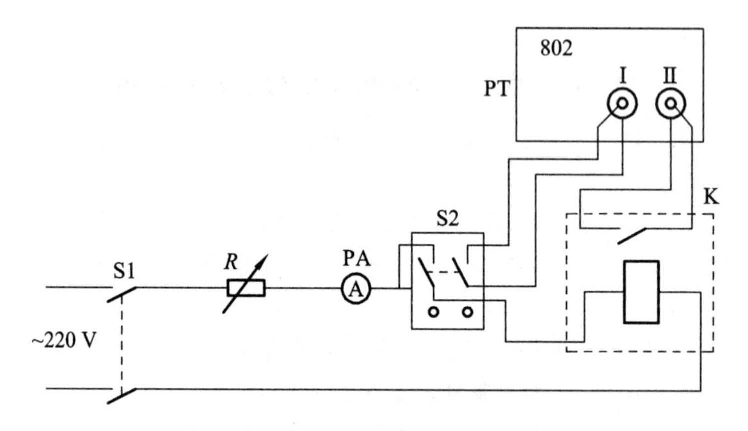

图 2-2-7 DL-I0 系列电流继电器动作时间检验调试接线图

检验时，突然施加激励量。在 1.1 倍实测动作值时，动作时间应不大于 0.12 s；在 2 倍实测动作值时，动作时间应不大于 0.04 s。

⑤ 继电器工作可靠性检验。

a. 在动作或返回电流下，继电器动作过程中的可动系统不应停滞在中间位置。

b. 当对线圈突然施加 1.75 倍整定电流的激励量时，继电器的动合触点应无抖动地闭合。

c. 继电器的激励量为 0.6 倍整定电流时，继电器的动断触点应可靠闭合。

⑥ 触点可靠工作的调整。

a. 触点抖动的一般性调整。

a）静触点片过硬。这主要是由于止挡片紧靠静触点片，致使静触点片不能随继电器动触点的抖动而自由弯曲，于是在触点间产生电火花，使触点工作不可靠。确认后调整止挡片。

b）继电器动作时由于触点片弯曲的角度不当，致使触点工作不可靠，这时可适当调动、静触点的相遇角在 55°～65° 范围内。

c）动触点的摆动角度过大。这时可调整动触点与限制片间的距离。

b. 大整定值下触点抖动的调整。

a）静触点片弹力过小，或离止挡片太远，继电器动作时，静触点片过度弯曲而无止挡，导致“Z”形动片与止挡片螺丝严重相撞，造成触点抖动。这时可适当弯曲触点片及止挡片以加大弹力。

b）可动系统轴向活动量过大，则轴的径向活动量也随之增大，这可能引起动片碰撞磁极，致使可动系统产生振动，因而触点工作不可靠。

（4）DY-30 系列电压继电器的检验。

DY-30 系列电压继电器背后端子接线如图 2-2-8 所示。

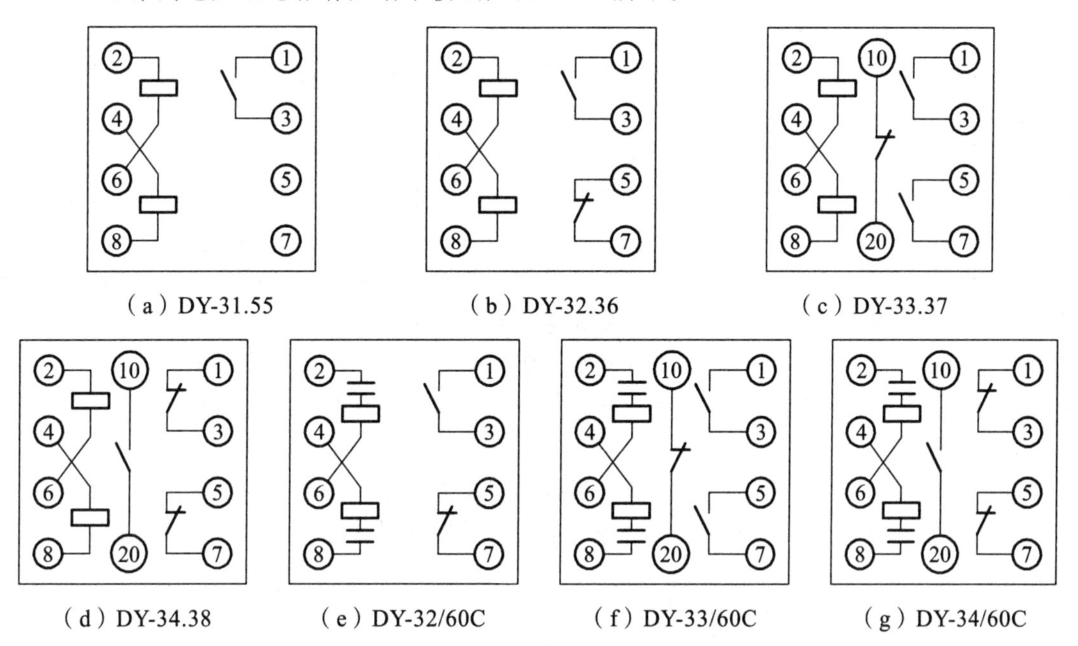

图 2-2-8　DY-30 系列电压继电器背后端子接线图

对该系列继电器的检验和调试主要有以下几个方面：

① 机械调整。

与 DL-10 系列电流继电器相同。继电器的检验调试接线如图 2-2-9 所示。

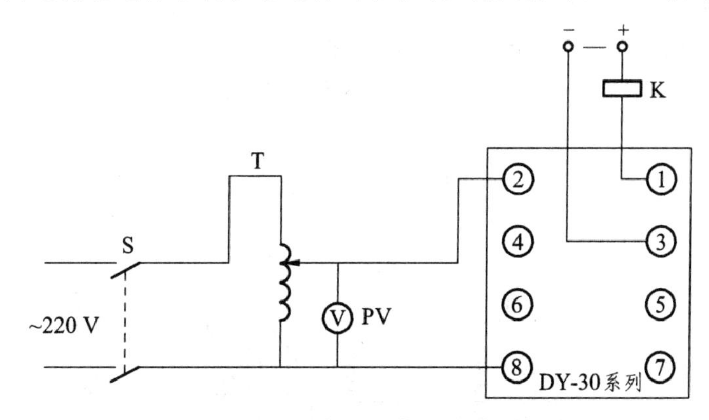

图 2-2-9　DY-30 系列电压继电器的检验调试接线图

② 动作值的调整。

a. 最大整定值。指针对准最大整定点，然后均匀地调节电压上升至继电器动作。若动作值大于整定值，则应减小动片和磁极间的气隙；反之，则增大动片和磁极间的气隙。改变气隙的办法，可以是调整止挡片螺丝（改变动片的起始位置），也可以是松开固定磁极的螺钉，移动磁极，但应注意气隙要均匀。

b. 最小整定值。若不符合整定值时，可以改变游丝力矩的大小。扭紧游丝，力矩加大，则动作值增大；放松游丝，则动作值减小。

最小值调好后，必须再复查最大值。两整定点都合格后，固定有关螺钉、螺母。

动作值的调整应注意以下几点:

a）动片处于起始位置时，改变气隙会影响动作值。动片处于终止位置时，改变气隙会影响返回值。

b）动片在吸合位置，触点抖动严重或动作不可靠时，应检查：动片是否碰磁极，气隙是否均匀；轴向活动量是否过大；止挡螺钉承受动板的电磁力是否过大；动、静触点的接触状态是否合适。

c）触点有“鸟啄”现象时，这是可动系统出现摆动的结果。在调试过程中，由于动片和磁极间的气隙不合适，导致动作前后动片和磁极间的气隙变化不大，这就出现了电磁力矩和反作用力矩配合不当，形成可动系统的摇摆，触点的“鸟啄”。这时应适当调整动片和磁极间的气隙，动、静触点的配合等，以保证可靠动作、返回和其他各项技术指标。

③ 返回值。

调动作值的同时，应考虑返回系数是否合格。若返回系数偏低，则可做如下调整：

a. 增大动片和磁极间的气隙，用调整止挡螺丝（改变动片终止位置）和移动磁极位置的方法来达到。

b. 增大静触点片对动触点的压力。

④ 动作值极限误差及动作一致性。

根据 10 次测量的动作值，按公式计算动作值极限误差及动作一致性。若超差，则应检查轴承、轴尖的清洁度和磨损程度，轴向活动量以及触点的烧损情况等。

⑤ 动作时间。

动作时间的检验调试按图 2-2-10 接线。检验时，突然施加激励量。过电压继电器在 1.1 倍实测动作值时，动作时间不大于 0.12 s；在 2 倍实测动作值时，动作时间不大于 0.04 s。欠电压继电器在 0.5 倍实测动作值时，动作时间不大于 0.15 s。

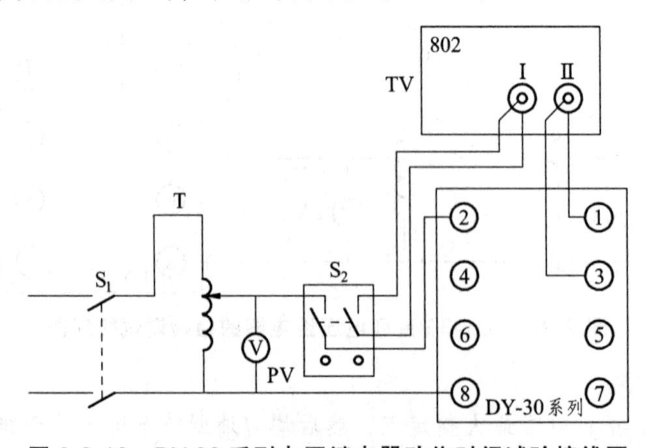

图 2-2-10　DY-30 系列电压继电器动作时间试验接线图

（5）DZ-10 系列中间继电器的检验。

DZ-10 系列中间继电器采用固定安装式壳体，其背后端子接线图如图 2-2-11 所示。

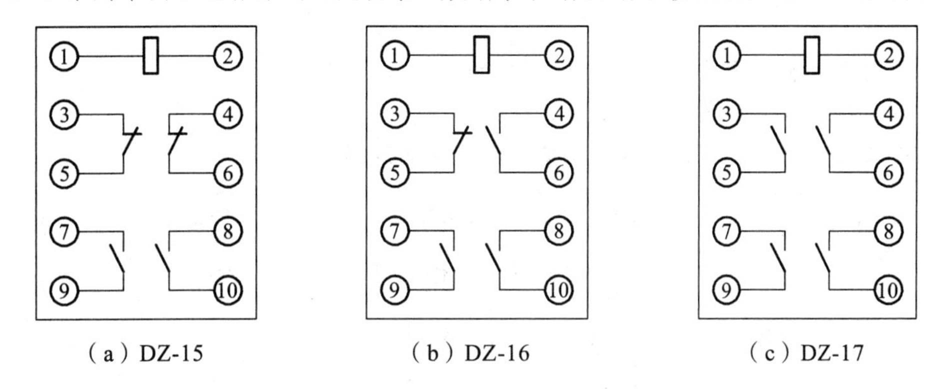

图 2-2-11　DZ-10 型中间继电器背后端子接线图

对该系列继电器的检验和调试主要有以下几个方面：

① 动作电压与返回电压检验。

DZ-10 系列中间继电器试验接线如图 2-2-12 所示。

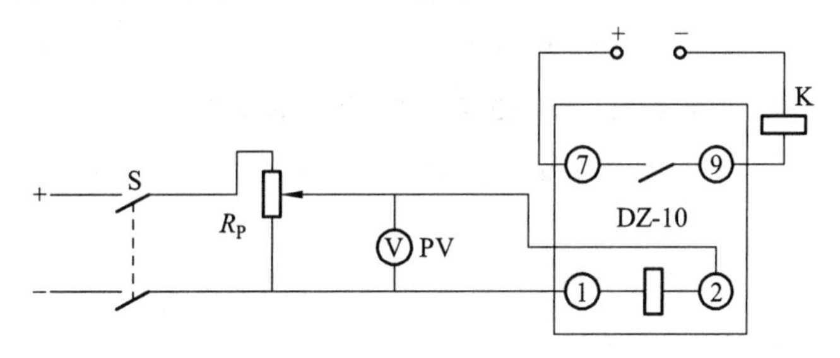

图 2-2-12　DZ-10 系列继电器动作值、返回值试验接线图

调节滑线电阻 R_P 至阻值最小端（电压表 PV 读数为零）。闭合开关 S，调节电阻 R_P，使电压由零开始平稳地上升到继电器动作，然后断开 S。用突然施加激励量的方法读取继电器的动作值，即继电器的动作值为触点回路所接中间继电器动作时的最小值。

调节电阻 R_P，使电压升至继电器的额定值，然后逐渐降低至继电器返回，读取返回值，即触点回路所接中间继电器返回时的最大值。

若动作值偏高，可调小弹簧的拉力（调弹簧上的螺丝），或调小衔铁打开时与极靴之间的间隙，也可调大动触点片的压力。

② 动作时间检验。

DZ-10 系列继电器试验接线如图 2-2-13 所示。

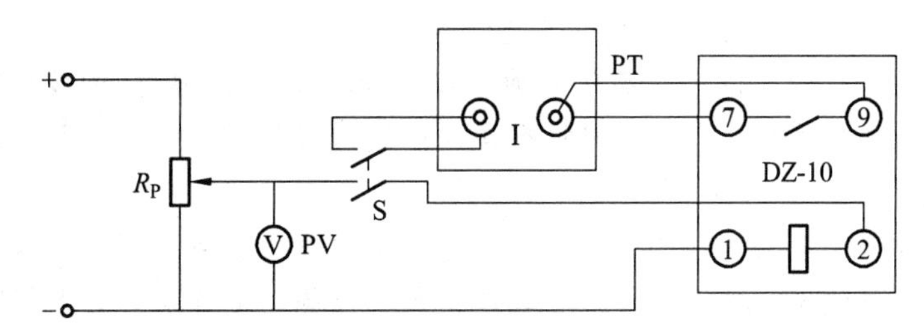

图 2-2-13　DZ-10 系列继电器动作时间试验接线图

毫秒表 PT 两旋钮置于“空触点”位，将开关 S 断开，接通直流电源，调节滑线电阻 R_P，使电压表 PV 读数为继电器的额定值。速合 S，毫秒表 PT 所指示的时间即为继电器的动作时间，应符合技术要求。

若动作时间偏长，调整方法与上述方法相同。

（6）DS-20 系列时间继电器的检验。

DS-20 系列时间继电器的背后端子接线图如图 2-2-14 所示。

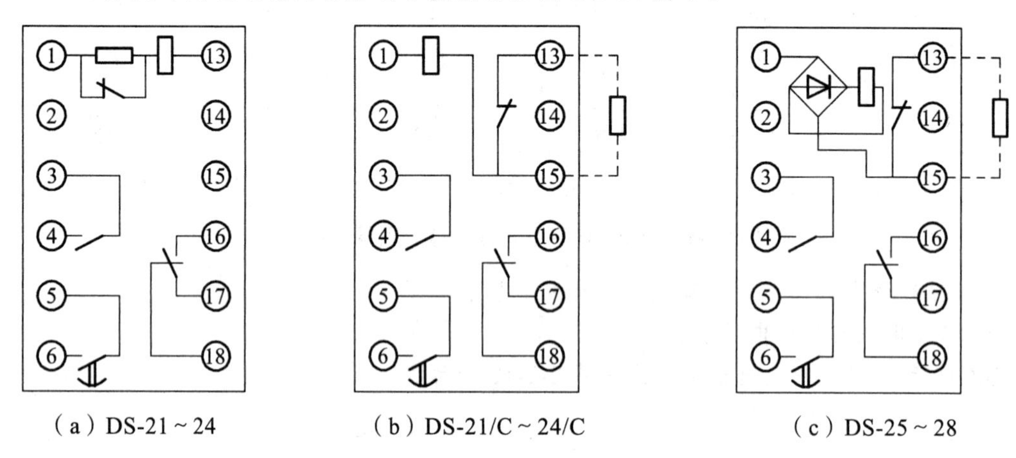

图 2-2-14　DS-20 系列继电器背后端子接线图

对该系列继电器的检验和调试主要有以下几个方面：

① 机械调整。

a. 用手按电磁铁的铁心到吸合位置，延时机构应立即启动，直至延时触点闭合为止。此时瞬动触点应可靠转换。

b. 释放铁心时（在工作位置），动触点应迅速返回原位，瞬动动断触点应闭合，动合触点应断开。

c. 当铁心吸入时，铁心端部的动板不得与延时机构中的扇形齿板相碰。若相碰时，可将动板下移至适当位置，然后将螺钉紧固。

d. 当两副主触点的指针指示在零位时，第一副动触点的中心应与滑动主触点的中心相切，第二副动触点的中心应与终止主触点的中心相切（目视），并有不小于 0.5 mm 的超行程。移动固定座的扇形板时，注意指针不准划坏刻度盘。

e. 当铁心吸合时，动板应使瞬动切换触点的动断触点可靠断开（两触点间的距离不得小于 1.5 mm），动合触点可靠闭合（超行程不小于 0.5 mm）。

② 电气性能调试及试验方法。

如图 2-2-15 所示为 DS-20 系列继电器电气性能试验接线图。

a. 动作电压检验。动作电压应突然施加。若动作电压过高，应检查塔形弹簧弹力是否过强，铁心在铜管内摩擦是否过大，应根据存在的问题进行相应的检查和调整，以达到动作电压的要求。

b. 返回电压检验。返回电压应满足规定要求。继电器不能可靠返回原位时，应检查铁心与铜管之间摩擦是否过大，塔形弹簧是否较弱，主触点的动触点与静触点超行程是否过大，或瞬动动合触点超行程是否偏小，均应适当调整或更换之。

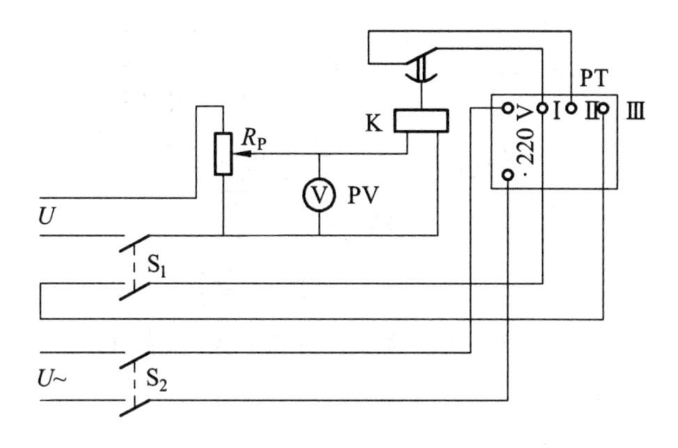

图 2-2-15　DS-20 系列继电器电气性能试验接线图

c. 延时整定误差及延时一致性检验。对继电器施加额定电压，在同一时间整定点上测量 10 次。10 次动作延时平均值与整定值之差不应超过规定的整定误差值。10 次测量中最大延时与最小延时之差不应超过规定的延时一致性要求。

（7）DX-9 系列信号继电器的检验。

DX-9 型继电器内部接线图如图 2-2-16 所示。

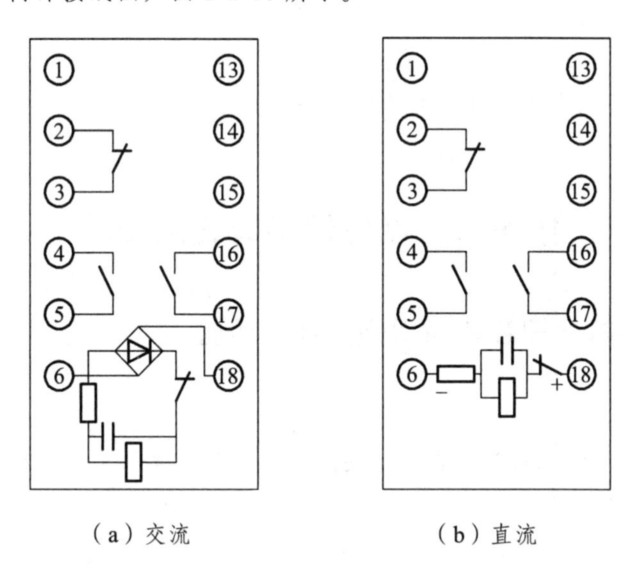

（a）交流　　（b）直流

图 2-2-16　DX-9 型继电器内部接线图

对该系列继电器的检验和调试主要是动作值检验。

调节滑线电阻器，逐渐升高电压到继电器开始周期性工作时的电压，即为动作电压。如果超过，可减小中间继电器触点片的压力。DX-9 型继电器的检验调试接线图如图 2-2-17 所示。

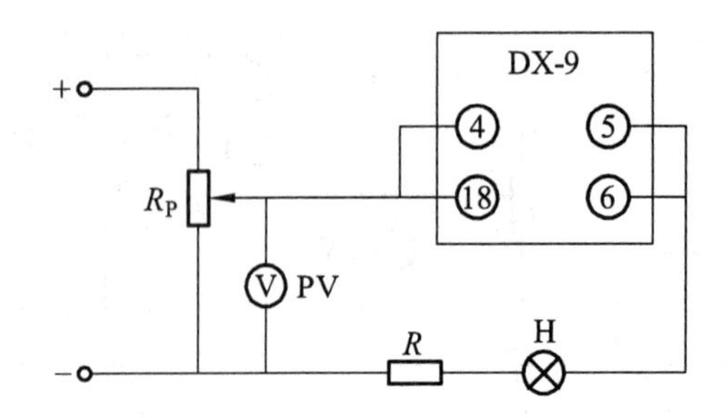

图 2-2-17　DX-9 型继电器的检验调试接线图

【课堂训练与测评】

（1）简述电磁型继电器的作用、分类及相应符号。

（2）简述电流继电器的工作原理及检验项目。

（3）简述电压继电器的工作原理及检验项目。

（4）简述中间继电器的工作原理及检验项目。

（5）简述时间继电器的工作原理及检验项目。

（6）简述信号继电器的工作原理及检验项目。

【知识拓展】

查看专业测试仪器说明书，对继电器进行参数检验。

任务三　微机保护装置的检验

子任务一　微机保护装置通用硬件性能检验

【任务描述】

对 CSC-103 型微机线路保护装置进行硬件检查、电源检查以及绝缘和耐压试验。

【知识链接】

一套微机保护装置由硬件系统和软件系统两大部分组成。硬件系统是构成微机保护的基础，软件系统是微机保护的核心。图 2-3-1 表示出了微机保护的硬件构成，它由下述几部分构成。

（1）微机主系统。它是以中央处理器（CPU）为核心，专门设计的一套微型计算机，完成数字信号的处理工作。

（2）数据采集系统。完成对模拟信号进行测量并转换成数字量的工作。

（3）开关量的输入输出系统。完成对输入开关量的采集和驱动小型继电器发跳闸命令和信号的工作。

（4）外部通信接口。

（5）人机对话接口。完成人机对话工作。

（6）电源。把变电站的直流电压转换成微机保护需要的稳定的直流电压。

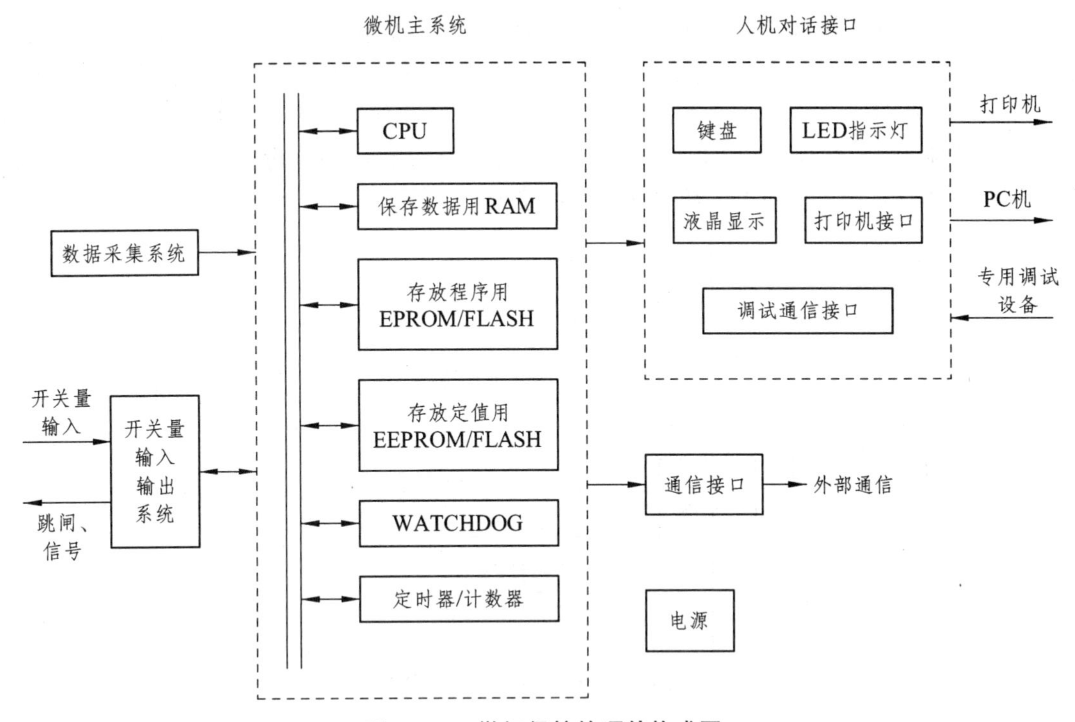

图 2-3-1　微机保护的硬件构成图

（一）微型机主系统

微机保护装置的核心是单片机，它是由单片机和扩展芯片构成的一台小型工业控制微机系统，除了硬件之外，还有存储器里的软件系统。这些硬件和软件构成的整个单片微机系统的主要任务是完成数值测量、逻辑运算及控制和记录等智能任务。除此之外，现代的微机保护还具备各种远方通信能力，可以发送保护信息并上传给变电站微机监控系统，接收集控站、调度所的控制和管理信息。单片微机系统可以采用单 CPU 和多 CPU 系统。

1. 单 CPU 系统

该微型机主系统包括中央处理器 CPU，只读存储器 ROM、电擦除可编程只读存储器 EPROM、随机存取存储器 RAM、定时器等。CPU 主要执行控制和运算功能。EPROM 主要存储编写的程序，包括监控、继电保护功能程序等。随机存取存储器 RAM 存放保护定值。保护定值的设定或修改可通过面板上的小键盘来实现。其中 CPU 有几种系列，例如 Intel 公司的 80X86 系列，Motorola 公司的 MC683XX 系列。32 位的 CPU，例如 MC68332，具有极高的性能，在 RCS900 系列的主设备保护装置中得到了应用。16 位的 CPU，如 Intel 公司的 80296，在 RCS900 型的线路、主设备保护中得到了应用。

数据采集系统采集的信息输入到 RAM 区，作为原始数据进行分析处理。RAM 是采样数据及运算过程中数据的暂存器，协助中央处理器 CPU 完成各种继电保护的功能。

定时器用来计数、产生采样脉冲和实时钟等。而微机主系统中的小键盘、液晶显示器和打印机等常用设备用于实现人机对话。

2. 多 CPU 系统

为了提高保护装置的容错水平，保护装置的主保护和后备保护都应采用相互独立的微机保护系统，即多 CPU 系统，如图 2-3-2 所示。其中包括距离保护、电流保护、零序电流保护以及自动重合闸等，各部分独立设计微处理器 CPU。这样任何一个保护的 CPU 或芯片损坏均不影响其他保护。各保护的 CPU 总线均不引出，输入及输出回路均经光电隔离处理，将故障定位到插件或芯片，从而大大地提高了保护装置运行的可靠性。

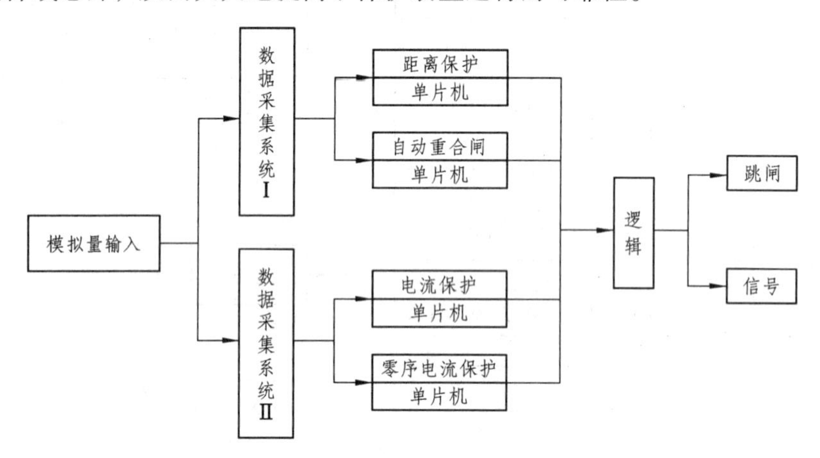

图 2-3-2 多 CPU 原理结构图

3. 第三代微机保护装置

目前的微机保护装置中，采用先进的数字信号处理（DSP）技术是一个新发展方向。DSP 将很多器件，包括一定容量的存储器都集成在一个芯片中，所以外围电路很少。因而这种数字信号处理器的突出特点是运算速度快、可靠性高、功耗低。它执行一条指令只需数十纳秒（ns），而且在指令中能直接提供数字信号处理的相关算法，因此特别适于构成工作量较大、性能要求高的微机保护。在 RCS900 型的线路、主设备保护中，保护的计算工作都是由 DSP 来完成的，使用的芯片是 AD 公司的 DSP-2181。

（二）存储器

存储器用来保存程序、定值、采样值和运算中的中间数据。存储器的存储容量和访问时间将影响保护的性能。在微机保护中根据任务的不同采用的存储器有下述三种类型。

1. 随机存储器（RAM）

在 RAM 中的数据可以快速地读、写，但在失去直流电源时数据会丢失，所以不能存放程序和定值，只用以暂存需要快速进行交换的临时数据，例如运算中的中间数据、经过 A/D 转换后的采样数据等。现在有一种非易失性随机存储器（NVRAM），它既可以高速地读/写，失电后也不会丢失数据，在 RCS900 保护中用于存放故障录波数据。

2. 只读存储器（ROM）

目前使用的是一种紫外线可擦除、电可编程的只读存储器——EPROM。EPROM 中的数据可以高速读取，在失电后也不会丢失，所以适用于存放程序等一些固定不变的数据。要改写 EPROM 中的程序时先要将该芯片放在专用的紫外线擦除器中，经紫外线照射一段时间，擦除原有的数据后，再用专用的写入器（编程器）写入新的程序。所以，存放在 EPROM 中的程序在保护装置正常使用中不会被改写，安全性高。

3. 电可擦除且可编程的只读存储器（EEPROM）

EEPROM 中的数据可以高速读取，且在失电后也不会丢失，同时不需要专用设备即可在使用中在线改写。因此，在保护装置中 EEPROM 适宜于存放定值，既无须担心在失电后定值丢失，必要时又可方便地改写定值。由于它可以在线改写数据，所以它的安全性不如 EPROM。此外，EEPROM 写入数据的速度较慢，所以也不宜代替 RAM 存放需要快速交换的临时数据。还有一种与 EEPROM 有类似功能的器件称作快闪（快擦写）存储器（Flash Memory），它的存储容量更大，读/写更方便。在 RCS900 型的保护中使用快闪存储器存放程序，在软件中采取措施确保在运行中程序不会被擦写。

（三）数据采集系统

数据采集系统主要完成对模拟量的采集、将模拟输入量转换为数字量的功能。模拟量采集通道的任务是把电力系统运行过程中的参数，如电压、电流、功率、温度、压力等模拟量信号，转换为计算机可以处理的数字量信号。

如图 2-3-3 所示，数据采集系统主要包括：电压形成回路、滤波器（LPF）、采样保持器（S/H）、多路转换开关（MPX）以及模数转换（A/D）功能块，每一路模拟量都设置一个采样保持器。

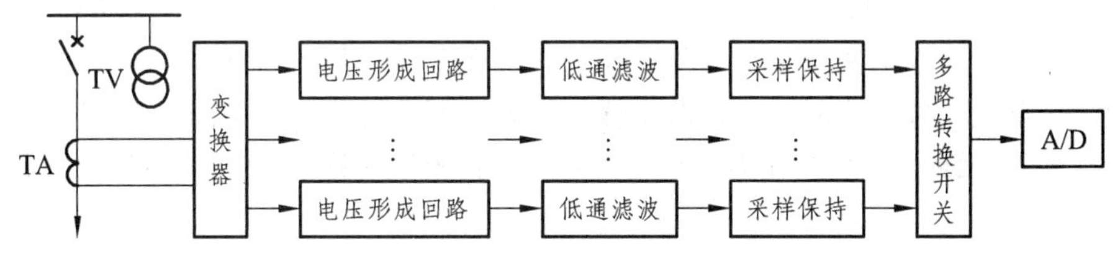

图 2-3-3　模拟量输入系统结构图

1. 电压形成回路

电流、电压互感器获取的被保护电力线路的电流、电压信号需要进一步变换为 + 5 V 或 + 10 V 范围的低电压信号，输送到微机保护的模数转换芯片使用。其信号变换回路有：

1）输入电压的电压形成回路

把电压互感器输出的二次电压变换成最大 + 5 V 模拟电压信号，变换回路采用电压变换器实现。

2）输入电流的电压形成回路

把电流互感器输出的二次电流变换成最大 + 5 V 模拟电压信号，变换回路采用电流变换器或电抗变换器来实现。

2. 滤波器

电力系统初发生短路故障时，往往含有大量的高次谐波，因此需采用低通滤波器将高频成分滤去，以免干扰微机保护装置的正常工作。

3. 采样保持器

微机保护有多路输入信号，如三相电流、三相电压等。由于A/D转换器在进行A/D转换时需要一定的时间，如果输入信号变化较快，就会引起较大的转换误差，因此需采用采样保持器（Sample Hold），其作用是采样输入电压在某一时刻的瞬时值，并在A/D转换期间保持不变，从而保证A/D转换的精度。图2-3-4（a）所示采样保持电路主要由模拟开关AS、储能元件C_h和两个阻抗变化器组成。模拟开关AS受逻辑输入端的电平控制，该逻辑输入就是采样脉冲信号。

1）采样的基本原理

在输入为高电平时AS闭合，此时电路处于采样状态。电容C_h迅速充电或放电到U_{sr}在采样时刻的电压值。电子模拟开关AS每隔T_S（s）闭合一次，将输入信号接通，实现一次采样。如果开关每次闭合的时间为T_c（s），则输出将是一串重复周期为T_s、宽度为T_c的脉冲，而脉冲的幅度则重复着T_c时间内的信号幅度。AS闭合时间应满足使C_h有足够的充电或放电时间，即采样时间。显然，采样时间越短越好。而应用阻抗变化器Ⅰ的原因是，它在输入端呈现高阻抗，对输入回路的影响小，而输出阻抗很低，使充放电回路的时间常数很小，保证C_h上的电压能迅速跟踪到在采样时间的瞬时值U_{sr}。

电子模拟开关AS打开时，电容器C_h上保持住AS打开瞬间的电压，电路处于保持状态。为了提高保持能力，电路中应用了另一个阻抗变换器Ⅱ，它在C_h侧呈现高阻抗，使C_h对应的充放电回路的时间常数很大，而输出阻抗（U_{sc}侧）很低，以增强带负载能力。阻抗变换器Ⅰ和Ⅱ可由运算放大器构成。

采样保持的过程如图2-3-4（b）所示。T_c称为采样脉冲宽度，T_s称为采样间隔（或称采样周期）。等间隔的采样脉冲由微机控制内部的定时器产生。如图2-3-4（b）中的“采样脉冲”，用于对“信号”进行定时采样，从而得到输入信号在采样时刻的信息，即图2-3-4（b）中的“采样信号”。随后，在一定时间内保持采样信号处于不变的状态，如图2-3-4（b）中的“采样和保持信号”。因此，在保持阶段，在任何时刻进行模数转换，其转换的结果都反映了采样时刻的信息。

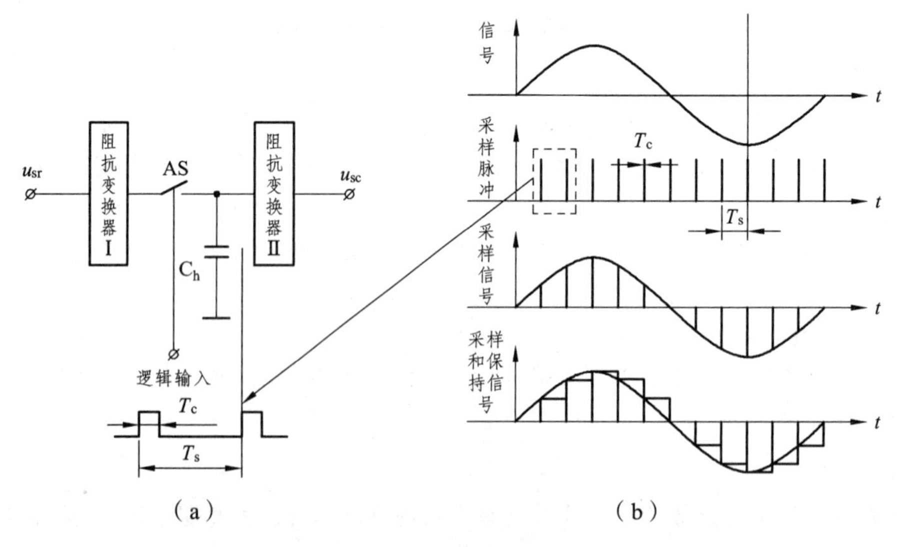

（a）（b）

图2-3-4 采样保持电路工作原理图及其采样保持过程示意图

2）采样频率的选择

采样间隔 T_s 的倒数称为采样频率 f_s。采样频率的选择是微机保护硬件设计中的一个关键问题，为此要综合考虑很多因素，并要从中做出权衡。采样频率越高，要求 CPU 的运行速度越高。微机保护是一个实时系统，数据采集系统以采样频率不断地向微机输入数据，微机必须要来得及在两个相邻采样间隔时间 T_S 内处理完对每一组采样值所必须做的各种操作和运算，否则 CPU 跟不上实时节拍而无法工作。相反，采样频率过低，将不能真实地反映采样信号的情况。由采样（香农）定理可以证明，采样频率 f_s 必须大于被采样信号中所含最高频率成分的频率的 2 倍（即 $f_s > 2f_{max}$），否则将造成频率混叠。

4. 多路转换开关

多路转换开关又被称为多路转换器，它是将多个采样保持后的信号逐一与 A/D 芯片接通的控制电路。它一般有多个输入端、一个输出端和几个控制信号端。在实际的数据采集系统中，被模数转换的模拟量可能是几路或者十几路，利用多路开关（MUX）轮流切换各被测量与 A/D 转换电路的通路，可达到分时转换的目的。在微机保护中，各个通道的模拟电压是在同一瞬时采样并保持记忆的，在保持期间各路被采样的模拟电压被依次取出并进行模数转换，但微机所得到的仍可认为是同一时刻的信息（忽略保持期间的极小衰减），这样按保护算法由微机计算得出正确结果。

5. A/D 转换器

A/D 转换器的作用是将模拟量转换为数字量。根据其工作原理不同，A/D 转换器分为逐位逼近型、双积分型、电压/频率型等。

图 2-3-5 所示为逐位逼近型 A/D 转换器的结构框图，由 n 位 A/D 转换比较器、n 位 D/A 转换器、逐位逼近寄存器、控制时序和逻辑电路、数字量输出锁存器 5 个部分组成。以 4 位 A/D 转换器为例，首先将最高位 D_3 置 1，其余各位为 0，得数字量 1000，通过 D/A 转换为模拟量，形成反馈电压 V_0，输入到比较器与输入模拟量 V_{IN} 进行比较，若 $V_{IN} > V_0$，则保留 D_3 为 1，否则为 0。接下来设置 D_2 为 1，并保留 D_3 比较结果，而 D_1、D_0 为 0，再次进行比较，以确定 D_2。以此类推，确定 D_1、D_0，这样产生的数字量逐次逼近输入的模拟量 V_{IN}，最后得出转换结果，通过数字量锁存器输出。

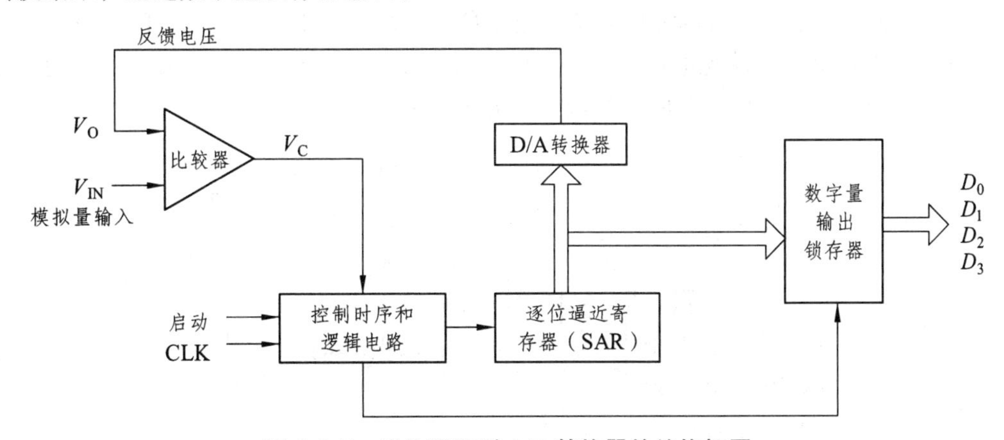

图 2-3-5 逐位逼近型 A/D 转换器的结构框图

（四）开关量输入输出

微机保护有很多开关量（接点）的输入，例如有些保护的投退接点、重合闸方式接点、跳闸位置继电器接点、收信机的收信接点、断路器的合闸压力闭锁接点以及对时接点等等。微机保护也有很多开关量（接点）的输出，例如跳合闸接点、中央信号接点、收发信机的发信接点以及遥信接点等等。其中有些开关量是经过很长的电缆才引到保护装置的，因而也给保护引入了很多干扰。为了不使这些干扰影响微机系统的工作，在微机系统与外界所有接点之间都要经过光电耦合器件进行光电隔离。由于微机系统与外部接点之间经过了电信号→光信号→电信号的光电转换，两者之间没有直接的电与磁的联系，从而保护了微机系统免受外界干扰影响。

1. 开关量输入系统

图 2-3-6 表示出了开关量的输入系统。当外部接点闭合时，光电耦合器的二极管内流过驱动电流，二极管发出的光使三极管导通，因此输出低电平。当外部接点断开时，光电耦合器的二极管内不流过驱动电流，二极管不发光，三极管截止，因此输出高电平。微机系统只要测量输出电平的高低就可以得知外部开关量的状态。开入专用电源一般使用装置内电源输出的 24 V 直流电源。对于某些距离远的接点必要时也可用变电站的 220 V/110 V 直流电源，装置提供强电的光电耦合电路。

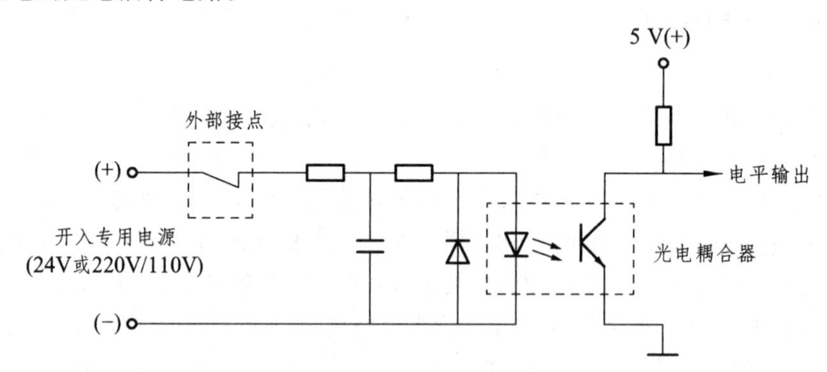

图 2-3-6 开关量输入系统

2. 开关量输出系统

图 2-3-7 表示出了开关量的输出系统。当保护装置欲使输出开关量接点闭合时，只要在控制端输入一个低电平，使光电耦合器的二极管内流过驱动电流，二极管发出的光使三极管导通，从而使继电器 J 动作，其闭合的接点作为开关量输出。

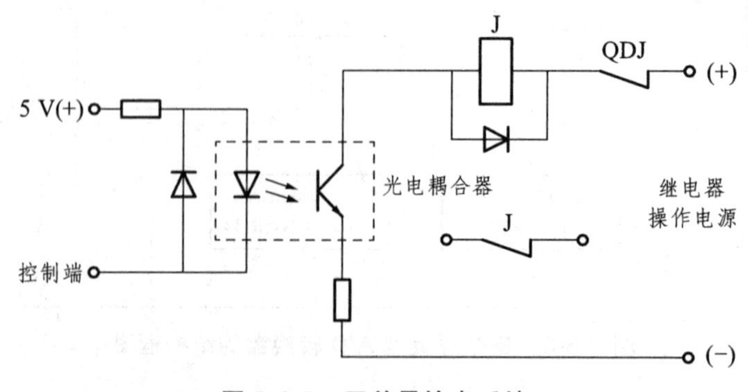

图 2-3-7 开关量输出系统

【任务实施】

（1）学生接受任务，学习相关知识，查阅相关的资料。

（2）学生自行制订计划，与其他成员及老师讨论计划的可行性。

（3）完成 CSC-103 型微机线路保护装置的硬件调试。

① 硬件检查。

a. 所需设备和工具：0.5 级以上测试仪 1 台，万用表 1 只，放大镜 1 只，打印机 1 台。

b. 通电前，进行外观和插件检查。检查本装置所有互感器的屏蔽层的接地线均已可靠接地，装置外壳已可靠接地。检查装置面板型号标示、灯光标示、背板端子贴图、端子号标示、装置铭牌标注完整、正确（参考最新的有效图纸）。各插件拔、插灵活，插件和插座之间定位良好，插入深度合适。大电流端子的短接片在插件插入时应能顶开。

② 电源检查。

a. 接上额定直流电源，失电告警继电器应可靠吸合，用万用表检查其触点 X10：c16（表示 10 号插件 c16 端子，其余类似）和 X10：a16 应可靠断开。

b. 检查电源的自启动性能。当外加试验直流电源由零缓慢调至 80% 额定值时，用万用表监视失电告警继电器触点应为从闭合到断开。然后，拉合一次直流电源，万用表应有同样反应。

c. 检查输出电压值及稳定性。在断电的情况下，转插电源插件，然后在输入电压为 U_N 时，各级输出电压值应保持稳定，见表 2-3-1。

表 2-3-1 电源电压检查结果

测试位置	X：c14 ~ c12	X：c4 ~ c2	X：a4 ~ a2	C：c26 ~ c24	X：c2 ~ c8
直流输出电压额定值	5V	+ 12 V	− 12 V	24 V	R24 V
允许误差范围（%）	0 ~ + 3% 5.0 ~ 5.15V	− 20% ~ 0 9.6 ~ 12.0V	− 20 ~ 0 − 12.0 ~ 9.6V	0 ~ + 5% 24.0 ~ 25.2V	0 ~ + 8% 24.0 ~ 25.92V
检测值					
结　论					

③ 绝缘试验。

a. 绝缘试验。进行本项试验前，应先检查保护装置内所有互感器的屏蔽层的接地线是否全部可靠接地。在装置端子处按表 2-3-2 分组短接。

用 500 V 绝缘电阻表依次测量表 2-3-2 中 5 组短接端子间及各组对地的绝缘电阻，应不小于 100 MΩ。测绝缘电阻时，摇测时间不少于 5 s，待读数稳定时读取绝缘电阻值。

b. 工频耐压试验。按表 2-3-3 要求的试验项目短接相应端子，做耐压试验。在调试过程中，如交流插件有改动，必须对交流插件重新做耐压试验。工频耐压时间均为 1 min，试验时应不出现绝缘击穿或闪络现象以及泄漏电流明显增大或电压降突然下降到零的现象。

端子分组为：A 组——交流电压输入回路端子；B 组——交流电流输入回路端子；C 组——直流电源输入回路端子；D 组——开出触点，中央信号端子；E 组——开入触点端子；接地—接地端子。表 2-3-3 为绝缘及耐压试验。

表 2-3-2　端子分组短接

分　组	短接端子
A 组：交流电压输入回路	X1：a9、b9、a10、b10、a7、b7
B 组：交流电流输入回路	X1：a1～a4、b1～b4
C 组：直流电源输入回路	X10：a/c20、a/c22、a/c26、a/c28 X10：a/c2、a/c4、a/c8、a/c10、a/c12
D 组：开出触点	X7：所有端子 X8：除去 a/c26～a/c28 的其他端子 X9：除去 a/c6、a/c8、a/c30、a/c32 的其他端子
E 组：开入触点	X4：a2～a28 X5：a2～a18、c2～c14、c20～c22、a/c32

注：① X1—交流插件；X4、X5—开入插件；X7、X8、X9—开出插件；X10—电源插件。
② 电源插件端子的地（GND）与交流插件端子的地在机箱内未连，需同时接地。

表 2-3-3　绝缘及耐压试验

<table>
<tr><th rowspan="2">试验项目</th><th colspan="2">绝缘电阻</th><th colspan="2">工频耐压试验</th><th rowspan="2">备注</th></tr>
<tr><th></th><th>实测/MΩ</th><th>技术要求/kV</th><th>耐压水平/kV</th></tr>
<tr><td>A、B 组对地</td><td rowspan="7">≥100</td><td></td><td>2</td><td></td><td></td></tr>
<tr><td>C 组对地</td><td></td><td>2</td><td></td><td></td></tr>
<tr><td>D 组对地</td><td></td><td>2</td><td></td><td></td></tr>
<tr><td>E 组对地</td><td></td><td>1</td><td></td><td></td></tr>
<tr><td>A 组对 B、C、D 组</td><td></td><td>2</td><td></td><td></td></tr>
<tr><td>B 组对 C、D 组</td><td></td><td>2</td><td></td><td></td></tr>
<tr><td>C 组对 D 组</td><td></td><td>2</td><td></td><td></td></tr>
</table>

【课堂训练与测评】

（1）简述微机保护硬件电路的构成及各部分的作用。

（2）简述采样保持器的作用。

（3）简述开关量输入输出系统的作用。

【知识拓展】

每个人对该任务实施过程进行总结（须包含馈线保护测控装置调试过程及操作技巧，自己在整个作业过程中所做的工作，关键点预控措施等），小组合作完成汇报文稿（须包含任务要求，组员的具体分工及各人的完成情况，任务实施程序，关键操作技巧，易出错点的预控措施，经验教训和启示）。

子任务二　微机保护装置通用软件性能检验

【任务描述】

对 CSC-103 型的微机保护装置进行软件系统设置。

【知识链接】

微机保护的硬件分为人机接口和保护接口两大部分，与之相对应的软件也分为接口软件和保护软件两大部分。

一、接口软件

接口软件是指人机接口部分的软件，其程序分为监控程序和运行程序。监控程序主要是键盘命令处理程序，是为接口插件及各 CPU 保护插件进行调节和整定而设置的程序。运行程序由主程序和定时中断服务程序构成。主程序的任务是完成巡检、键盘扫描和处理故障信息的排序和打印；定时中断服务程序包括软件时钟程序，以硬件时钟控制并同步各 CPU 插件的软时钟，以及检测各 CPU 插件启动元件是否动作的检测启动程序。

二、保护软件

保护软件为主程序和两个中断服务程序。主程序包括初始化和自检测循环模块，保护逻辑判断模块及跳闸处理模块。中断服务程序有定时采样中断服务程序和串行口通信中断服务程序。

1. 主程序

主程序包括初始化，全面自检、开放及等待中断等。

给保护装置上电或按复归按钮后，进入图 2-3-8 所示的上方的程序入口，首先进行必要的初始化（初始化一），如堆栈寄存器赋值、控制口的初始化、查询面板上开关的位置（如在调试位置则进入监控程序，否则进入运行状态）。然后，进行 CPU 开始运行状态所需的各种准备工作（初始化二）。首先是往并行控制口写数，让所有继电器处于正常位置。然后，询问面板上定值切换开关的位置，按照定值套号从 EEPROM 中取出定值，放至规定的定值 RAM 区。准备好定值后，CPU 将对装置各部分进行全面自检，在确认一切良好后才允许数据采集系统开始工作。完成采样系统初始化后，开放采样定时器中断和串行口中断，等待中断发生后转入中断服务程序。若中断时刻未到，就进入循环状态（故障处理程序结束后也经整组复归后进入此循环状态）。它不断进行循环自检及专用自检项目。如果保护有动作或自检报告，则向管理 CPU 发送报告。全面自检包括：RAM 区读写检查，EPROM 中程序和 EEPROM 中定值求和检查，开出量回路检查等。通用自检包括：定值选择拨轮的监视和开入量的监视等。专用自检项目依不同的被保护元件或不同保护原理而设置，例如超高压线路保护的静稳判定、高频通道检查等。

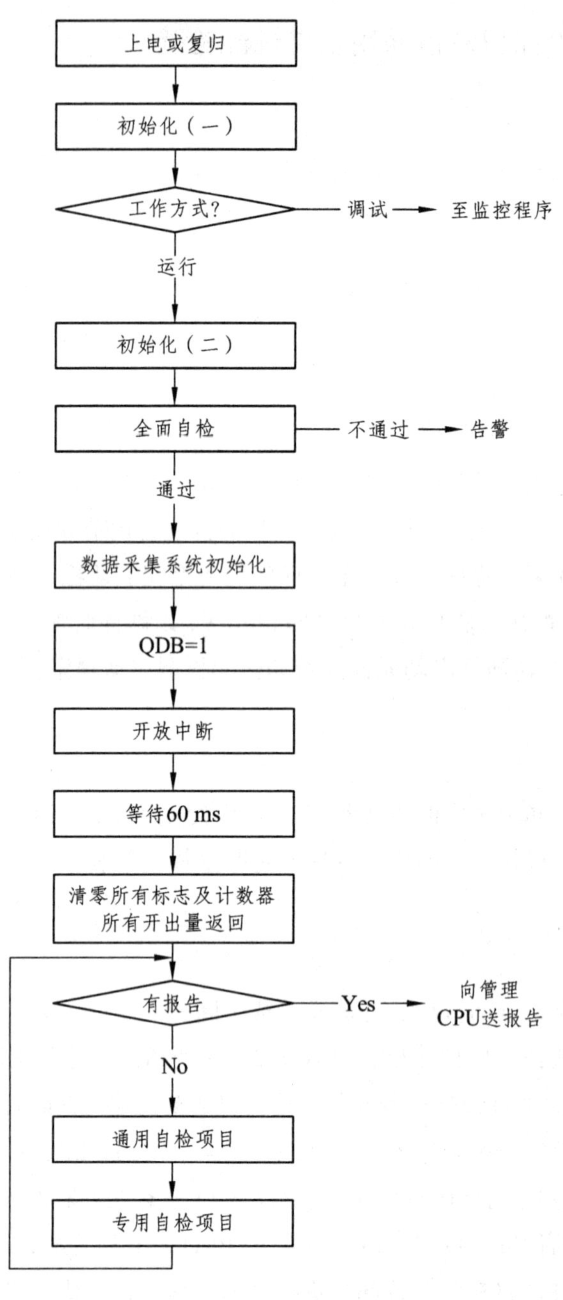

图 2-3-8　主程序框图

2. 中断服务程序

绝大多数的工程计算机的应用软件都采用了中断技术，特别是实时性要求较强的系统，更离不开中断的工作方式。继电器保护系统是一种对时间要求很高的实时系统，一方面要求实时地采集各种输入信号，随时跟踪系统运行工况；另一方面，在电力系统短路时，应快速判别短路的位置或区域，尽快切除短路故障。实时系统是对具有苛刻时间条件的活动及外来信息要求以足够快的速度进行处理，而将低一级的操作任务中断。

保护要求对外来事件做出及时反应，就要求保护中断自己正在执行的程序，而转去执行服务于外来事件的操作任务和程序。另外，系统的各种操作的优先等级是不同的，高一级的优先操作应先得到处理，而将低一级的操作任务中断。

保护装置应随时接受工作人员利用人机对话方式对保护工作进行干预（即改变保护装置的工作状态、查询系统运行参数、调试保护装置）。

对保护的高层次干预是系统机与保护的通信要求，这种通信要求常用主从式串行口通信实现。当主机对保护装置有通信要求时，或者接口 CPU 对保护 CPU 提出巡检要求时，保护串行通信口提出中断请求，在中断响应时，转去执行串行口通信的中断服务程序。

3. *程序流程的基本结构*

微机保护的流程图能够比较直观、形象、清楚地反映保护的工作过程和逻辑关系。微机保护的程序结构可以有很多种不同的构成方案，如任务型、多线程型等。

各种不同功能、不同原理的微机保护，其主要的区别体现在软件上，因此将算法与程序结合，并合理安排程序结构就能实现不同的保护功能。不论何种原理和功能的保护，微机保护装置的硬件原理基本相同，在介绍或学习程序流程图时，几乎不用对照硬件的详细电路图。当然，熟悉模拟型保护的逻辑和工作过程必将有助于设计或阅读微机保护的程序流程。

程序流程可以大致分为粗略流程和详细流程。通过详细流程能够具体地了解工作过程和逻辑关系的细节，便于进行事故分析；通过粗略流程易于理解总体的逻辑配合和工作过程。把粗略流程中的模块再画出详细的工作流程，就可以得到更详细的流程。

微机保护的程序结构与微机的运行速度、功能的构成等诸多因素有较大的关系，可以有多种多样的实现方案。在微机保护中，定时中断通常是最主要的中断方式。下面以其为例来介绍三种典型的流程结构。在每次执行定时中断服务程序的过程中，可能会因为运行条件的不一样，引起执行的时间有长有短，但是必须保证最长的定时中断服务程序所执行的时间小于采样间隔时间 T_s，并保留一定的时间裕度。否则，将造成微机还没有从中断返回时，又出现一次中断，从而导致微机工作紊乱，无法正常工作。

1）顺序结构

在图 2-3-9（a）所示的一次中断服务流程中，将功能 1 ~ N 完全按顺序执行一遍。这种结构的特点是流程较清晰，N 个功能的地位完全相同，不突出任何一个功能。这种结构要求 N 个功能的执行时间之和小于中断服务程序被允许执行的时间（如采样间隔）。当微机的运行速度较快，尤其是结合 DSP 技术后，完全可以采取顺序结构的方法来实现继电保护的功能。

2）切换结构

在图 2-3-9（b）中，采用时切换的方法，每次的中断流程只执行 1 ~ N 功能模块中的一个功能。这种结构中，N 个功能的地位完全相同，不突出任何一个功能。每个功能模块在 N 次采样间隔中只执行一次。这种结构的采样间隔要小于顺序结构的采样间隔。如图 2-3-9（b）所示，P 为按功能模块 N 进行加法计数，每次中断流程中，均进行一次 $P+1$ 计数，当 P 计数到 N 时归 0，这样 P 就相当于分时切换开关的功能，控制着每次中断流程的走向，保证 1 ~ N 每个功能都能顺序执行到。

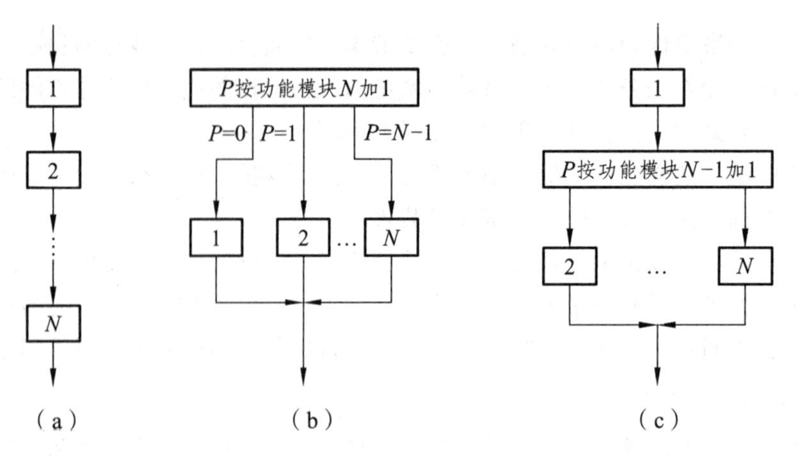

图 2-3-9　典型的程序流程结构

3）混合结构

图 2-3-9（c）所示的混合结构介于顺序结构和切换结构之间，突出了 1 功能的实时执行，而 2～N 的（N－1）个功能采用分时切换执行的方法。这种结构要求 2～N 功能中，最长执行时间加上功能 1 的执行时间应小于采样间隔。由于 2～N 功能中，只有（N－1）个功能，所以 P 按模式（N－1）进行计数。

如果假设 1，2，…，N 功能的最长执行时间分别为 t_1，t_2，…，t_N，时间裕度为 t_Y，那么仅就中断流程的执行时间来说，具体地采样间隔时间应满足以下要求。

（1）顺序法：$T_s > (t_1 + t_2 + \ldots + t_N) + t_Y$。

（2）切换法：$T_s > \max(t_1, t_2, \ldots, t_N) + t_Y$。

（3）混合法：$T_s > t_1 + \max\{t_2, \ldots, t_N) + t_Y$。

三、微机保护装置的软件抗干扰措施

电力系统经常处于正常运行情况下，保护装置是不应该运行的；一旦发生故障，继电保护装置应迅速、有选择性地将故障设备从系统中切除。对于传统保护装置，在它不动作时，除了测量元件在监视系统状态外，其逻辑部分处于待命状态。逻辑电路是否存在隐患是无法知道的，只有在定期的检验中才能发现。微机保护使得实时在线检验成为可能。利用软件可实时检测微机保护装置硬件电路的各部分，一旦发现故障，立即闭锁出口跳闸回路，同时发出故障告警信号。因此，微机保护装置的可靠性较传统保护装置有了很大的提高。

1. 自动检测

1）EPROM 芯片的检测

EPROM 是紫外线擦除的可编程只读存储芯片，存放着微机保护的程序参数，实际上就是一些 0 和 1 的二进制代码，若某位或某几位发生变化，将会导致十分严重的后果。为此，应对 EPROM 中的内容进行检查。若发现错误，应立即闭锁保护，并给出告警信号。检查的方法目前有以下 3 种。

（1）补奇校验法。这种方法是事先求得一个校验字节（或字）并固化于 EPROM 的某个地址单元，运行过程中将 EPROM 的全部字节（或字）内容按位进行异或运算，当结果各位全为 1 时，说明程序内容正确；否则，为错误。

（2）循环冗余码校验法。这种方法是对程序代码的每一字节的每一位逐个进行校验，根据该位为 0 或为 1 来改变一个寄存器中的内容。将全部代码校验后，在该寄存器中产生的数据为 CRC 码（一种多项式编码方法）。在程序完成后，将此代码写入 EPROM 的最末地址单元。用户在执行这个命令时，将校验结果和原存于 EPROM 中的 CRC 码进行比较，若不一致，则说明程序代码有变化。此种校验方法的误码检出率相当高，但耗时长。

（3）求和校验法。这是一种最简单的校验方法。将程序代码从第一字（或字节）逐个相加，直到程序的最末一个字（或字节），相加的和保留 16 位，溢出内容丢掉。这种方法将程序完成时的求和结果存在 EPROM 的最后地址单元。运行时重新按求和校验法，将求和结果与原存于 EPROM 中的内容比较，若不一致，说明程序发生代码变化或 EPROM 错误。

2）SRAM 芯片的检测

SRAM 是一种静态随机存储器芯片，用于存放微机保护中的采样数据、中间结果、各种标志及各种报告等内容。在微机保护装置正常工作时，SRAM 的每个单元应能够正确读写，因此应对 SRAM 进行读写正确性的检查。这不仅可检查出 SRAM 芯片的损坏，还可发现地址、数据线的错误，例如两条地址线或数据线的粘连。检查的方法是选择一定的数据模式进行读写正确性的检查。一般是用 4 个内存型数据检查，即 00H、0FFH、0AAH、55H。将数据写入某个 SRAM 单元，然后再从 SRAM 单元读出，比较读出的内容是否与刚才写入的内容一致，如不一致，则说明 SRAM 出错。在微机保护装置刚上电时的全面自检，可对所有 SRAM 单元检查一遍。在运行过程中对 SRAM 进行自检时应注意保护 SRAM 单元的内容，否则会由于读写检查破坏有用数据，产生不良后果。

3）EEPROM 芯片的检测

EEPROM 是一种电擦除、电改写的只读存储器芯片，用于存放微机保护的定值。对其进行检查的方法与对 EPROM 的求和尾数校验法相同。

4）开关量输出电路的检测

开关量输出电路的自检功能应当设置在最高优先级的中断服务程序中，或者先屏蔽中断再检测。否则，如果在 CPU 发送检测驱动信号后被中断，就可能无法及时收回检测信号，从而导致继电器吸合。检查的方法是送出驱动命令，读取自检反馈端的电位状态；送出闭锁命令，读取自检反馈端的电位状态。无论是驱动命令还是闭锁命令，如自检反馈的状态不正常，说明开关量输出电路有故障。

5）开关量输入通道的检测

对开关量输入通道的检查主要是监视各开关量是否发生变位。由于保护动作（例如启动重合闸的开入量）或运行人员的操作（投退保护压板）均会引起开关量输入的变化，所以有开入变位不一定是开入回路有故障。因此，软件只监视这种变化，并在发生变化时给出提示信息，不告警。

6）CPU 工作状态的检测

在多 CPU（或多单片机）系统中，一般采用相互检查的方法。例如，在有一个管理单片机和 N 个保护功能单片机时，它们之间必然要通过串行口通信。因此，可用一个通信编码实现相互联系，一旦这种联系中断，说明存在单片机故障或通信故障。

2. 数据采集系统的检测

这部分的检测对象主要是采样保持器、模拟量多路开关、模数转换器和电流、电压回路。在对输入采样值进行抗干扰纠错时，常利用各模拟量之间存在的规律进行自动检测。如果某一通道损坏，将破坏这种规律而被检测到。例如，零序电流和零序电压通道，根据对称分量法，可由 A、B、C 三相电压求出零序电压，并且由 A、B、C 三相电流求出零序电流，然后分别与零序电压采样通道和零序电流采样通道的数据进行比较,可检测数据采集通道的故障，或电压互感器二次、电流互感器二次的不对称故障。其动作判据表达为

$$\begin{aligned} &\dot{I}_{AK}+\dot{I}_{BK}+\dot{I}_{CK}-3\dot{I}_{0K}\geqslant I_{DZ} \\ &\dot{U}_{AK}+\dot{U}_{BK}+\dot{U}_{CK}-3\dot{U}_{0K}\geqslant U_{DZ} \end{aligned} \tag{2-3-1}$$

式中 $\dot{I}_{AK}$、$\dot{I}_{BK}$、$\dot{I}_{CK}$——A、B、C 三相故障电流；

$\dot{U}_{AK}$、$\dot{U}_{BK}$、$\dot{U}_{CK}$——A、B、C 三相故障电压；

$\dot{I}_{0K}$、$\dot{U}_{0K}$——零序故障电流、电压；

$\dot{I}_{DZ}$、$\dot{U}_{DZ}$——电流、电压检查门槛值。

为防止偶然的干扰造成数据条件满足，一般是连续一段时间满足上式，即判断为出错。

3. 其他软件抗干扰措施

1）设置上电标志

微机保护装置中的单片机均设有 RESET 引脚，即复位引脚。当装置上电时，通过复位电路在该引脚上产生规定的复位信号后，装置进入复位状态，软件从中断向量地址单元取指令，程序开始运行。进入复位状态的方式除上面提到的上电复位外，还有软件复位（执行复位指令）和手动复位。手动复位是指装置已经上电，操作人员按下装置的复位按键进入复位状态的情况。我们把上电复位称为冷启动，把手动复位称为热启动。冷启动时需进行全面初始化，而热启动则不需要全面初始化，只需要部分初始化。为区别这两种情况，可设置上电标志。

2）指令冗余技术

在单字节指令和三字节指令的后面插入两条空操作（NOP）指令，可保证其后的指令不被拆散。由于干扰造成程序“出格”时，可能使取指令的第一个数据变为操作数，而不是指令代码。由于空操作指令的存在，避免了把操作数当作指令执行，从而可使程序正确运行。对重要的指令应重复执行，例如影响程序执行顺序的指令（RET、RETI、LJMP 等指令）。

3）软件陷阱技术

软件陷阱就是用引导指令强行使“飞掉”的程序进入复位地址，使程序能够从头开始执行。例如，在 EPROM 的非程序区设置软件陷阱。在 EPROM 的空白区为 FFH，对于 8031 单片机，这是一条数据传送指令：MOV R7，A。因此，若程序“飞掉”，进入程序区将执行这一指令，改变 R7 的内容，甚至造成死机。设置软件陷阱可以防止这种情况。对于 MCS-96 系列的单片机，FFH 是一条软件复位指令：RST。该指令刚好使程序从 2080H 的地址开始执行。

单片机一般可响应多个中断请求，单用户往往只使用较少部分的中断源。可在未使用的中断向量地址单元中设置软件陷阱，使系统复位。一旦干扰使未设置的中断得到响应，可执行软件复位或利用单片机的软件“看门狗”使系统复位。

4）软件“看门狗”技术

在有些多 CPU 系统内部设有监视定时器。监视定时器的作用就是当干扰造成程序出格时使系统恢复正常运行。监视定时器按一定频率进行计数，当其溢出时产生中断，在中断中可安排软件复位命令，使程序恢复正常运行。在编制软件时，可在程序的主要部位安排对监视定时器的清零指令，且应保证程序正常运行时监视定时器不会溢出。一旦程序出格，必然不会按正常的顺序执行，当然也无法使监视定时器清零。这样，经过短暂延时后，监视定时器溢出，产生中断，使程序从开始执行。

5）密码和逻辑顺序校验

对微机保护装置来说，出口跳闸回路无疑是最重要的部分，因此在硬件和软件的设计中都十分重视其可靠性。除了在硬件上对跳闸出口电路设计了多重闭锁措施外，在软件上也设计了增加其可靠性的许多措施，主要是跳闸出口命令采用编码逻辑，而不是简单地清零或置 1。在故障处理的各个逻辑功能块设置相应的标志，在判为区内故障后，发出跳闸命令前，逐一校验这些标志是否正确，只有全部正确才能发出跳闸命令。

6）软件滤波技术

在微机保护装置中，可采用一些软件的手段消除或减少干扰对保护装置的影响。例如，根据分析相邻两次采样值的最大差别不超过 x，说明采样值受到干扰，应去掉本次采样值。对开关量的采集，为防止干扰造成的误判，可采用连续多次的判别法。此外，根据软件的功能和要求，在不影响保护的性能指标的前提下，采用中位值滤波法、算术平均滤波法、递推平均滤波法等，都具有消除或减弱干扰的作用。

【任务实施】

（1）学生接受任务，学习相关知识，查阅相关的资料。

（2）学生自行制订计划，与其他成员及老师讨论计划的可行性。

（3）对 CSC-103 型微机保护装置进行相关软件设置。

① 上电观察。

a. 在断电情况下，插入全部插件。连接好面板与管理板之间的扁平电缆线。

b. 合上直流电源，由于装置保护 CPU 板的初始状态未定，所以要对装置保护 CPU 进行初始化设定。如果不设定 CPU 的初始状态，装置会出现告警Ⅰ。设定步骤如下：（a）将“QUIT”和“SET”键同时按下，密码为“7777”。进入“CPU 设置”菜单下，将“CPU1”和“CPU2”都投入，按“SET”键保存，并将装置重新上电。（b）将“QUIT”和“SET”键同时按下，密码为“7777”。进入“压板模式”菜单下，选择装置需要的压板模式即可。若该工程无特殊的要求，则设置为“软硬压板串联”方式，否则根据具体工程的要求进行设置。（c）进入“装置主菜单→测试操作→切换定值区”菜单，切换到 00 区。（d）进入“装置主菜单→压板操作”菜单，将所有压板投退一遍。（e）进入“装置主菜单→定值设置→保护定值”菜单，固化保护定值，默认固化到 00 区。（f）进入“装置主菜单→定值设置→装置参数”菜单，固化装置参数。以上步骤操作完毕，按复归键，装置将正常运行，不会有告警Ⅰ现象，如果已经投压板且没有加正常电压，会有 TV 断线告警（属于告警Ⅱ），说明操作正确。在此基础上可对装置进行进一步的检查和确认。

c. 做三次快速拉合直流试验，无任何异常。

② 开入、开出板检查。

保护 CPU 都有开入、开出自检部分。开入自检时间为上午 8:02，开出自检时间为上午 10:02。在装置告警时，软件不进行开入和开出板自检。需要在装置不告警时进行开入、开出板检查，若有 TV 断线告警，将所有压板全部退出即可。

a. 开入板检查。首先确定开入板的 +24 V 电源已经接入，查看“装置主菜单→运行工况→装置工况”的开入 1 组电压和开入 2 组电压为 24 V。然后在“装置主菜单→修改时钟”菜单中将时间设定成上午 8：01，等待 1 min，时间走到 8:02，这时仔细观察面板 30 s，是否有关于相应开入信息的告警报文且告警灯亮。如果没有异常告警，则将此项试验连续做 2 次；如果有告警报文，再检测相应开入板，确认是否有问题，同时换一块新的相应开入板做上述试验。

b. 开出板检查。在“装置主菜单—修改时钟”菜单中将时间设定成上午 10:01，等待 1 min，时间走道 10:02，这时仔细观察面板 30 s，是否有关于相应开出信息的告警报文且告警灯亮。如果没有异常告警，则将此项试验连续做 2 次；如果有告警报文，再检测相应开出板，确认是否有问题，同时换一块新相应开出板做上述试验。

③ 定值整定及定值区切换。

进入“装置主菜单→定值设置→保护定值”菜单，选择定值区，固化定值到相应区，进入“装置主菜单→测试操作→切换定值区”菜单，将定值区切换至正确定值区，在液晶面板循环显示内容中，确认当前定值区是否为新固化的定值区。

④ 保护压板投退。

确认压板模式，分为硬压板和软硬压板串联。对于软硬压板串联，首先要确保装置后背板的压板开入均已接入，然后进入“装置主菜单→压板操作”菜单，根据要求投入相应保护压板。注意一次只能投退一个压板。利用“查看压板状态”，检查所有压板投退是否正常。

⑤ 系统设置。

在“装置主菜单→修改时钟”菜单中正确设置装置时钟。回到液晶正常显示下，观察时钟应运行正常。拉掉装置电源 5 min，然后再上电，检查液晶显示的时间和日期，在掉电时间内装置时钟应保持运行，并走时准确。

⑥ 快捷键试验及打印功能。

操作装置 MMI 液晶下面的快捷键，应正常反应。各键功能如下：

“F1”键：打印最近一次动作报告。“F2”键：打印当前定值区的定值。“F3”键：打印采样值。“F4”键：打印装置信息和运行工况。“+”键：定值区号加 1。“−”键：定值区号减 1。

【课堂训练与测评】

（1）简述微机保护软件的构成。

（2）微机保护中常见流程的基本结构是什么？

（3）试说明接口软件和保护软件的构成。

（4）微机保护装置采取的抗干扰措施有哪些？

【知识拓展】

结合相关课外书籍，谈谈如何提高微机保护的可靠性及其未来的发展趋势。

任务四　继电保护测试仪的使用

子任务一　昂立继电保护测试仪

【任务描述】

使用 AD331 继电保护测试仪进行继电保护功能测试，并用手控测试的方法设置相关参数。

【知识链接】

一、AD331 测试功能

AD331 是由单片机控制的继电保护测试仪，其作用是：

（1）用于交、直流继电器动作值、返回值、动作时间的测试。

（2）用于微机线路保护的方向过流、复压闭锁过流、零序过流等保护测试。

（3）用于整组传动，能模拟各种简单或复杂的瞬时性、永久性、转换性故障。

（4）用于光纤纵联差动保护的启动值、速断值测试。

其测试功能如下：

（1）电压/电流测试——测试电压、电流、功率方向、中间继电器等各类交直流型继电器的动作值、返回值以及灵敏角等。该菜单同时也是整套测试软件中最基本的菜单，可以同时提供 3 路电压、3 路电流。手控试验方式下，各路电压、电流的幅值、角度和频率可以任意调整。

（2）时间测试——测试电压、电流、功率方向、中间继电器等各类交直流型继电器的动作时间，以及阻抗继电器的记忆时间等。

（3）频率/滑差试验——测试频率继电器、低周/低压减载装置等的动作值、动作时间，以及滑差闭锁特性。

（4）谐波叠加测试——测试谐波继电器的动作值、返回值，各相电压、电流可同时叠加直流、基波及 2 ~ 20 次谐波信号。

（5）故障再现——将 COMTRADE 标准格式的录波文件通过测试仪进行波形回放，实现故障再现。

（6）状态序列——用户自由定制的试验方式。程序提供了 50 种测试状态，所有状态均可以由用户自由设置，状态之间的切换由时间控制、按键控制、GPS 控制或开入接点控制。各状态下 4 对开出量的开合能自由控制，可用于模拟保护出口接点的动作情况，尤其方便于故障录波器的独立调试。

（7）整组试验——测试线路保护的整组试验，可模拟瞬时性、永久性、转换性故障，以及多次重合闸等。

（8）线路保护定值校验——测试距离、零序、过流、负序电流以及工频变化量阻抗等线路保护的定值校验，定性分析保护动作的灵敏性和可靠性。

（9）阻抗/方向型继电器测试——测试阻抗/方向型继电器的动作值、返回值、灵敏角，以及动作边界特性、精工电流、精工电压等。

（10）功率振荡——以单机对无穷大输电系统为模型，进行双端电源供电系统振荡模拟，主要用于测试发电机的失步保护、振荡解列装置等的动作特性，以及分析系统振荡对距离、零序等线路保护动作行为的影响等。

（11）差动保护测试——测试发电机、变压器、发变组以及电铁变压器等的差动保护的比例制动特性曲线和谐波制动特性等。

（12）自动准同期测试——测试同期继电器或自动准同期装置的动作电压、动作频率和导前角（导前时间）等，也可以进行自动调整试验。

（13）常规继电器测试——用于进行单个常规继电器（如电压、电流、功率方向、时间、中间及信号继电器等）元件测试，可以完成动作值、返回值、灵敏角以及动作时间等的测试。

（14）反时限继电器特性测试——用于反时限继电器的动作时间特性测试，包括 i-t、u-t、f-t、u/f-t 以及 z-t 特性。

（15）计量仪表校验——校验交流型电压表、电流表、有功功率表、无功功率表，以及变送器等计量类仪表。

（16）地铁直流保护测试——用于地铁直流保护的功能测试，包括 I_{ds} 速断、I_{max} 保护、ΔI 增量保护、DDL 保护、低电压保护等。

二、面板说明

昂立继电保护测试仪的面板如图 2-4-1 所示。

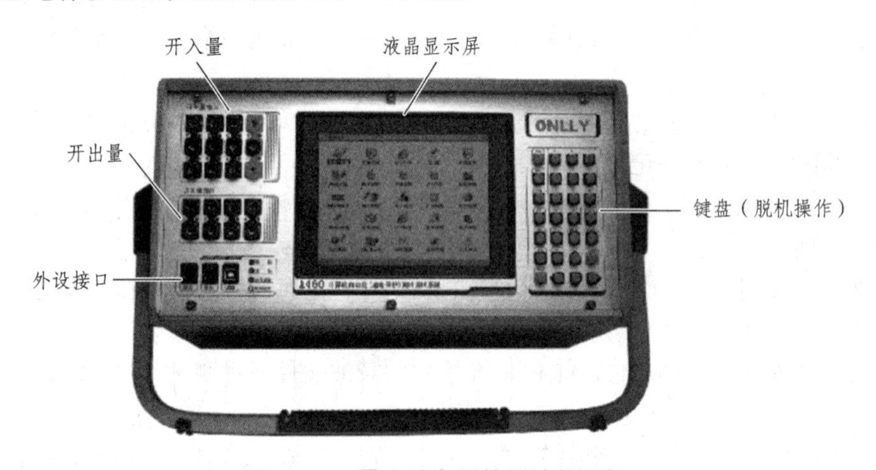

图 2-4-1　昂立继电保护测试仪面板

1. 接线端子

Voltage Output（电压输出）：一般地，U_a、U_b、U_c 分别对应 A、B、C 三相电压，第 4 路电压 U_x 的输出方式由软件设定，N 为电压接地端子（4630G 四个黑色端子内部均相通）。

Current Output（电流输出）：一般地，I_a、I_b、I_c 分别对应 A、B、C 三相电流，N 为电流接地端子（I_a、I_b、I_c 任意两并或三并输出大电流时，建议将两个 N 端子并联输出）；A460 有两组电流输出，即 I_a、I_b、I_c，I_x、I_y、I_z。

Binary Input（开入量）：A 与 a 共用公共端，B 与 b 共用公共端，C 与 c 共用公共端，R 与 r 共用公共端；开入量可以接空接点，也可以接 10～250 V 的带电位接点。一般地，A、B、

C 分别连接保护的跳 A、跳 B、跳 C 接点，R 连接保护的重合闸接点，如图 2-4-2 所示。

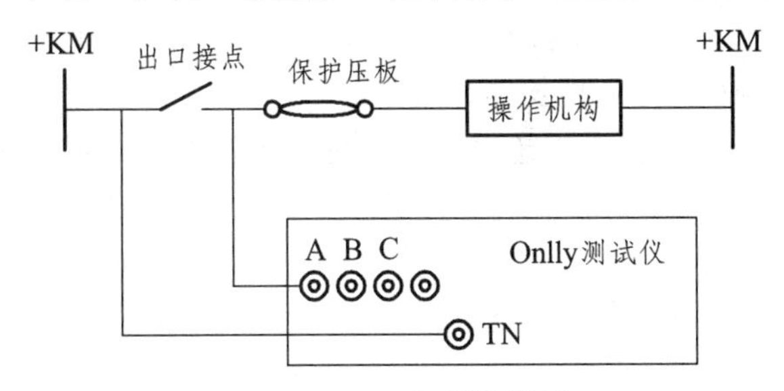

图 2-4-2 开入量接线图

Binary Output（开出量）：开出量为空接点，接点容量为 250 V/2 A，其断开、闭合的状态切换由软件控制。

2. 指示灯

1、2、3、4：开出量闭合指示灯。

A、B、C、R、a、b、c、r：开入量闭合指示灯。

I_a、I_b、I_c：电流输出回路正常指示灯（电流回路开路时，相应的指示灯亮）。

3）操作按钮及键盘

1、2、3、4、5、6、7、8、9、0、·：数字输入键。

+、-：数字输入键，作“+”“-”号用，亦可作为试验时增加、减小控制键使用。

BkSp：退格键，用于数字输入时，退格删除前一个字符。

Enter：确认键。

Esc：取消键。

PgUp、PgDn：上、下翻页键。

↑、↓、←、→：上、下、左、右光标移动键。

Tab：切换键。

Help：帮助键。

Start：开始“试验”的快捷键。

F5、F8、F10：试验过程中的辅助按键。

三、技术参数

输出频率：10 ~ 1 000 Hz；

交流电压：三相相电压 U_a、U_b、U_c，范围为 0 ~ 125 V；

交流电流：三相相电流 I_a、I_b、I_c，范围为 0 ~ 40 A；

直流电压：U_{bc}，范围为 0 ~ 350 V；

直流电流：I_a，范围为 0 ~ 20 A；

装置电源：AC 220 V/50 Hz。

四、注意事项

启动测试仪前，请确认：

（1）测试仪可靠接地（接地线端孔位于电源插座旁）。

（2）绝对禁止将外部的交直流电源引入到测试仪的电压、电流输出插孔。

（3）工作电源误接 AC 380 V 将长期音响告警。

（4）开始试验前，确认单相电流超过 15 A 时，按“F5”或根据提示选择切换到重载输出。

五、AD331 继电保护测试仪的使用

1. 进入主菜单

开启电源开关，启动测试仪，此时液晶屏显示如图 2-4-3 所示，利用“↑”、“↓”键移动光标，按“Enter”选择所要求的测试仪运行方式。

（1）脱机运行——测试仪脱机独立运行，使用内置的工控测试软件进行试验操作，测试结果将直接存储在内置硬盘中。该方式省去了外接计算机的接线以及计算机和测试仪之间的连接，比较适合于现场空间狭小的测试场所。

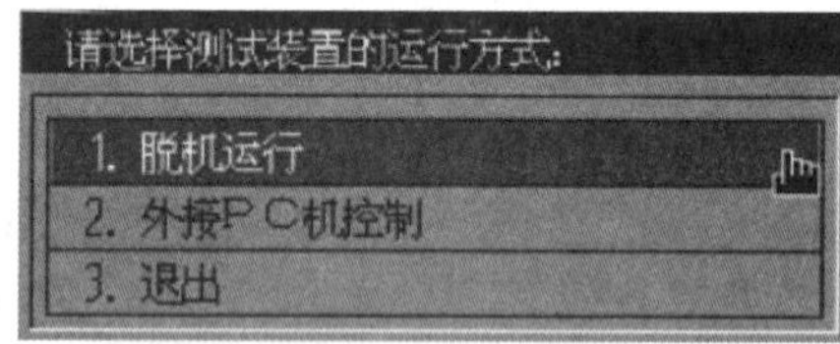

图 2-4-3　启动测试仪显示画面

（2）外接 PC 机控制——选择该方式时，测试仪内的工控软件将自动退出，测试仪完全由外接的 PC 机控制。

（3）退出——测试仪进入屏幕保护状态。

2. 选择试验项目

进入“电压/电流”菜单，本菜单下包括三个测试菜单：“电压/电流（交流）”、“直流”、“任意方式（手动试验）”。

（1）电压/电流（交流）——本菜单主要用于测试电压继电器、电流继电器、功率方向继电器等各类交流型继电器的动作值、返回值、灵敏角以及动作时间等，如图 2-4-4 所示。

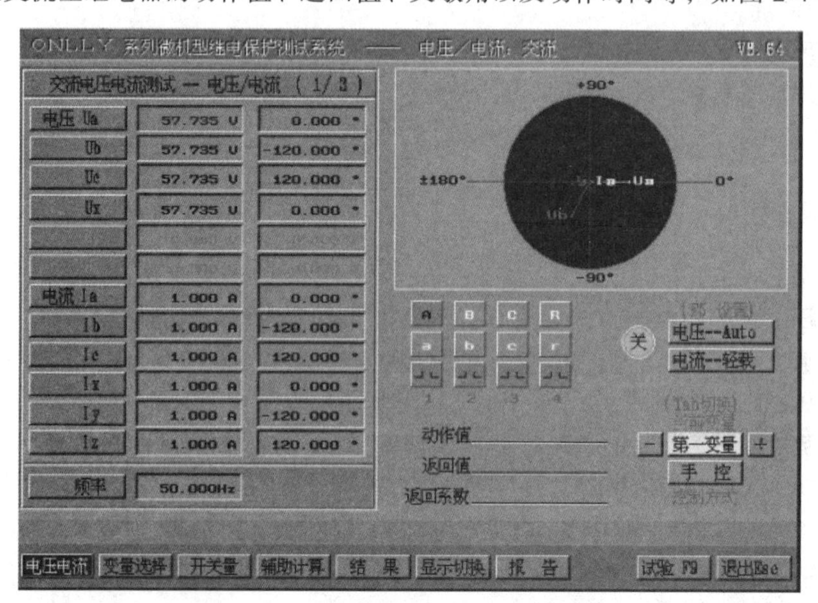

图 2-4-4　“电压/电流（交流）”主菜单

（2）直流——本菜单主要用于测试直流电压继电器、直流电流继电器、中间继电器等各类直流型继电器的动作值、返回值以及动作时间。

（3）任意方式（手动试验）——本菜单主要用于手动测试电压继电器、电流继电器等各类交、直流型继电器的动作值、返回值、灵敏角以及动作时间等。

3. 参数的设置

“电压/电流（交流）”菜单是整套测试软件包中最基本的菜单，可以同时提供 3 路电压、3 路电流输出，而且在手控试验方式下，各路电压、电流的幅值、角度和频率可以任意调整。

主界面分为三个区域。

左半区：控制参数设置区，用于设置试验时的控制参数，分 3 页显示，包括“电压电流”、“变量选择”和“开关量”。

右上区：电压、电流辅助参数显示区，根据“显示切换”的选择，程序提供了 3 种辅助显示方式，包括“矢量图”、“线序分量”以及“功率”显示。

右下区：试验控制及试验结果的辅助显示区，辅助显示“当前变量”、“试验控制方式”、“开入/开出量状态”、“试验结果”等。

注意：“轻载—F5”按钮用于测试仪轻重负载的切换。一般情况下测试仪输出为轻载状态，当测试仪所带负载的阻抗值较大或需要输出较大电流时，建议试验前按下“F5”按钮，将测试仪切换到重载状态。

主界面的最下一行为菜单行，按“↑”“↓”“←”“→”移动光标，按“Enter”执行相应的菜单项。

“电压电流”、“变量选择”、“开关量”：此 3 项分别对应控制参数设置区的 3 页参数，光标移动到此 3 项上时，控制参数翻到相应页面（也可以按“PgDn”、“PgUp”键翻页），此时按“Enter”键则光标切换进入主界面的控制参数设置区。按“↑”、“↓”、“←”、“→”键，光标将在控制参数区内移动。如果欲修改某项参数，按“Enter”键进入参数输入或选择状态。输入或选择完毕，按“Enter”键确认修改，或按“Esc”键撤销修改。按“Esc”键则光标切换返回菜单行中的相应项。

“辅助计算”：提供变压器Ⅰ、Ⅱ次侧 CT 二次电流的相互归算。

“结果”：显示试验结果，包括动作值、动作时间、返回值、返回时间以及返回系数（灵敏角）等。

“显示切换”：选择不同的显示方式辅助显示电压、电流。程序提供了 2 种方式，包括矢量图和线序分量，并提供了功率显示。

“报告”：查阅试验报告。由于工控机硬盘容量限制，程序只提供了 5 个专用报告和 5 个通用报告，用于试验结果的储存、显示。专用报告仅供本测试程序调用，而通用报告可供软件包内的所有测试程序调用。

“试验”：启动本次试验（也可以按测试仪面板上的“Start”快捷键）。

“退出”：本菜单项具有双重功能（也可以按“Esc”键）。当前没有进行试验时（“开/关”按钮显示为绿色），退出本测试程序，返回主菜单。当前正在进行试验时（“开/关”按钮显示为红色），结束试验。

注意：为确保安全，在用测试仪做实验时，一般情况下建议交流电压输出不超过 120 V，交流电流输出不超过 20 A；直流电压输出不超过 250 V，直流电流输出不超过 10 A。

4. 手控试验参数的设置

手控试验过程中，当前变量的变化过程完全由用户控制，包括按“Tab”切换当前变量，按“+”、“-”键增加、减小当前变量值等。如果试验时引入保护动作接点，程序将根据该开入接点的状态变化自动记录动作值、返回值、动作时间以及返回时间等。试验结束后用户可按“Esc”键中止试验。

试验步骤：在“电压/电流（交流）”主菜单下选择“电压/电流”，确认后进入交流动作值测试界面（如图 2-4-4 所示），按“↑”、“↓”、“←”、“→”移动光标，按“Enter”键进入相应的变量，按数字键输入相应的设定值，按“Enter”键确认，设定成功。按“Esc”键返回主菜单，选择“变量选择”，确认后进入“变量选择”界面（如图 2-4-5 所示），选择试验过程中需要变化的变量以及设置该变化量的变化步长。第一、二、三变量均有效，试验过程中的当前变量可以通过“Tab”键在三者之间切换。完成设定后，按“Start”快捷键开始试验，按“+”、“-”键增加、减小当前变量值。

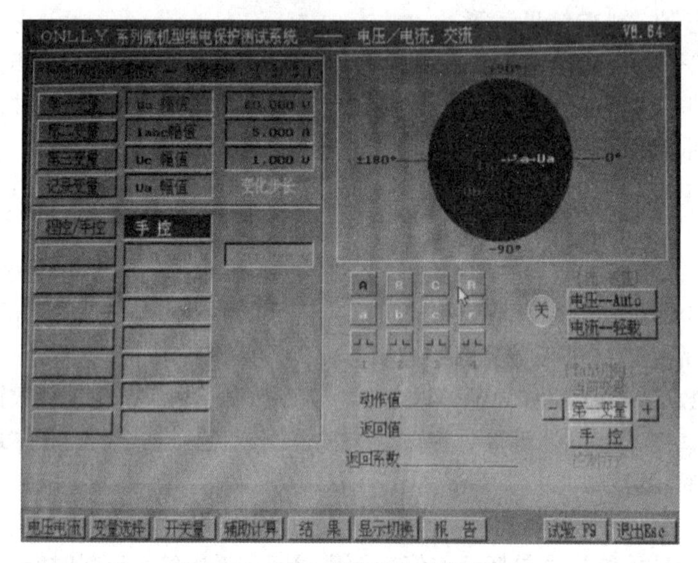

图 2-4-5 “变量选择”手控界面

5. 直流动作值的设置

直流菜单主要用于测试直流电压继电器、直流电流继电器、中间继电器等各类直流型继电器的动作值、返回值以及动作时间。“电压/电流（直流）”主菜单如图 2-4-6 所示。

主界面分为四个区域。

左上区：电压、电流设置区，实时显示、修改直流电压、电流的大小。

左下区：控制参数设置区，用于设置试验时的控制参数，分 4 页显示，包括变量选择、程控设置、开关量和零漂调整。

右上区：电压、电流表显示区，以表计方式显示当前输出的直流电压、电流。

右下区：试验控制及试验结果的辅助显示区，辅助显示当前变量、试验控制方式、开入/开出量状态、试验结果等。

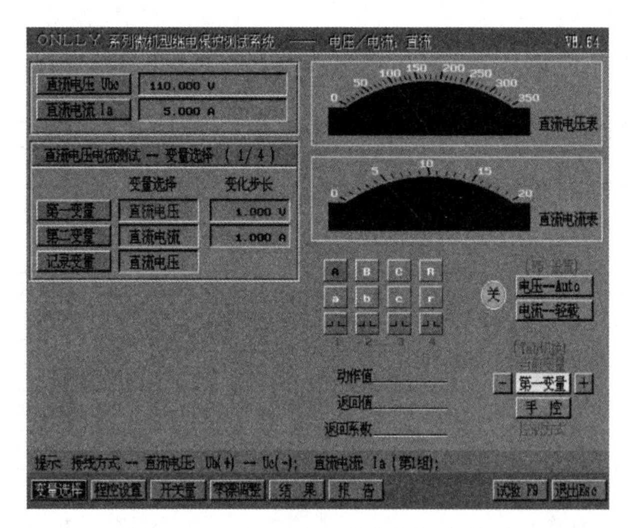

图 2-4-6 电压/电流（直流）主菜单

【任务实施】

给测试仪上电，分组操作进入主菜单、选择试验项目、各测试界面完成以下任务。用手控测试的方法设置下列参数。

（1）设置交流输出电压 $U_a = 10$ V，$U_b = 20$ V，$U_c = 30$ V。写出进入路径和设置步骤。按下“Start”快捷键，用万用表验证交流输出电压是否为设定值。

（2）设置直流输出为 $U_{bc} = 100$ V，设置变化步长为 1 V，写出进入路径和设置步骤。按下“Start”快捷键，用万用表验证直流输出电压是否为设定值。按下“+”、“−”键，验证直流输出值是否正确变化。

（3）各小组成员之间、各小组之间互相检查，发现问题，提出意见。

（4）老师检查各小组及个人完成的任务，提出问题，给出成绩。

【课堂训练与测评】

（1）AD331 继电保护测试仪的作用是什么？

（2）AD331 继电保护测试仪面板上的“+”、“−”、“BkSp”、“Enter”、“Esc”、“PgUp”、“PgDn”、“↑”、“↓”、“←”、“→”、“Tab”、“Start”键的作用是什么？

（3）AD331 继电保护测试仪有哪些功能？

（4）U_a、U_b、U_c 端子应接入什么量？I_a、I_b、I_c 信号灯的作用是什么？

【知识拓展】

查看 ONLLY-A 系列用户手册。

子任务二　博电 PW 系列继电保护测试仪

【任务描述】

使用 PWAE 系列继电保护测试仪完成对交流或直流电压继电器、交直流电流继电器、功率继电器、频率继电器的动作值和返回值的测量。

【知识链接】

一、PWAE 系列继电保护测试仪的基本配置

1. 系统配置（如表 2-4-1 所示）

表 2-4-1　系统配置表

设　备	数　量
主　机	1　台
便携式计算机（PW 脱机系列为可选）	1　台
专用测试导线	1　包
电源插座	1　个
电源线	1　根
数据电缆	1　根
铝合金包装箱	1　个
软件安装光盘	1　张
使用手册	1　本

2. 面板说明

如表 2-4-2 及图 2-4-7、2-4-8 所示。

表 2-4-2　PW40AE 继电保护测试仪面板端子对应表

编　号	名　称
1	I_a、I_b、I_c、I_n 接线端子
2	U_a、U_b、U_c、U_z、U_n 接线端子
3	显示器（脱机系列独有）
4	电源信号灯 联机信号灯 主机过热指示灯 电压输出短路指示灯 I_a 开路或失真指示灯 I_b 开路或失真指示灯 I_c 开路或失真指示灯
5	开入量 A、B、C、D 端子
6	暂停按钮（PWAE 系列）
7	电源开关按钮
8	装置接地端子
9	数据电缆插口
10	GPS 接口
11	电源插口
12	开入量 E、F、G、H 端子
13	开出量 1、2、3、4 端子
14	直流电压输出接线端子

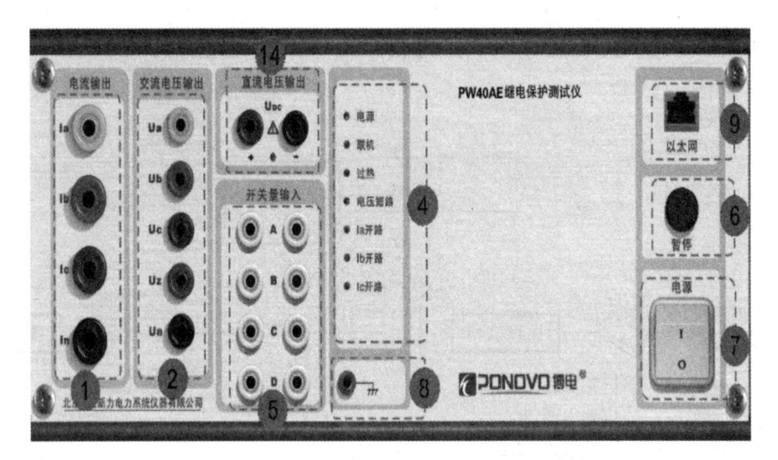

图 2-4-7 “电压/电流（直流）”主菜单

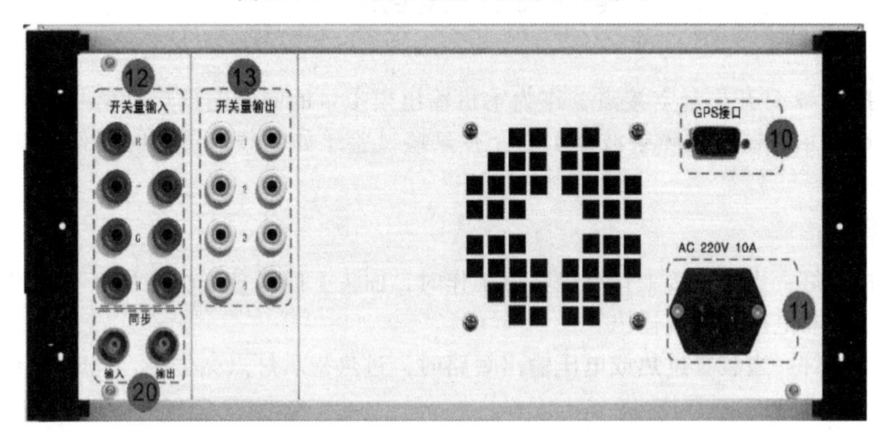

图 2-4-8 “电压/电流（直流）”主菜单

3. 开关量

1）开入量

装置提供 8 对完全隔离的开入量端子，不分极性，可检测空接点、有源接点（30 ~ 250 V）。很多试验要求非保持接点断电即返回，而不能是自保持接点（如信号接点）或位置接点（如跳位接点）。前面板的 4 对开入量 A、B、C、D 在测试回路中的接线见图 2-4-9，可实现保护屏的所有测试。

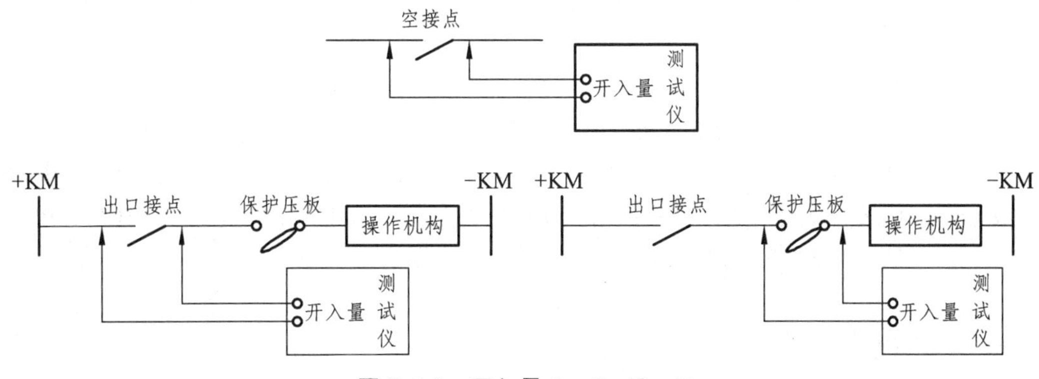

图 2-4-9 开入量 A、B、C、D

后面板的 4 对开入量 E、F、G、H 在测试回路中的接线见图 2-4-10，可实现带开关的保护二次回路的整组传动试验。

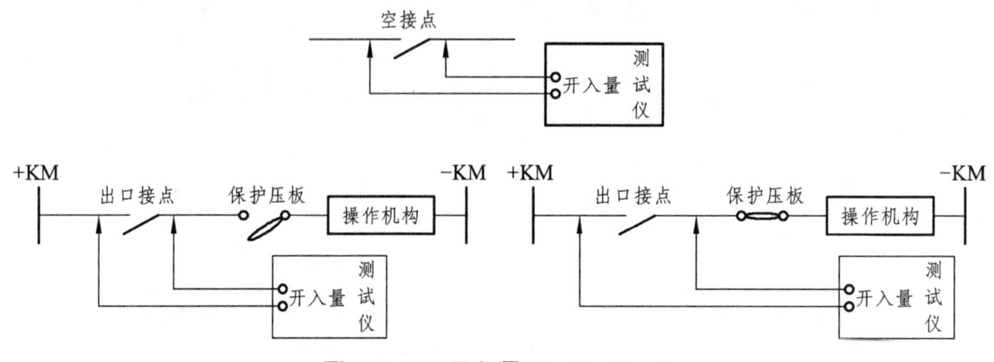

图 2-4-10 开入量 E、F、G、H

2）开出量

装置提供 4 对开出量空接点，作为本机输出模拟量的同时输出启动信号，以启动其他装置（如记忆示波器或故障录波器）等。在某些试验（如高频保护）时用作启动触发或计时开始。

4. 信号灯

联机指示灯：当主机接上计算机联机工作时，面板上的绿色联机信号灯不断闪烁，表示测试装置此时有电压、电流输出。

过热指示灯：当装置过热或电压输出短路时，过热指示灯点亮告警，同时关闭电压、电流输出。

电压短路指示灯：当电压输出短路或波形失真时，电压输出短路指示灯亮，蜂鸣告警，同时关闭电压、电流输出。当数据接口设置不正确时，联机灯灭，过热和电压输出短路灯点亮，关闭电压、电流输出。该设置在 CMOS 中，出厂时已设置好，用户不得改动。

I_A、I_B、I_C 开路或失真指示灯：当电流输出开路或失真时，该指示灯亮，但不关闭电压电流输出。为减小功耗，测试装置一般工作在低功耗、轻载（带载能力较小）状态。当要求电流回路上所接的负载比较大时，为了提高测试装置的带载能力，应在软件操作界面上将“重负载”按钮按下。试验中无电压输出短路或电流输出开路的情况下，如出现过载告警（红色指示灯闪烁），应停止试验，在软件界面上按下“重负载”按钮，将装置设置为“重载”状态，然后重新进行试验。

5. 其　他

按下“暂停”按钮时，联机灯灭，暂时关闭全部电压、电流源的输出。但 PC 机的 I/O 接口和 DAC 单元仍然工作。需要暂时关闭电压、电流源输出时，如改动测试装置与保护装置的接线等，可按下此键。当此键弹出时，此键的红色指示灯熄灭，恢复输出。连接 GPS（全球定位系统）接收机端口，接收 GPS 发出的时钟信号以实现同步实验。

二、手动试验

手动试验单元可完成各种手动测试，测试仪输出交、直流电压和电流。PW 型测试仪同时输出 4 路交流或直流电压、3 路交流或直流电流。PWAE 型测试仪同时输出 1 路直流电压、4 路交流电压、3 路交流或直流电流。

在试验中可以任意改变一相或多相电压、电流的幅值、相位和频率。各相的频率可以分别设置，可同时输出不同频率的电压和电流。可接受 GPS 同步信号，实现多装置输出同步，具有输出保持功能。可以采用试验闭锁的方式关闭或开放测试仪的输出，实现时间的测试。在 PWAE 型测试仪中增加了直流电压输出（0 ~ 300 V，0.5 A），可以用来测试直流电压继电器或作为被测保护装置的直流辅助电源。

1. 继电器测试

手动测试可以测试交流或直流电压继电器、交直流电流继电器、功率继电器、频率继电器的动作值和返回值，交流或直流时间继电器的动作时间，以及中间继电器。

测试保护装置的动作值和返回值时，手动按“ ”或“ ”，使输出电压、电流的幅值、频率或相位按设定的步长增加或减小。先使继电器从不动作到动作，测出并记录其动作值；再使继电器从动作到不动作，测出其返回值。

测试保护装置的动作时间时，在界面上设置使保护继电器不动作（测量动作时间）或动作（测量返回时间）的初始状态的电压或电流值。在工具栏上按下试验按钮“ ”，输出初始状态下的电压和电流，同时使测试仪确认开关量的初始状态。按下工具栏上的保持按钮“ ”，锁定当前输出状态。将界面上的电压或电流值改变到使保护的动作接点能够翻转的状态，再一次点击保持按钮使之弹起，将修改后的值输出并开始计时，当保护动作接点翻转（接点闭合或断开后）时停止计时，测量出保护动作时间。

2. 信号源

测试仪可作为信号源，即在保护的二次回路中加入电流或电压量，检查二次回路的接线。

3. 标准源

测试仪可对保护的测量精度和零漂、数据采集装置的数据采集精度以及测量仪表进行校正。

交流电压精度：±0.1%（2 ~ 120 V）。

交流电流精度：±0.1%（0.5 ~ 30 A）。

4. 参　数

交流电压：单相 0 ~ 120 V。两相相位设为反相（相位差 180°）或同相（相位差 0°）可输出 0 ~ 240 V 的电压。

直流电压：能提供 0 ~ 300 V、0.5 A 的直流电压。PWAE 型的直流电压，即面板上的直流电压，也可以作为被测装置（直流电流 < 0.5 A）的直流辅助电源。

交流电流：

PW30、PW30A：单相 0 ~ 30 A，三相并联 0 ~ 90 A；

PW40、PW40A：单相 0 ~ 40 A，三相并联 0 ~ 120 A；

PW60、PW60A：单相 0 ~ 60 A，三相并联 0 ~ 180 A。

直流电流：单相 0 ~ 20 A

三、实验举例

测试项目：微机线路保护阻抗动作时间测试。

保护定值：接地保护定值为 $Z = 2\ \Omega$，$T_2 = 0.5\ \text{s}$；零序补偿系数为 $K_L = 0.67$。

试验接线：U_a、U_b、U_c、U_n 和 I_a、I_b、I_c、I_n 分别接保护装置电压、电流的输入端，开入量 A、B、C 分别接到保护跳闸的出口接点上。

参数设置：先输出非故障量，再点击“ ”设置参数，点击“短路计算”按键，弹出对话框（如图 2-4-11 所示）。在对话框中将阻抗时间测试的参数（0.7 倍阻抗定值下）添于表中，点击“确定”，软件会根据设定的参数自动计算出电流、电压的值（如图 2-4-12 所示）。然后再点击“ ”按钮，测试时间。

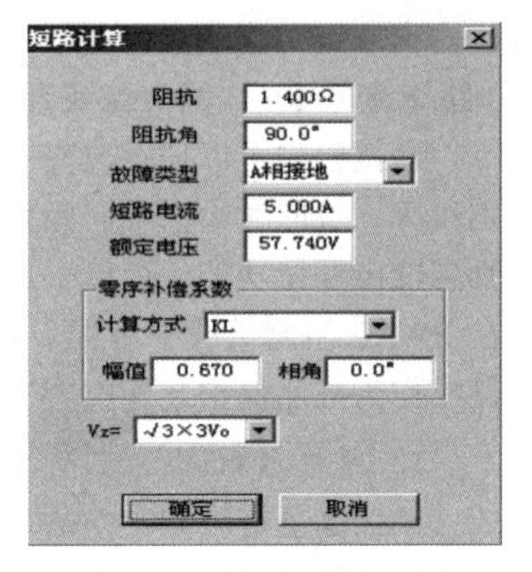

图 2-4-11 “短路计算”对话框

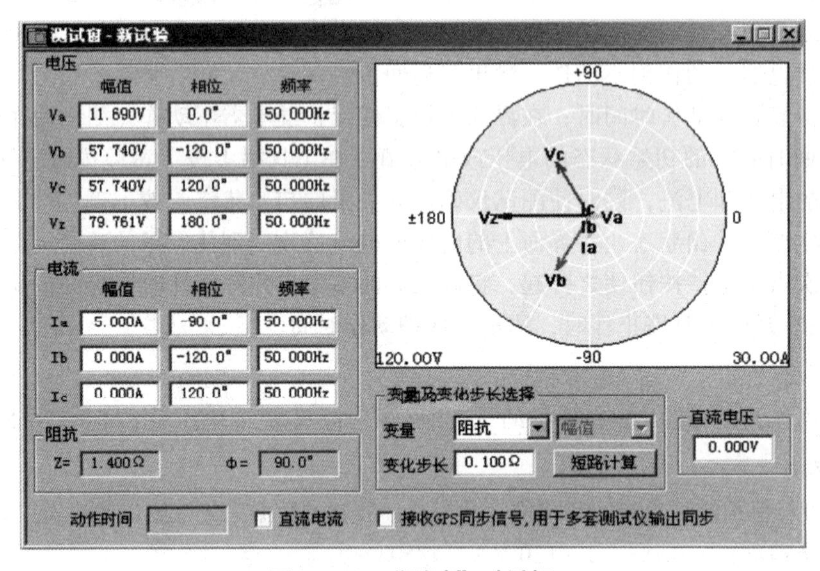

图 2-4-12 “测试”对话框

【任务实施】

（1）学生接受任务，根据给出的相关知识以及查阅相关的资料，自行完成任务的内容。

（2）各小组成员之间、各小组之间互相检查，发现问题，提出意见。

（3）老师检查各小组及个人完成的任务，提出问题，给出成绩。

【课堂训练与测评】

（1）简述博电 PW 系列继电保护测试仪的系统基本配置。

（2）简述博电 PW 系列继电保护测试仪的技术参数。

（3）如何完成对微机线路保护阻抗动作时间的测试？

【知识拓展】

查看博电继电保护测试仪的用户手册及技术说明书。

【思考与练习】

一、判断题

1.（　　）在正常工作范围内，电流互感器的二次电流随一次负载的增大而明显减小。

2.（　　）电压互感器在连接时端子极性不能错接，否则会造成计量出错或继电保护误动作等后果。

3.（　　）为防止电压互感器一、二次短路的危险，一、二次回路都应装有熔断器。

4.（　　）对于二次额定电流为 5 A 的电流互感器，使用条件是保证任何情况下，其二次电流都不得超过 5 A。

5.（　　）电流互感器二次侧开路，会使测量、继电保护无法正常工作。

6.（　　）运行中的电流互感器二次回路开路，其开路电压的大小与运行负荷的大小有关。

7.（　　）实际应用电流法测试电流互感器的变比时，对于大电流系统测试误差较大，效果不佳。

8.（　　）用电压法测电流互感器的变比时，一次线圈开路，铁心磁通密度很低，不易饱和。

9.（　　）对电压互感器的二次绕组以及电流互感器的一次或二次绕组，宜采用单臂电桥进行测量。

10.（　　）测量电压互感器绝缘电阻时，选用 500 V 兆欧表测量，测量前对被测绕组进行充分放电。

11.（　　）采用低电压启动的过电流保护可以提高过电流保护的灵敏度。

12.（　　）电流继电器的返回系数小于 1，而欠电压继电器的返回系数大于 1。

13.（　　）电流继电器线圈并联时通过的电流比串联时增加一倍。

14.（　　）对于欠电压继电器，当测量电压升高时，电磁力增加，使得衔铁返回，常闭接点处于闭合状态，称为继电器动作。

15.（　　）时间继电器是在保护和自动装置中，用于机械保持和手动复归的动作指示器。

16.（　　）采样保持电路的作用是在一个极短的时间内测量模拟输入量在该时刻的瞬时值，并在模数转换器进行转换期间保持其输出不变。

17.（　　）采样保持电路由两个阻抗变换器组成。

18.（　　）利用软件可实时检测微机保护装置硬件电路的各个部分。

19.（　　）多路开关的作用是同时允许多路模拟量通过。

20.（　　）数据采集系统中的电抗变换器是用来改变输电线路上的电抗的。

21.（　　）启动测试仪前要先确定测试仪是否可靠接地。

22.（　　）AD331 继电保护测试仪的直流测试项目是用于测试各类直流型继电器的动作值、返回值以及动作时间的。

23.（　　）在电压/电流（交流）菜单下，可以同时提供 3 路电压、3 路电流输出，在手控试验方式下，各路电压、电流的幅值、角度和频率不可以调整。

24.（　　）设置直流动作值时，主界面中的左上区是电压、电流的设置区。

25.（　　）PWAE 测试装置提供四对开出量空接点，输出模拟量的同时输出启动信号，以启动其他装置，如记忆示波器或故障录波器等。

二、选择题

1. 电流互感器正常工作时，二次侧接近于（　　）状态。
   A. 开路　　B. 短路
2. 分级绝缘的电压互感器，其一次绕组的接地引出端子（　　）。
   A. 应开路　　B. 应可靠接地
3. 运行中的电压互感器在任何情况下二次侧都不得（　　），否则会烧坏互感器。
   A. 开路　　B. 短路
4. 电流互感器按用途分有（　　）。
   A. 测量用　　B. 保护用　　C. 测量和保护用
5. 电压互感器绕组的结构特点是（　　）。
   A. 一次绕组匝数少　　B. 一次绕组匝数多
   C. 二次绕组匝数多
6. 运行中的电流互感器发出放电声音与互感器（　　）有关。
   A. 满载运行　　B. 二次短路　　C. 空载运行　　D. 绝缘老化
7. 反应电压增大而动作的保护称为（　　）。
   A. 欠电压保护　　B. 过电流保护　　C. 过电压保护
8. 信号继电器动作后（　　）。
   A. 继电器本身掉牌
   B. 继电器本身掉牌或灯光指示
   C. 应立即接通灯光音响回路
   D. 应是一边本身掉牌，一边触点闭合接通其他回路
9. 中间继电器的固有动作时间，一般不应（　　）。
   A. 大于 20 ms　　B. 大于 10 ms　　C. 大于 0.2 s　　D. 大于 0.1 s
10. 继电保护装置试验分为三种，它们分别是（　　）。
    A. 验收试验、全部检验、传动试验　　B. 部分试验、补充检验、定期试验
    C. 验收试验、定期检验、补充检验　　D. 部分检查、定期检验、传动试验
11. 根据采样定理，微机保护中，若采样频率为 f_s，则模拟低通滤波器将滤除频率（　　）的信号。
    A. 大于 $2f_s$　　B. 小于 $2f_s$　　C. 小于 $f_s/2$　　D. 大于 $f_s/2$
12. 在微机保护中，掉电会丢失数据的主存储器是（　　）。
    A. ROM　　B. EPROM　　C. RAM　　D. EEPROM
13. 下列不属于软件抗干扰措施的是（　　）。
    A. 指令冗余技术　　B. 软件“看门狗”技术
    C. 硬件排查技术　　D. 密码和逻辑顺序校验
14.（　　）通常被用来进行开关量的输入输出，实现电气隔离。
    A. 光电隔离器　　B. 电抗变换器　　C.多路开关　　D. 继电器

15. 微机保护中，在将模拟量转化成数字量的过程中，模/数转换器往往需要一定的时间，在此期间采样的模拟量输入不能变化，为此普遍采用（　　）器件。

A. 滤波器　　B. 电抗变换器　　C. 采样保持器　　D. A/D 转换器

16. 下列不属于 AD331 继电保护测试仪的测试功能的是（　　）。

A. 电压电流测试　B. 时间测试　　C. 频率/滑差试验　　D. 冗余软件测试

17. 在操作设置界面时，按（　　）键来移动光标。

A. ↑ ↓ ← →　B. Enter　　C. PgDn　　D. Esc

18. 下列不属于 PWAE 系列继电保护测试仪的基本配置的是（　　）。

A. 主机　　B. 电源线

C. 专用测试线　　D. 测试所用的各类继电器

三、填空题

1. 互感器按照变换对象可分为____________和____________。

2. 互感器的作用可以概括为____________和____________。

3. 单匝式电流互感器有____________型、____________型和____________型。

4. 使用互感器进行测量时要保证接线正确，一般同名端侧的极性应为____________。

5. 当电源接通后，信号继电器触点周期性地____________和____________，而使受控的灯发出闪光信号。

6. 电流继电器是反应____________而动作的继电器。

7. 时间继电器在继电保护装置中的作用是____________，文字符号是____________。

8. 中间继电器是继电保护装置中不可少的____________，其特点是____________。

9. 微机保护系统的硬件结构主要包括：____________、____________、____________、____________、____________、____________等 6 个部分。

10. 数据采集系统主要包括：____________、____________、____________、____________、____________、____________等部分。

11. 数据采集系统中的电压形成回路除了完成电量变换作用外，还起着____________和____________的作用。

12. 微机保护中常见流程的基本结构是____________、____________、____________。

13. 进入 AD331 继电保护测试仪的“电压/电流”菜单后，其菜单下包括三个测试菜单：____________、____________、____________。

14. 任意方式（手动试验）主要用于手动测试各类交、直流型继电器的____________、____________、____________以及____________。

15. PWAE 系列继电保护测试装置提供 8 对完全隔离的开入量端子，不分极性，可检测和____________。

16. PWAE 系列继电保护测试装置有____________、____________、____________和____________信号指示灯。

四、简答题

对照图 2-3-3，说明数据采集系统的工作原理及其中各元件的作用。

项目三　输电线路阶段式电流及电压保护装置运行与调试

【学习目标】

（1）掌握阶段式电流保护的工作原理、整定计算与正确接线。
（2）理解方向电流保护的基本原理和方向元件动作方向。
（3）掌握方向电流保护的整定计算与正确接线。
（4）掌握零序分量的概念和零序保护的基本原理。
（5）理解零序滤过器的工作原理。
（6）掌握大接地系统中零序分量的特点。
（7）了解小电流接地保护的工作原理。

电网输电线路发生短路故障时，其主要特征是电流增大、电压降低。利用电流增大、电压降低的特性可以构成线路的电流保护、电压保护。

任务一　三段式电流保护构成与运行

【任务描述】

某 35 kV/10 kV 变电所中，35 kV 母线有两路进线、两路出线，10 kV 母线有两路进线、多路出线。在其中一路输电线路上设置三相短路故障点，故障点的位置可设置在线路首端、20% 处、50% 处、80% 处、末端等，试为该 10 kV 输电线路配置电流保护方案。

【知识链接】

电流保护就是利用电力系统在短路或异常工况下电流增大的特征所构成的继电保护。最原始形态的继电保护——熔断器就是一种电流保护。最简单的电流保护是反应相电流的三段式，即电流速断保护、限时电流速断保护和定时限过电流保护。

一、瞬时电流速断保护

根据对保护装置速动性的要求，在满足可靠性和保证选择性的前提下，保护装置的动作时间，原则上越短越好。因此，各种电气元件应力求装设快速动作的继电保护。仅反应电流增大而瞬时动作切除故障的电流保护，称为（无时限或瞬时）电流速断保护。

1. 定　义

电流速断保护是指动作电流按躲开保护范围末端最大三相短路电流整定，不带动作时限的电流保护。

2. 几个基本概念

1）最大运行方式和最小运行方式

最大运行方式就是在选定的短路计算点短路时，系统等值阻抗最小，而通过所研究的设备的短路电流最大的运行方式。最小运行方式就是在选定的短路计算点短路时，系统等值阻抗最大，而通过所研究的设备的短路电流最小的运行方式。

2）最小短路电流与最大短路电流

在最大运行方式下三相短路时，通过保护装置的短路电流为最大，称之为最大短路电流。在最小运行方式下两相短路时，通过保护装置的短路电流为最小，称之为最小短路电流。

3）保护装置的整定

所谓整定，就是根据对继电保护的基本要求，确定保护装置动作值、灵敏系数、动作时限等的过程。

3. 保护的建立

如图 3-1-1 所示，假定在每条线路上均装有电流速断保护，则当线路 A ~ B 段上发生故障时，希望保护 2 能瞬时动作，而当线路 B ~ C 段上故障时，希望保护 1 能瞬时动作，它们的保护范围最好能达到本线路全长的 100%。

图 3-1-1 中，以保护 2 为例，当本线路末端 k_1 点短路时，希望电流速断保护 2 能够瞬时动作切除故障，而当相邻线路 B ~ C 的始端（又称为出口处）k_2 点短路时，按照选择性的要求，速断保护 2 不应该动作，因为此处的故障应由速断保护 1 动作切除。但是实际上，k_1 点和 k_2 点短路时，从保护 2 安装处所流过的短路电流在数值上几乎一样的。因此，希望速断保护 2 在 k_1 点短路时能动作，而 k_2 点短路时不动作的要求就不能同时满足。同样的，保护 1 也无法区别 k_3 点和 k_4 点的短路。

为解决这个矛盾，并优先保证动作的选择性，即从保护装置启动参数的整定上保证下条线路出口处短路时不启动，在继电保护技术中，这又称为按躲开下一条线路出口处短路的条件整定。

对反应于电流升高而动作的电流速断保护而言，能使该保护装置启动的最小电流值称为保护装置的启动电流，以 I_{act}（动作电流）表示，当实际的短路电流 $I_k > I_{act}$ 时，保护装置才能启动。保护装置的启动值 I_{act} 是用电力系统一次侧的参数表示，它所表示的意义是当被保护线路的一次侧电流达到这个数值时，安装在该处的这套保护装置就能够启动。

根据电力系统短路的分析，当电源电势一定时，短路电流的大小决定于故障类型及短路点和电源之间的总阻抗。相同的故障类型，短路点离电源越远，则线路中的短路电流就越小。因此，根据计算可绘制出短路电流随故障点不同的变化曲线 $I_k = f(l)$。图 3-1-1 中，曲线 Ⅰ 为系统最大运行方式下的三相短路电流特性，曲线 Ⅱ 为系统最小运行方式下的两相短路电流特性。当系统运行方式或故障类型改变时，I_k 都将随之变化。图 3-1-1 中，按启动电流的整定值大小作平行于横轴的水平直线，该直线和曲线 Ⅰ 交于 M 点，和曲线 Ⅱ 交于 N 点，则 M 点到保护 2 安装处的距离为速断保护 2 的最大保护范围 L_{max}，N 点到保护 2 安装处的距离为保护 2 的最小保护范围 L_{min}。

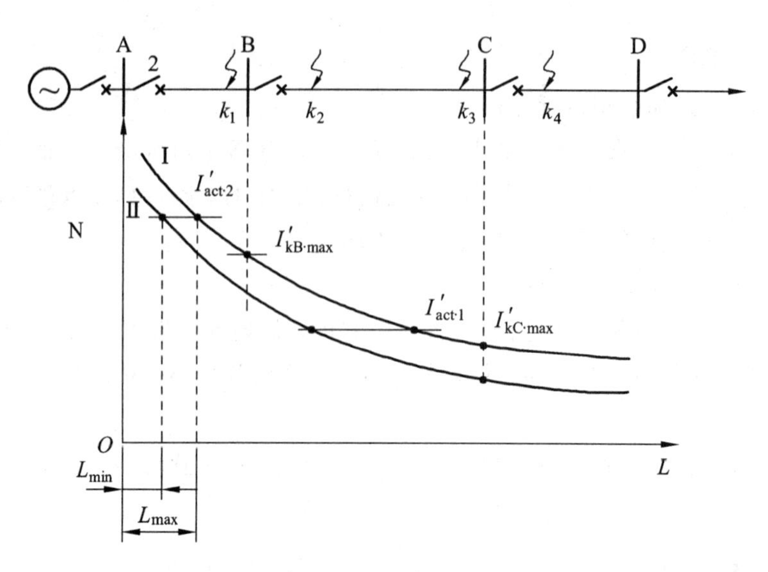

图 3-1-1 电流速断保护动作特性的分析

4. 保护范围

电流速断保护对被保护线路内部故障的反应能力（灵敏性）只能用保护范围的大小来衡量。保护范围通常用线路全长的百分数表示。由图 3-1-1 可知，电流速断保护不能保护线路的全长，并且保护范围直接受系统运行方式的影响。最大运行方式下三相短路时保护范围最大，最小运行方式下两相短路时保护范围最小。一般要求最大保护范围大于 50%，最小保护范围大于（15%～20%）。

5. 动作时限

电流速断保护是仅反应于电流增大而瞬时动作的电流保护，因此又被称为无时限电流速断保护或瞬时电流速断保护。它没有人为延时，只考虑继电保护固有的动作时间，在时间上不需要与下一段线路配合。

6. 整定计算

为了保证电流速断保护动作的选择性，动作电流按躲开下一条线路出口处的最大短路电流 $I_{k\cdot max}^{(3)}$ 计算，因此，对于保护 1，其启动电流不需大于 k_4 点短路时可能出现的最大短路电流。考虑实际存在的各种误差影响和必要的裕度，引入大于 1 的可靠系数 K'_{rel}，一般取 1.2～1.3。

$$I'_{act} = K'_{rel} I_{k\cdot max}^{(3)} \qquad (3\text{-}1\text{-}1)$$

7. 组成与接线

电流速断保护的单相原理接线如图 3-1-2 所示，保护由检测启动元件（电流继电器 KA）、中间元件（中间继电器 KM）和信号元件（信号继电器 KS）组成。电流互感器 TA 的二次侧连接电流继电器 KA 线圈，KA 常开触点闭合后启动中间继电器 KM，经串联的信号继电器 KS 接通跳闸线圈 YR，从而使断路器跳闸。

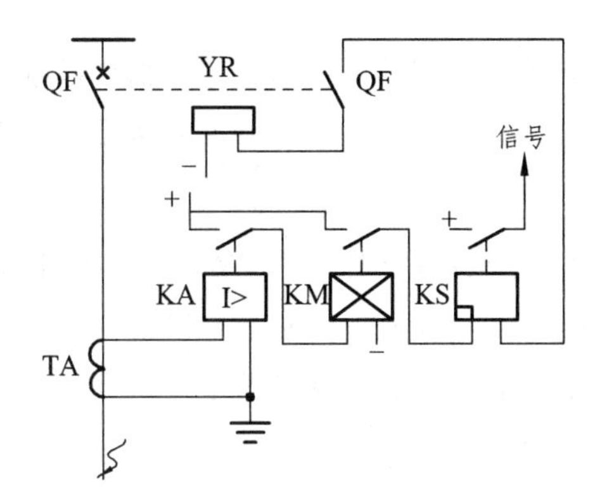

图 3-1-2 电流速断保护的单相原理接线图

接线中采用中间继电器 KM 的原因如下：

（1）电流继电器的接点容量比较小，不能直接接通跳闸线圈，因此先启动中间继电器，然后再由中间继电器的大容量接点接通跳闸回路。

（2）当线路上装有管型避雷器时，利用中间继电器来增大保护装置的固有动作时间，以防止管型避雷器放电时引起电流速断保护误动作。

8. 电流速断保护的优缺点

电流速断保护的主要优点是接线简单可靠、动作迅速，因而得到了广泛应用。它的缺点是不能保护线路的全长，并且保护范围直接受系统运行方式变化的影响。当系统运行方式变化很大时，电流速断保护就可能没有保护范围；在最大运行方式下整定后，在最小运行方式下无保护范围；被保护线路的长度很短时，电流速断保护也可能没有保护范围。

二、限时电流速断保护

由于有选择性的电流速断保护不能保护线路的全长，因此可考虑增加一套新的保护来切除线路上电流速断保护范围以外的故障，同时也能作为速断保护的后备，这就是限时电流速断保护。

对这个新保护的要求，首先是在任何情况下都能保护线路的全长，并且具备足够的灵敏度；其次是在满足上述要求的前提下，力求具有最小的动作时限。正是因为它能以较小的动作时限较快地切除全线范围以内的故障，因此称之为限时电流速断保护。

1. 定　义

限时电流速断保护是指带较短动作时限，动作电流按躲开下一段线路的电流速断保护的动作电流整定的电流保护。

2. 整定原则

限时电流速断保护与下一条线路的电流速断保护配合，不仅动作时限上要配合，而且保护范围、整定计算上也要配合。

（1）为了保护本线路全长，限时电流速断保护的保护范围必须延伸到下一条线路中去，这样当下一条线路出口处短路时，它就能切除故障。

（2）为了保证选择性，必须使限时电流速断保护动作带有一定的时限。

（3）为了保证速动性，时限应尽量缩短。时限的大小与延伸的范围有关。为使动作时限小，限时电流速断保护的范围不能超出下一条线路电流速断保护的范围末端。

3．动作时限

为了保证选择性，限时电流速断保护比下一条线路无时限电流速断保护的动作时限高出一个时间级差 Δt。因此，在图 3-1-1 所示的线路上，线路 A ~ B 上的保护装置 2 的限时速断保护的动作时限 t_2'' 应比下一条线路 B ~ C 上保护装置 1 的电流速断保护的动作时限 t_1' 高出一个时间级差 Δt，即

$$t_2'' = t_1' + \Delta t \tag{3-1-2}$$

Δt 的大小要保证在重叠保护区内发生故障时保护动作的选择性，若过大则速动性差，过小则不能保证选择性。在工程上考虑各种因素，Δt 一般取 0.35 ~ 0.6 s，通常取 0.5 s。对于采用数字电路构成的静态型时间继电器，由于其精度极高，可以将 Δt 压缩到 0.35 s 左右。

4．保护范围

限时电流速断保护能保护线路全长，并延伸到下一段线路去，但不能超过下一段线路的电流速断保护的保护范围末端。因此，限时电流速断保护不能保护下一段线路全长，也不能作为下一段线路的后备保护。

5．整定计算

动作电流按躲开下一条线路电流速断保护的动作电流进行整定，引入可靠系数 K_{rel}''。

$$I_{act\cdot 2}'' = K_{rel}'' I_{act\cdot 1}' \tag{3-1-3}$$

对可靠系数 K_{rel}''，考虑到短路电流中的非周期分量已经衰减，故可选取得比电流速断保护可靠系数 K_{rel}' 小一些，一般取 1.1 ~ 1.2。

6．灵敏度校验

灵敏度应以本线路末端短路时的最小两相短路电流来校验。

$$K_{sen} = \frac{I_{k\cdot min}^{(2)}}{I_{act\cdot 2}''} \geqslant 1.5 \tag{3-1-4}$$

7．组成与接线

限时电流速断保护的单相原理接线如图 3-1-3 所示，保护由检测启动元件（电流继电器 KA)、时间元件（时间继电器 KM）和信号元件（信号继电器 KS）组成。它和电流速断保护接线的主要区别是用时间继电器 KT 代替了原来的中间继电器 KM，这样当电流继电器 KA 动作后还必须经过时间继电器 KT 的延时才能动作跳闸。而如果在延时之前故障已经被切除，则电流继电器 KA 立即返回，保护随即复归原状，不会形成误动作。

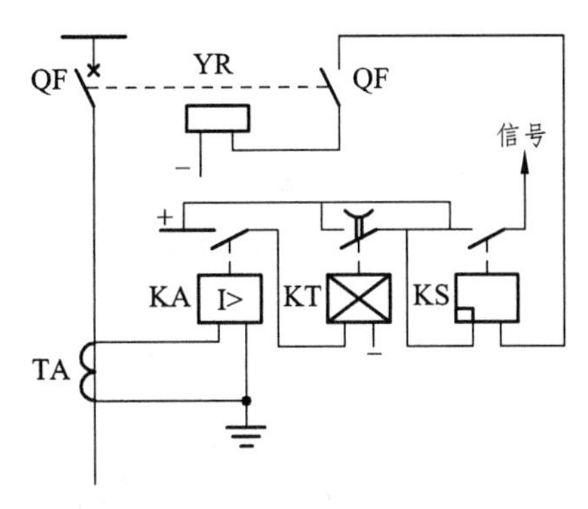

图 3-1-3 限时电流速断保护的单相原理接线图

8. 限时电流速断保护的优缺点

限时电流速断保护的优点是结构简单，动作可靠，能保护本条线路全长；缺点是不能作为下一条线路的后备保护（有时只能对相邻元件的一部分起后备保护作用）。

三、定时限过电流保护

1. 定　义

定时限过电流保护是指其动作电流按躲开最大负荷电流整定，用适当的延时保证动作选择性的电流保护。

2. 整定原则

动作电流按躲开被保护线路的最大负荷电流，且在自启动电流下继电器能可靠返回进行整定。

（1）在正常运行情况下过电流保护不应动作，保护装置的动作电流 I_{act} 必须大于最大负荷电流 $I_{L\cdot max}$。

（2）外部短路故障被切除后，保护装置应能返回。因此，返回电流 I_r 大于自启动电流 I_{ss}。

（3）保护范围内发生短路时，保护装置应灵敏动作。

3. 保护范围

定时限过电流保护不仅能够保护本线路的全长，而且能保护下一条线路的全长；不仅可以作为本线路的近后备保护，而且可以作为下一条线路的远后备保护。

4. 整定计算

K_r 越小，保护装置的动作电流越大，其灵敏性就越差，这是不利的。这就是要求过电流继电器应有较高的返回系数的原因。

$$I'''_{act} = \frac{K'''_{rel} K_{ss}}{K_r} \times I_{L\cdot max} \tag{3-1-5}$$

式中　K'''_{rel} ——可靠系数，一般取 1.1 ~ 1.2；

K_{ss}——自启动系数，一般取 1.5 ~ 3；

K_r——返回系数，应为 0.85 ~ 0.95；

$I_{L\cdot max}$ ——被保护设备最大负荷电流。

5. 动作时限

如图 3-1-4 所示，假定在线路上的母线 A、B、C 处装设过电流保护 1、2、3，各保护装置的启动电流均按照躲开被保护线路上各自的最大负荷电流来整定。这样当 k_1 点短路时，保护 1 ~ 3 在短路电流的作用下都有可能启动。但要满足选择性的要求，应该由离故障点 k_1 最近的保护 3 动作切除故障，而保护 1、2 在保护 3 动作将故障切除后立即返回。这个要求只能依靠各保护装置设置不同的时限来满足。

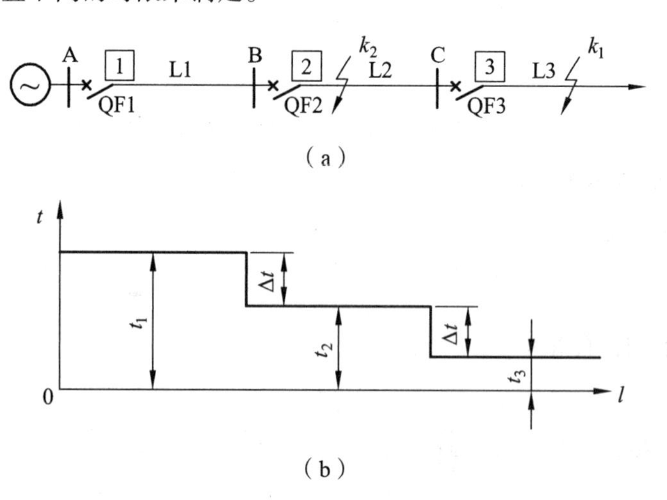

图 3-1-4　过电流保护的阶梯形时限特性

保护 3 位于电网的最末端，只要 k_1 点发生短路故障，它就可以瞬时动作切除故障，t_2 即为保护 3 的固有动作时间。对于保护 2 来说，为了保证 k_1 点短路时动作的选择性，其动作时限 $t_2 > t_3$。引入时限极差 Δt 后，保护 2 的动作时限为 $t_2 = t_3 + \Delta t$。

保护 2 的动作时限确定以后，当 k_1 点短路而保护 3 拒动时，保护 2 将以 t_2 的时限切除故障，此时为了保证保护 1 动作的选择性，必须整定 $t_1 > t_2$。引入时限极差 Δt 后，保护 1 的动作时限为 $t_1 = t_2 + \Delta t$。

一般来说，任一过电流保护的动作时限应选择比相邻下一级各元件保护的动作时限高出至少一个 Δt，只有这样才能充分保证保护动作的选择性。这种保护动作时限的配合形状像一个阶梯，故称为阶梯形时限特性。

过电流保护的动作时限是从系统的末端（负荷侧）向电源端逐级递增的，每一级递增一个时限级差 Δt，即 $t_1 = t_2 + \Delta t = t_3 + 2\Delta t$。时限级差 Δt 一般取 0.3 ~ 0.5 s。过电流保护的时限特性在整定好之后是固定的，由专门的时间继电器予以保证，其动作时限与短路电流无关，因此称为定时限过电流保护。

当故障越靠近电源端时，短路电流越大。而根据以上分析，按照选择性的要求，越靠近负荷侧，过电流保护的动作时限越短；越靠近电源端，过电流保护的动作时限越长。此时过电流保护动作切除故障的时限反而越长，因此这是一个很大的缺点。正是由于这个原因，在电网中广泛采用电流速断保护和限时电流速断保护来作为线路的主保护，以快速切除故障，而利用过电流保护来作为线路和相邻元件的后备保护。任一线路过电流保护的动作时限必须与该线路末端变电所母线所有出线保护中的动作时限最长者配合。

6. 灵敏度校验

为了保证在保护范围末端短路时，过电流保护能动作，对动作电流必须按其保护范围末端可能的最小短路电流进行灵敏度校验。

当过电流保护作为本线路主保护或近后备保护时，应选择本线路末端短路时出现的最小短路电流进行灵敏度校验，并要求灵敏度应不小于 1.5。

$$K_{\mathrm{sen}}=\frac{I_{\mathrm{k\cdot min\cdot 本末}}^{(2)}}{I_{\mathrm{act}}'''}\geqslant 1.5 \tag{3-1-6}$$

当过电流保护作为下一条线路后备保护（远后备）时，其保护范围延伸至下一条线路末端，此时应选择下一条线路末端短路时出现的最小短路电流进行灵敏度校验，并要求灵敏度不小于 1.2。

$$K_{\mathrm{sen}}=\frac{I_{\mathrm{k\cdot min\cdot 下一末}}^{(2)}}{I_{\mathrm{act}}'''}\geqslant 1.2 \tag{3-1-7}$$

7. 定时限过电流保护的优缺点

定时限过电流保护的优点是结构简单，工作可靠，保护范围广，能够保护被保护线路的全长，也能保护相邻线路全长及相邻元件的全部，具有远后备保护的优势。其缺点是在具有多级保护的线路中，越靠近电源端其动作时限越大，速动性差，对靠近电源端的故障不能快速切除。而且在重负荷线路中，其灵敏度较低，因此一般作为主保护的近后备保护及相邻线路的远后备保护使用。

四、阶段式电流保护

1. 概　念

电流速断保护、限时电流速断保护和定时限过电流保护都是反应电流升高而动作的保护。无时限电流速断保护是靠选择动作电流来保证选择性。限时电流速断保护是靠选择动作电流和动作时限来保证选择性。定时限过电流保护是靠选择动作时限来保证选择性。

电流速断保护动作迅速，但只能保护线路的一部分。限时电流速断保护能保护线路全长，却不能作为下一段线路的后备保护，因此必须采用定时限过电流保护作为本条线路和下一段线路的后备保护。由电流速断保护、限时电流速断保护及过电流保护相配合共同构成的保护，叫做三段电流保护。其中瞬时电流速断保护（电流Ⅰ段）和限时电流速断保护（电流Ⅱ段）为主保护，定时限过电流保护（电流Ⅲ段）为后备保护。

实际上，供配电线路并不一定都要装设三段式电流保护，应当根据电网具体情况确定。如线路-变压器组接线，电流速断保护按保护线路全长考虑后，可不装设限时电流速断保护，只需装设电流Ⅰ段和电流Ⅲ段即可。又如，在较短线路上，电流速断保护的保护范围很短，甚至可能没有保护范围，此时只需装设电流Ⅱ段和电流Ⅲ段。因此，对于不同的线路，应根据具体情况，装设相应的阶段式电流保护。

2. 保护的配合

每个保护都有预先划分的保护范围，划分保护范围的基本原则是任一个元件的故障都能被可靠地切除并且造成的停电范围最小。

保护范围相互重叠，保证任意点的故障都置于保护区内。各种保护之间配合的总原则是：① 保护范围重合，则动作时限不能相同。② 动作时限相同的，保护范围不能重合。

1）保护装置的灵敏度配合

保护装置的灵敏度配合就是保护范围的配合。也就是在各种可能出现的运行方式下，某设备的带时限动作的保护装置的保护范围末端，应在下一级相邻设备的要求同它相配合的保护装置的保护范围末端以内。这样，当供电系统任意一点发生故障时，离故障点最近的保护装置灵敏度最高，离故障点越远的保护装置灵敏度最低。

2）保护装置的时限特性配合

保护装置的时限特性配合是指某设备的保护装置的动作时限，应大于下一级相邻设备的要求同它相配合的保护装置的动作时限。这样，当供电系统任意一点发生故障时，离故障点最近的保护装置动作时限最短，离故障点越远的保护装置动作时限越长。

3）三段式电流保护的时限特性分析

三段式电流保护的时限特性如图 3-1-5 所示，保护 1 的电流Ⅰ段保护的保护范围只是本线路 WL1 中的一部分，其动作时限为继电器固有动作时间 t_1^{I}，无人为延时。

电流Ⅱ段保护的保护范围延伸到下一级线路 WL2 中，但不能保护 WL2 的全长，而且为了保证选择性，其保护范围末端不超过保护 2 电流Ⅰ段的保护范围末端。其动作时限为 $t_1^{\mathrm{II}}=t_2^{\mathrm{I}}+\Delta t$。电流Ⅰ段、Ⅱ段保护构成线路的主保护。

电流Ⅲ段保护作为电流Ⅰ段、Ⅱ段保护的近后备保护和下一级线路的远后备保护。其保护范围为线路 WL1 和 WL2 的全部，其动作时限为 t_1^{III}。根据阶梯形原则，$t_1^{\mathrm{III}}=t_2^{\mathrm{III}}+\Delta t$，其中 t_2^{III} 为线路 WL2 上保护 2 的电流Ⅲ段保护。

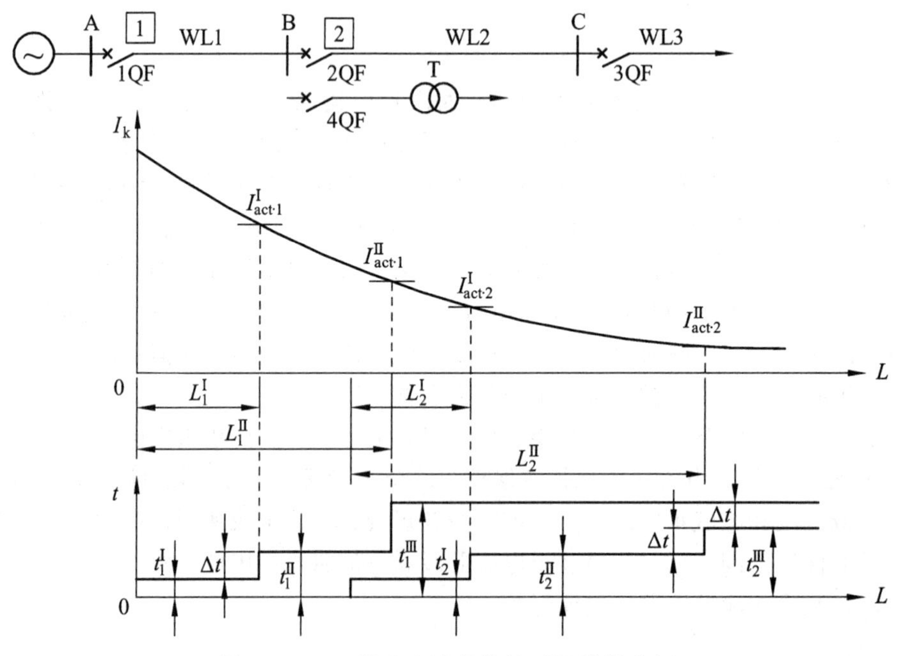

图 3-1-5　三段式电流保护的时限特性分析

3. 原理接线图

继电保护的原理接线图一般可以用归总式原理接线图和展开式原理接线图两种形式来表示。

1）归总式原理接线图

归总式原理接线图是用来表示保护装置的工作原理的，它以二次元件整体形式表示各二次元件之间的电气联系，并与一次接线有关部分画在一起。其相互联系的电流回路、电压回路以及直流回路综合在一起，二次元件之间连线按实际工作顺序画出，不考虑实际位置。这样对继电保护整个装置形成一个清楚的整体概念。归总式原理接线图对分析继电保护装置二次回路的工作原理，了解动作过程都很方便。但由于电路中各元件之间的联系是以整体形式连接，当元件较多时，接线相互交叉，显得凌乱，加之没有画出元件内部接线、元件端子及连接线无符号标注，实际接线及查线很困难。

在图 3-1-6 所示的三段式电流保护的归总式原理接线图中，KA1、KA2、KS1、KCO 组成电流Ⅰ段保护，KA3、KA4、KT1、KS2 组成电流Ⅱ段保护，KA5、KA6、KA7、KT2、KS3 组成电流Ⅲ段保护。出口中间继电器 KCO 触点带 0.1 s 延时，为的是躲过避雷器的放电时间。电流继电器 KA7 线圈中流过的电流为 A、C 两相电流之和，是为了在 Yd 联结变压器后发生两相短路时提高过电流保护的灵敏性。任一段保护动作均有相应的信号继电器 KS 的掉牌指示，可以知道哪段保护动作，从而分析故障的大致范围。

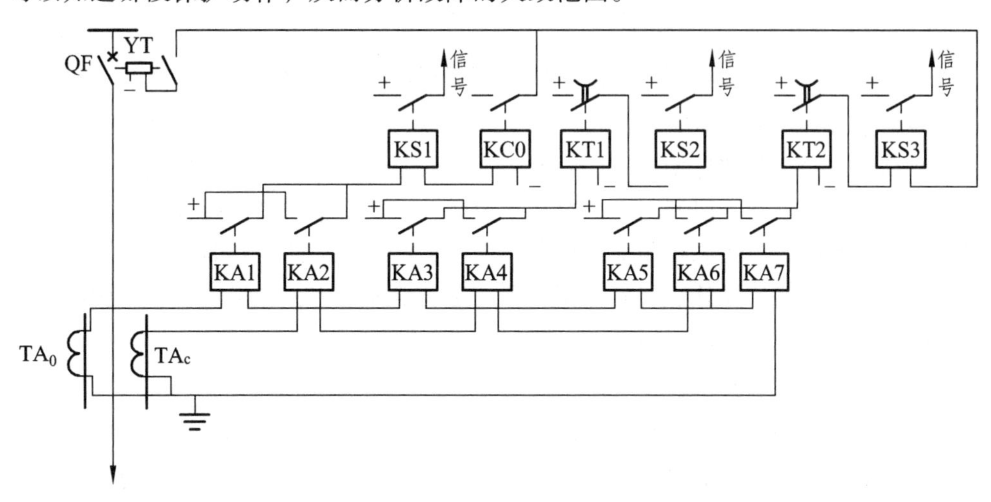

图 3-1-6　三段式电流保护的归总式原理接线图

2）展开式原理接线图

继电保护展开式原理接线图是按供电给二次回路的每个独立电源来划分的，即将二次回路按交流回路、直流操作回路、信号回路及保护出口回路等划分为几个主要部分。每一部分又分为许多行。交流回路按 A、B、C 相序排列。直流回路按元件先后动作顺序从上到下或从左到右排列，其中同一个继电器元件的线圈及触点要分开表示在各相回路里。各回路中，属于同一元件的线圈和触点采用相同的文字符号。各行或列中各元件的线圈、触点按实际连线方式，即按电流通过方向，依次连接成回路。在各行右边一般有文字说明，说明回路名称和各个回路的主要元件的作用。

图 3-1-7 为根据图 3-1-6 所示的三段式电流保护归总式原理接线图绘制的展开式原理接线图，它由交流电流回路、直流回路和信号回路三部分组成。交流电流回路由电流互感器 TAa、

TAc 构成两相星形联结，二次绕组接电流继电器 KA1 ~ KA7 的线圈。直流回路由直流屏引出的直流操作电源正控制小母线（ + WC）和负控制电源小母线（ - WC）供电。信号回路由直流屏引出直流操作电源正信号小母线和负信号小母线供电。

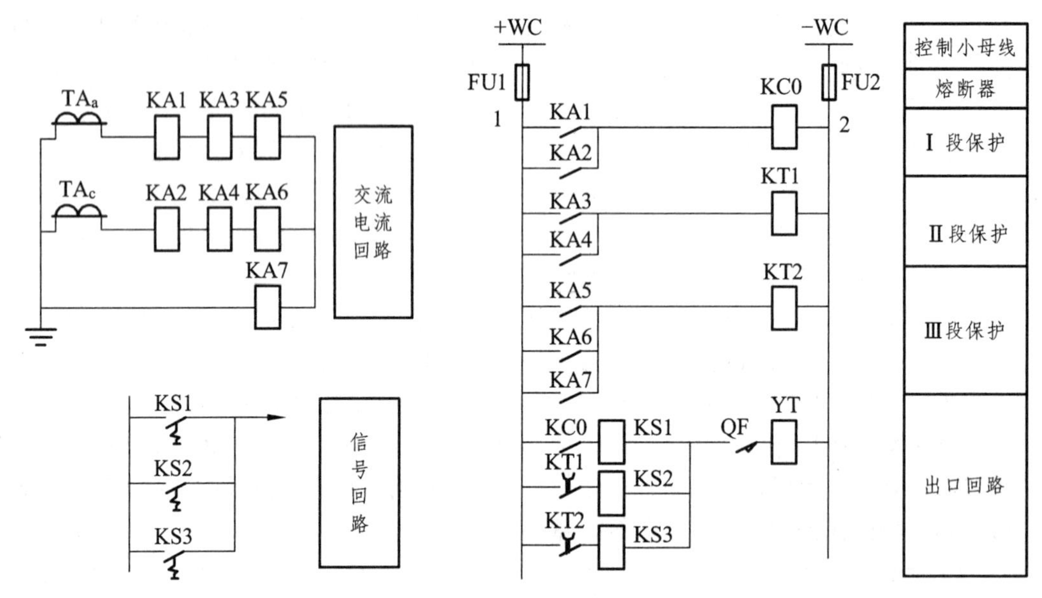

图 3-1-7　三段式电流保护的展开式原理接线图

从展开图中看，属于同一继电器的各个组成部分（如线圈、触点）被画在不同的回路中，属于同一个继电器的全部部件均标注同一符号。在绘制展开图时，尽量按保护动作顺序从左到右、从上到下依次排列。展开图右侧有文字说明，以帮助了解各回路作用。

展开图虽然不如归总式原理图那样形象，但它能清楚地表达保护装置动作过程，易于查找错误，对于复杂回路的设计、研究、安装和调试来说非常方便。因此，展开图在生产上得到广泛应用。

4. 三段式电流保护的优缺点

三段式电流保护的主要优点是接线简单可靠，并且一般情况下都能较快切除故障。它一般应用于 35 kV 及以下电压等级的单侧电源电网中。其缺点是灵敏度和保护范围直接受系统运行方式和短路类型的影响。此外，它只在单侧电源供电网络中才有选择性。

五、电流保护的接线方式

所谓电流保护的接线方式，是指电流保护中电流继电器线圈与电流互感器二次绕组之间的连接方式。对保护接线方式的要求是能反应各种类型故障，且灵敏度尽量一致。电流保护接线方式主要有：三相三继电器式完全星形接线、两相三继电器式完全星形接线、两相两继电器式不完全星形接线和两相一继电器式电流差接线。

1. 三相星形接线（完全星形接线）

这种接线方式如图 3-1-8 所示，三相的电流互感器二次线圈接成星形，三相的电流继电器线圈也接成星形，电流互感器星形中性点与电流继电器星形中性点连接，每相电流互感器二次线圈的另一端与每相电流继电器线圈的另一端对应连接。三相的电流继电器触点并联。

任何一个电流继电器动作，都可以使后面的时间继电器或中间继电器动作，引起断路器跳闸，信号继电器发出保护动作的信号。

当发生任何形式的相间短路时，最少有两相流过短路电流，有两个继电器同时动作。可见，三相星形接线方式作为相间短路保护是可靠的。在中性点直接接地系统中，它还可以兼作接地保护。

这种接线方式比较复杂，主要用于重要设备的保护中。

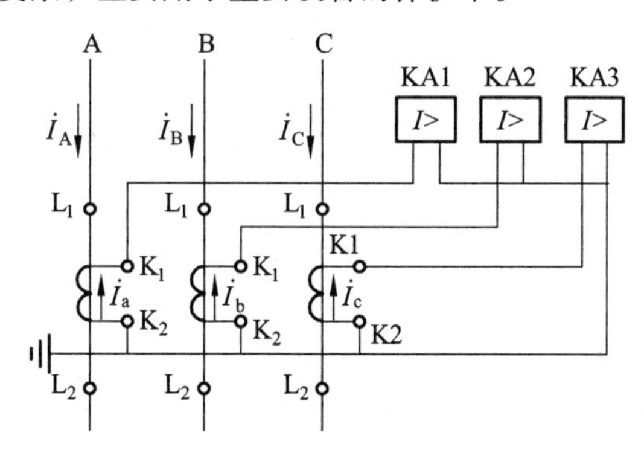

图 3-1-8　三相星形接线

2. 两相星形接线（不完全星形接线）

这种接线方式如图 3-1-9 所示，通常电流互感器和电流继电器都装在 A、C 两相，B 相无保护。在两相或三相短路时，最少有一相流过短路电流，因此最少有一个继电器动作。

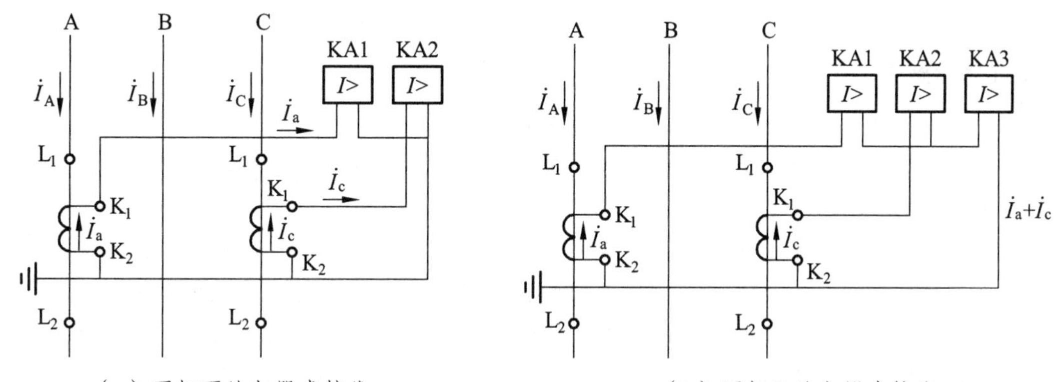

（a）两相两继电器式接线　　（b）两相三继电器式接线

图 3-1-9　两相星形接线

这种接线方式能满足相间短路保护的要求，接线简单，在 10 kV 及以下电压等级的电网中应用很广。但在线路上装有三相 Yd 或 Dy 接线变压器的情况下应作别论。

当 Yd 或 Dy 接线降压变压器后面发生某种两相短路时，如果电源侧的电流保护采用两相星形接线方式，其灵敏系数比三相星形接线方式降低一半。这是因为电源侧 I_A、I_C 都只有 I_B 的一半，而 B 相未装电流继电器，灵敏系数只能由 A 相、C 相的电流决定。

3. 两相差电流接线

这种接线方式如图 3-1-10 所示，继电器中流过的电流是两相电流之差，即 $i_K = i_a - i_c$。

这种接线方式虽然简单，但灵敏系数低，且当 Yd 或 Dy 接线变压器后面发生某种两相短路时，保护装置不能动作，故只能用于 10 kV 以下的电网中作为馈线和较小功率高压电动机的保护。

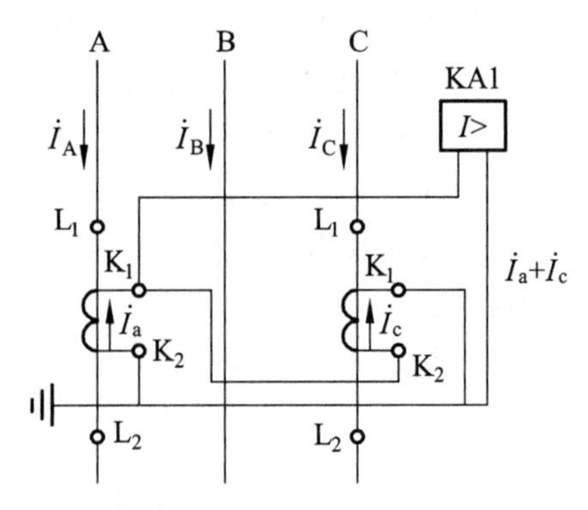

图 3-1-10　两相差电流接线

4. 各种接线方式的特点

（1）三相星形接线和两相星形接线的接线系数（指流入电流继电器的电流与电流互感器二次侧电流的比值）为 1。

（2）两相差电流接线的接线系数随短路类型而变化，性能不好，一般不用于线路保护，仅用于电动机保护。

（3）三相星形接线和两相星形接线中流入电流继电器的电流均为相电流，两种接线都能反应各种相间短路故障。

（4）三相星形接线可以反应各种单相接地短路。

（5）两相星形接线不能反应全部的单相接地短路（如 B 相接地）。

5. 设计 Yd 或 Dy 接线降压变压器电流保护接线方式时的注意事项

（1）不能采用两相差电流接线方式。

（2）一般采用三相星形接线方式。

（3）如果采用两相星形接线方式，应在中线上再接一个电流继电器 B（即等效 B 相电流保护）。

【任务实施】

（1）学生接受任务，学习相关知识，查阅相关的资料。

（2）学生自行制订计划，与小组其他成员及老师讨论计划的可行性。

（3）利用 DL-24C 系列电流继电器进行电流速断保护实训。

某供配电电力一次主接线线路结构如图 3-1-11 所示。采用两路 35 kV 进线，其中一路正常供电，另一路作为备用，两者互为明备用。而 10 kV 高压配电所中的进线有两路，这两路进线互为暗备用。在 10 kV 高压配电所的 1# 和 2# 母线上有五路出线，在其中一路出线上设置三相短路故障点。故障点位置可以选择设置在：XL-1 段上的首端、20% 处、50% 处、80% 处、末端，XL-2 段上的首端、20% 处、50% 处、80% 处、末端。通过装设在此段线路上的一台微机线路保护装置来完成高压线路的微机继电保护实训内容。

① 在常规继电器柜中进行电流速断保护接线。

按照图 3-1-2 所示的电流速断保护原理接线图进行实训连线，并设置电流继电器的整定值。接线完毕后检查上述接线的正确性，确定无误后，接入电源进行试验。

② 主线路合闸，并在 10 kV 输电线路 XL-1 段上设置三相短路故障点，通过改变故障点位置，测量在最大运行方式下、最小运行方式下电流速断保护的保护范围。

a. 运行方式设置为最大，在 XL-1 段末端进行三相短路。将短路点位置从线路末端向首端方向调整，装置动作时停止，记录装置动作时的位置于表 3-1-1。

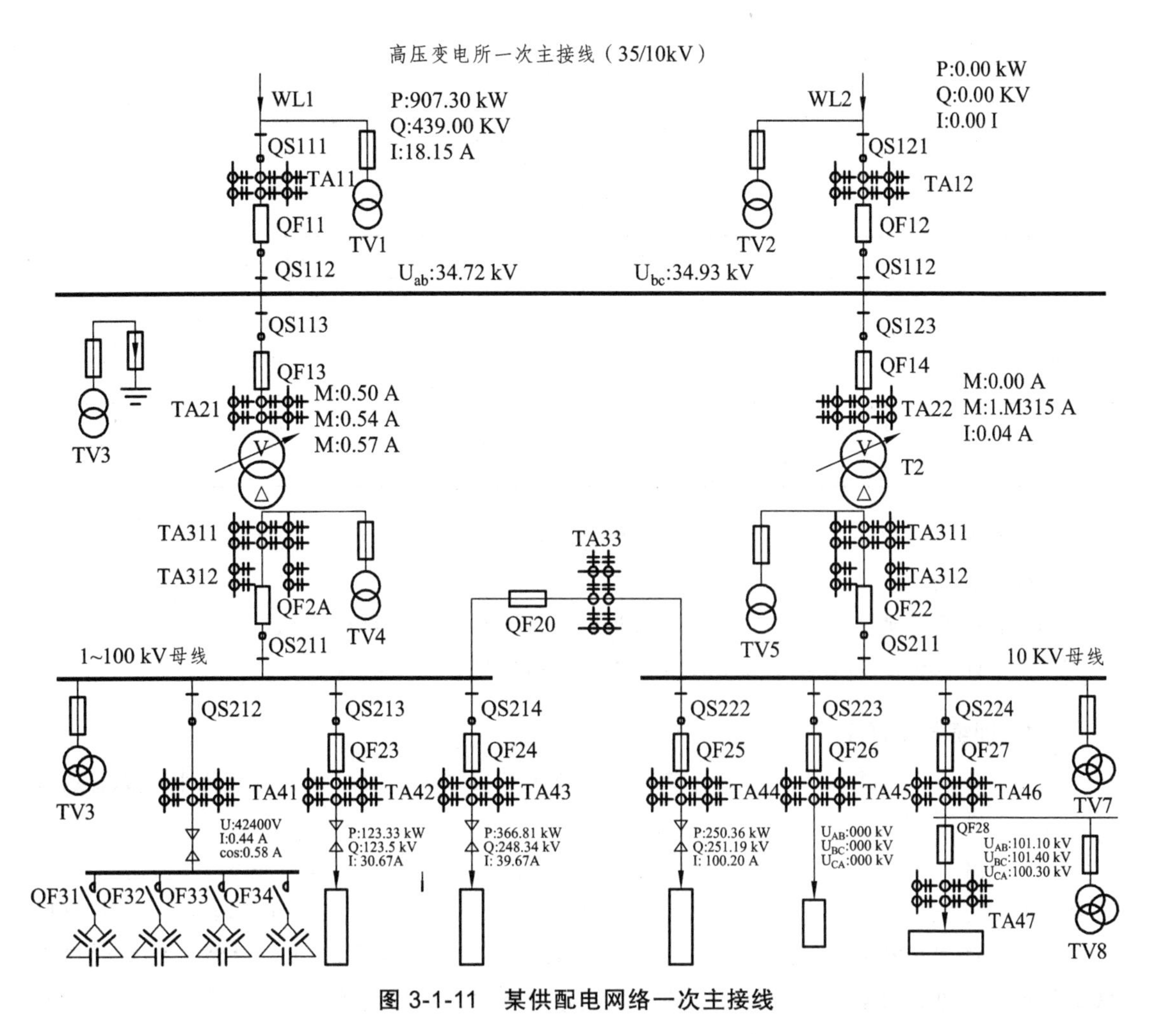

图 3-1-11　某供配电网络一次主接线

b. 运行方式设置为最小，将短路点位置从线路 XL-1 段末端向首端方向调整，装置动作时停止。观察此时的短路点位置并记录于表 3-1-1 中。

表 3-1-1

XL-1 短路点位置	最大运行方式是否动作	最小运行方式是否动作
首端		
20%		
50%		
80%		
末端		
能否保护本段线路全长		

（4）利用 THL-531 微机线路保护测控装置进行微机定时限过电流保护实训。

① 设置微机过电流保护参数。

在系统控制屏上的“保护元件切换”中，“常规”（指由继电器实施的保护）退出，“微机”（指由微机保护装置实施的保护）投入。设定“一次电压比例系数”为 10，“一次电流比例系数”为 0.35，“电流Ⅲ段定值”为 0.5A，“电流Ⅲ段延时”为 1 s。投入“过流Ⅲ段”保护功能，其余功能都退出，保存设置。

② 在 XL-1 段末端进行三相短路，记录电流动作值及电秒表上的数值于表 3-1-2 中。

表 3-1-2

故障位置	XL-1 线路末端	XL-2 线路末端
电流整定值/A		
时间整定值/s		
断路器能否动作		
电秒表数值/s		
电流动作值/A		

（5）在按照确定的工作步骤完成任务的过程中，如发现问题，需共同分析，遇到无法解决的问题请教老师。

（6）各小组成员之间、各小组之间互相检查，发现问题，提出意见。

（7）老师检查各小组及个人完成的任务，提出问题，给出成绩。

【课堂训练与测评】

（1）为什么过电流保护在整定计算时需要考虑返回系数和自启动系数？而电流速断的整定计算中不需要考虑？

（2）如图 3-1-12 所示，单侧电源组成网络，线路 L_1、L_2 上均装设三段式电流保护。已知系统在最大、最小运行方式下的系统电抗分别为 $X_{S\cdot\max}=13\ \Omega$，$X_{S\cdot\max}=14\ \Omega$；$L_1$ 正常运行时最大负荷电流为 120 A；$K_{rel}^{I}=1.2$，$K_{rel}^{II}=1.1$，$K_{rel}^{III}=1.2$，$K_{ss}=2.2$，$K_r=0.85$；L_2 的过电流保护的动作时限为 2 s。计算线路 L_1 的三段式电流保护的动作电流、动作时限，并校验保护的灵敏度。

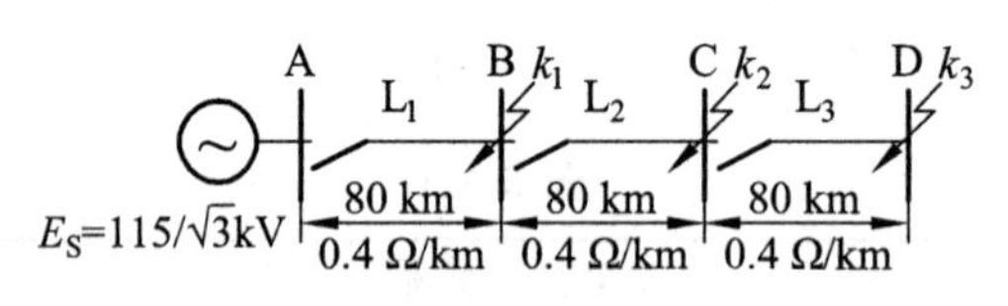

图 3-1-12

（3）如图 3-1-13 所示，线路 L_1、L_2 上均配置三段式电流保护。已知系统在最大、最小运行方式下的系统电抗分别为 $X_{S\cdot\max}=6.3\ \Omega$，$X_{S\cdot\max}=9.4\ \Omega$；线路 L_1、L_2 的长度分别为 $l_1=25$ km，$l_2=62$ km；保护 2 中过电流保护的动作时限为 $t_{op2}^{III}=2.5$ s；线路 L_1 的最大负荷功率为 9 MW，$\cos\varphi=0.9$，$K_{TA}=300/5$，电动机自启动系数 $K_{SS}=1.3$。试对线路 L_1 上配置的三段式电流保护进行整定计算。

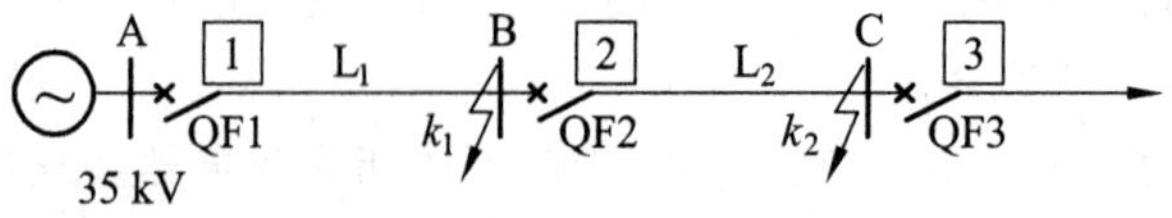

图 3-1-13

【知识拓展】

查看反时限过电流保护的相关资料。

任务二　低电压启动的过电流保护

【任务描述】

某 35 kV/10 kV 变电所中，35 kV 母线有两路进线、两路出线，10 kV 母线有两路进线、多路出线。请利用微机线路保护测控装置对其中一路 10 kV 输电线路进行电流、电压联锁保护配置。

【知识链接】

一、电压保护的基本概念

1. 定　义

电压保护是利用正常运行与短路状态下母线电压的差别构成的保护。利用被保护对象上电压突然增大使保护动作而构成的保护装置，称为过电压保护；利用被保护对象上电压突然下降使保护动作而构成的保护装置，称为低电压保护。

当发生故障时，电压降低到一定数值后，能反应电压降低而不带时限瞬时动作切除故障的保护叫作电压速断保护。

2. 动作特性

图 3-2-1 所示的网络接线中，类似于电流速断保护的分析，可以求出线路上发生短路故障时，母线上的残余电压分布的曲线。当系统为最小运行方式时，由于 I_k 最小，因此其残余电压最低。而当系统为最大运行方式时，残余电压为最高。

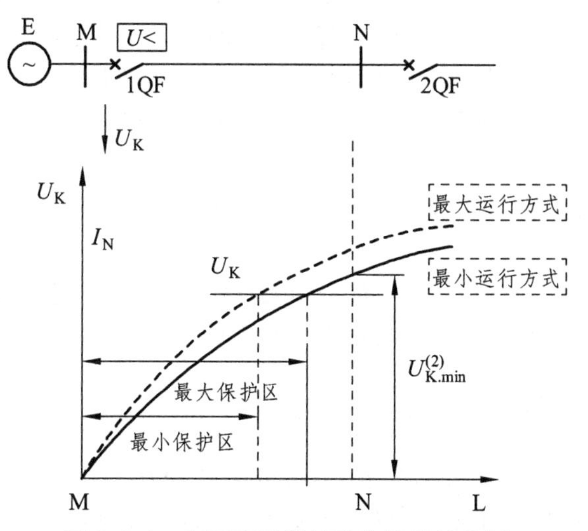

图 3-2-1　电压速断保护动作特性的分析

将启动电压的直线画在图 3-2-1 上，它与最大、最小运行方式下的曲线各有一个交点。在交点以前短路时，母线残余电压均低于其启动电压，保护装置能够动作。因此，电压速断保护在最小运行方式下的保护范围最大，而在最大运行方式下的保护范围则最小。由于在线路出口附近短路时，母线残余电压很低（甚至为零），因此电压速断保护在任何运行方式下总会有一定的保护范围。但不论是在最大运行方式下还是在最小运行方式下，电压速断保护均不能保护线路的全长。

3. 整定计算

电压速断保护的动作电压

$$U_{act}=\frac{U_{L\cdot min}}{K_{rel}} \tag{3-2-1}$$

式中 $U_{L\cdot min}$——保护范围末端最小两相短路时，保护安装处母线的最低残余电压；

K_{rel}——可靠系数，一般取 1.1 ~ 1.2。

4. 低电压保护的特点

（1）母线电压变化规律与短路电流相反，故障点距离电源越近，母线电压越低；母线电压越低，保护区越长。

（2）最大运行方式下短路电流较大，母线电压高，电压保护的保护区缩短。

（3）仅由母线电压不能判别是母线上哪一条线路故障，故电压保护无法单独用于线路保护。

二、带电流闭锁的低电压速断保护

电压速断保护在电力系统保护的实际应用中常见的是用来给出失压信号，而不能用来动作于跳闸。这是因为：① 不能保证动作的选择性。在同一母线向两回及以上线路供电的情况下，任一回线路发生短路时母线电压都下降。如果此时母线上的残余电压低于电压速断保护的启动电压，则全部由该母线供电的线路电压速断保护就要无选择性地动作。② 当电压互感器一次侧或二次侧发生断线（例如熔断器熔断等）时，二次侧电压被迫为零，也会引起所有有关线路上的电压速断保护误动作，这是不容许的。为了解决这些问题，通常通过被保护线路上的电流是否增大来进行判别，即采用电流闭锁方式来防止电压速断保护误动作，如图 3-2-2-所示。

只有当电流继电器和低电压继电器的触点同时闭合时，保护装置才能启动中间继电器而跳闸。

在每个电压速断保护中增加一个电流闭锁元件，且其启动电流按躲开自身正常运行时的最大负荷电流整定，而不必考虑电动机自启动的影响。

$$I_{act}=\frac{K_{rel}}{K_{r}}I_{L\cdot max} \tag{3-2-2}$$

式中 K_{rel}——电流闭锁元件的可靠系数，一般取 1.1 ~ 1.2；

K_{r}——电流闭锁元件的返回系数，小于 1，一般取 0.85；

$I_{L\cdot max}$——被保护线路上的最大负荷电流。

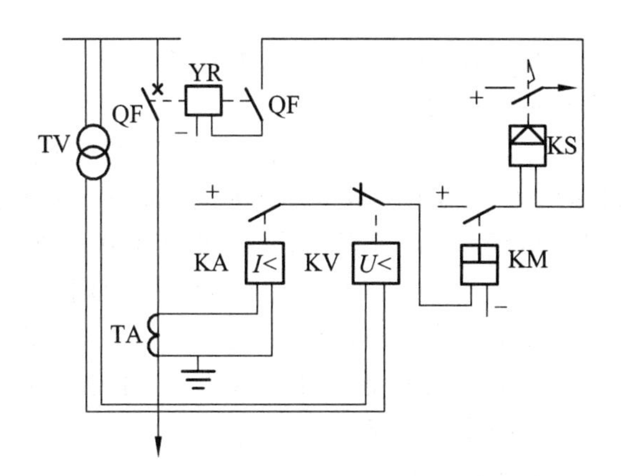

图 3-2-2　电流闭锁电压速断保护的单相式原理接线图

电压元件的动作电压仍按$U_{act}=\dfrac{U_{L\cdot min}}{K_{rel}}$进行整定。

三、低电压启动的过电流保护

在过电流保护中，当灵敏系数不能满足要求时，可采用低电压启动的过电流保护方式，以提高灵敏系数。这种保护在电气化铁道重负荷供电线路中得到了广泛的应用。

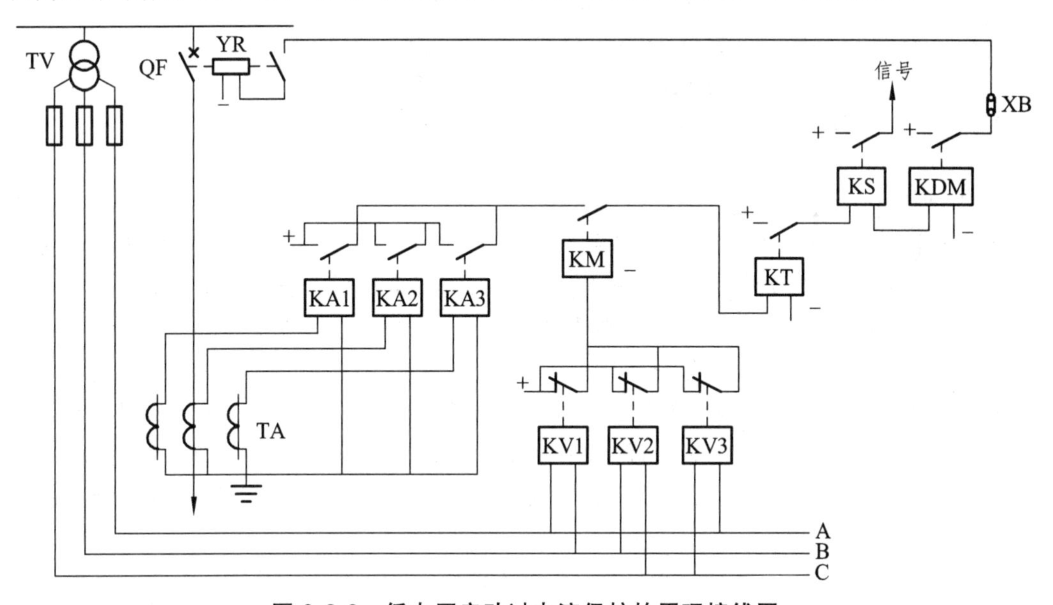

图 3-2-3　低电压启动过电流保护的原理接线图

增加低电压启动元件后，只有当电流增大、电压降低到整定值时，保护装置才能动作于跳闸。因此，电流元件的动作电流可以按额定电流 I_N 来整定，即

$$I_{act}=\frac{K_{rel}K_{ss}}{K_r}I_N \tag{3-2-3}$$

式中　K_{rel}——可靠系数，一般取 1.1 ~ 1.2；

K_{ss}——线路中大型电机的自启动系数，一般取 1.5 ~ 3.0；

K_r——电流元件的返回系数，小于 1，一般取 0.85；

I_N——被保护线路上的额定电流。

低电压启动过电流保护的灵敏度校验以及动作时间确定与一般的过电流保护相同。

由于一般过电流保护的动作电流值按躲过线路的最大负荷电流 $I_{L\cdot max}$ 整定，而重负载线路中 $I_{L\cdot max} > I_N$，所以采用低电压启动后电流保护的动作电流下降，使灵敏度得到提高。但是，这种采用降低动作电流以提高动作灵敏度的方法，会导致电流保护在最大负荷电流 $I_{L\cdot max}$ 下出现误动作的不可靠现象。采用低电压启动的目的就是克服这一可靠性上的不足。

为保证低电压启动元件在母线最低工作电压 $U_{L\cdot max}$ 下能够可靠返回，即返回电压 $U_r < U_{L\cdot max}$，引入一个大于 1 的可靠系数 K_{rel}，即 $U_{L\cdot max} = K_{rel}U_r$。

又因为低电压保护装置的返回系数 K_r 为

$$K_r = \frac{U_r}{U_{act}} \tag{3-2-4}$$

所以，低电压启动元件的动作电压为

$$U_{act} = \frac{U_{L\cdot min}}{K_{rel}K_r} \tag{3-2-5}$$

式中　$U_{L\cdot min}$——母线最低工作电压，一般取 $U_{L\cdot min} = 0.9U_N$；

K_{rel}——可靠系数，一般取 1.1 ~ 1.2；

K_r——低电压启动元件的返回系数，一般取 1.15 ~ 1.25。

低电压启动元件的灵敏系数一般不做校验。

【任务实施】

（1）学生接受任务，根据给出的相关知识以及查阅相关的资料，自行完成任务的内容。

（2）利用 THL-531 微机线路保护测控装置进行电流电压联锁保护实训。

① 按照正确顺序启动实训装置，接通主电路。

② 设置微机电流电压联锁保护参数。

设置 THL-531 微机线路保护测控装置，在微机线路保护装置中把“过流Ⅲ段”和“Ⅲ段低压闭锁”投入，并把“一次电压比例系数”设为 10，“一次电流比例系数”设为 0.35，“电流Ⅲ段定值”设为 1.6，“低电压闭锁定值”设为 54，“电流Ⅲ段延时”设置为 0.05（躲开冲击电流），保存设置。

③ 在 XL-1 段 80% 处进行三相短路，改变不同的运行方式，观察微机装置是否动作并记录于表 3-2-2 中。

表 3-2-2

项　目	系统运行方式	是否动作
三相短路	最大运行方式	
	正常运行方式	
	最小运行方式	

（3）各小组成员之间、各小组之间互相检查，发现问题，提出意见。
（4）老师检查各小组及个人完成的任务，提出问题，给出成绩。

【课堂训练与测评】

（1）当系统运行方式变小时，电流速断保护和电压速断保护的保护范围是怎样变化的？
（2）电气化铁道重负荷供电线路中，为什么低电压启动过电流保护比一般过电流保护灵敏度更高？它为什么采用低电压启动？

【知识拓展】

了解复合电压过电流保护相关知识。

任务三　方向电流保护

【任务描述】

图 3-3-1 所示的单电源环形网络，在各断路器上均装设过电流保护，已知时限级差为 0.5s。为保证动作的选择性，通过分析、计算，确定各过电流保护的动作时间及哪些保护要装设方向元件。

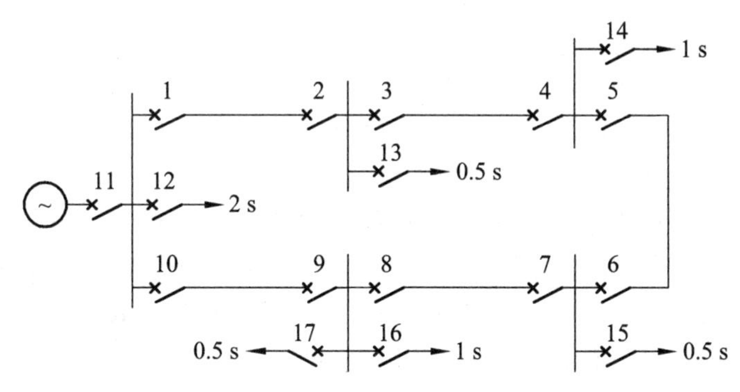

图 3-3-1　单电源环形网络

【知识链接】

一、方向性电流保护的工作原理

对于单电源辐射形供电网络，每条线路上只在电源侧装设保护装置即可。当线路发生故障时，只要相应的保护装置动作于断路器跳闸，便可以将故障元件与其他元件断开，但要造成一部分变电所停电。为了提高电网供电的可靠性，在电力系统中多采用双侧电源供电的辐射形电网或单侧电源环形电网供电。此时，采用阶段式电流保护将难以满足选择性要求，而应采用方向性电流保护。

1. 问题提出

在图 3-3-2 所示的双侧电源供电网络接线中，由于两侧都有电源，因此在每条线路的两端均装设断路器和保护装置。当 k 点短路时，由左侧电源 E_1 从左向右向短路点 k 提供短路电流 I_k'，右侧电源 E_2 从右向左向短路点 k 提供短路电流 I_k''。按照选择性的要求，应该由距故障点最近的保护 2 和 6 动作。

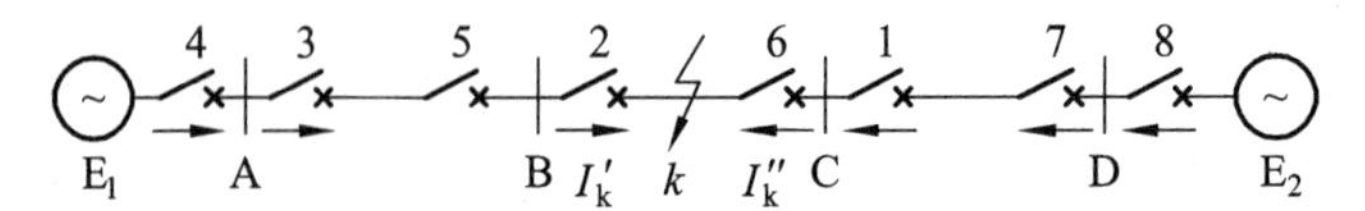

图 3-3-2 双侧电源供电网络

1）电流速断保护的方向问题

若保护 1 采用电流速断保护且 I_k'' 大于保护装置的启动电流 $I'_{act \cdot 1}$，则保护 1 的电流速断保护就会误动作。因此，电流速断保护在双侧电源供电网络中无法满足选择性的要求。

2）过电流保护的方向问题

若保护 1 采用过电流保护且其动作时限 $t_1 \leqslant t_6$，则保护 1 的过电流保护也将误动作。由此可见，过电流保护在双侧电源供电网络中无法满足选择性的要求。

2. 解决方法

一般把短路时某点电压与电流相乘所得的感性功率，称为故障时的短路功率。线路上发生相间短路时，短路功率是从电源流向短路点。因此，图 3-3-2 中 k 点发生短路时，左侧电源 E_1 流经保护 2、3 的短路功率方向是由母线指向线路，而流经保护 5 的短路功率是由线路指向母线；右侧电源 E_2 流经保护 1 的短路功率方向是由线路指向母线，而流过保护 6、7 的短路功率方向是由母线指向线路。

通过上述分析可以发现，误动作的保护是在自己所保护的线路反方向发生故障时，由对侧电源供给的短路电流所引起的。对误动作保护而言，实际短路功率的方向是由被保护线路流向母线。显然，这与其对应保护的线路故障时的短路功率相反。

因此，为了解决在双侧电源供电或单侧电源环形供电网络中相间短路电流保护失去选择性和动作时限难以整定的问题，实际中采用在电流保护的基础上加装一个能判断短路功率流向的方向元件，即功率方向继电器，在测量电流大小的同时测量电流的方向。规定短路功率由母线流向线路为正方向，而短路功率由线路流向母线为反方向。功率方向元件只在短路功率为正方向时动作，而在短路功率为反方向时不动作，从而使继电保护动作具有一定的方向性。这种在电流保护的基础上加装方向元件的保护称为方向电流保护。方向电流保护既利用了电流的幅值特征，又利用了短路功率的方向特征。

当双侧电源网络中的电流保护装设方向元件以后，就可以将双侧电源网络中的电流保护拆成两个单侧电源网络的保护。在图 3-3-2 中，保护 1 ~ 4 反应于电源 E_1 供给的短路电流而动作，保护 5 ~ 8 反应于电源 E_2 供给的短路电流而动作，两组方向保护之间不要求有配合关系，这样任何一种所介绍的三段式电流保护的工作原理和整定计算原则就仍然可以应用了。

二、方向过电流保护的工作原理

在过电流保护的基础上增加功率方向继电器 KPD，就构成方向过电流保护。

图 3-3-3 中，功率方向继电器 KPD 由电压互感器 TV 和电流互感器 TA 供电，其常开触点和电流继电器 KA 的常开触点串联。因此，只有方向元件 KPD 和电流元件 KA 同时动作，

才能启动时间继电器 KT，方向过电流保护装置动作于跳闸。因此，方向过电流保护的启动必须同时满足两个条件：

（1）电流超过整定值（动作电流）。

（2）功率方向符合规定的正方向（即短路功率由母线流向线路）。

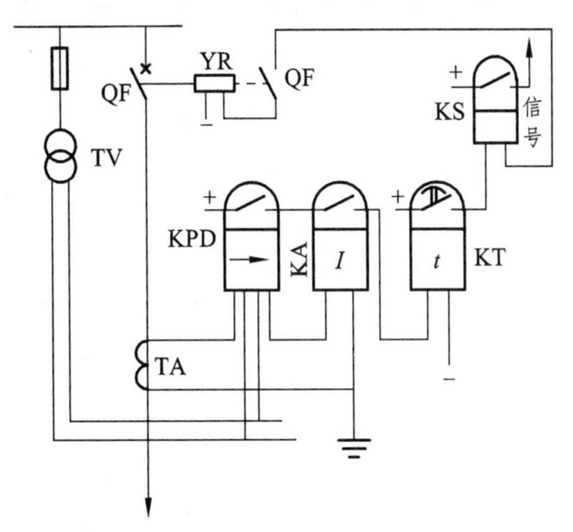

图 3-3-3 方向过电流保护原理接线图

正常运行时，电流继电器 KA 不启动，其触点断开，时间继电器 KT 不启动，跳闸线圈 YR 不发跳闸脉冲。反方向故障时，电流继电器 KA 启动，但功率方向继电器 KPD 不启动，故 KT 不启动，不发跳闸脉冲。正方向故障时，KPD 启动，其触点闭合，而且 KA 动作，KT 经过延时后动作，发出跳闸脉冲，断路器跳闸，切除故障。方向过电流保护原理接线如图 3-3-4 所示。

对方向继电器的接线应注意电流线圈和电压线圈的极性，极性接反了就会造成正方向短路拒动，反方向短路误动的后果。

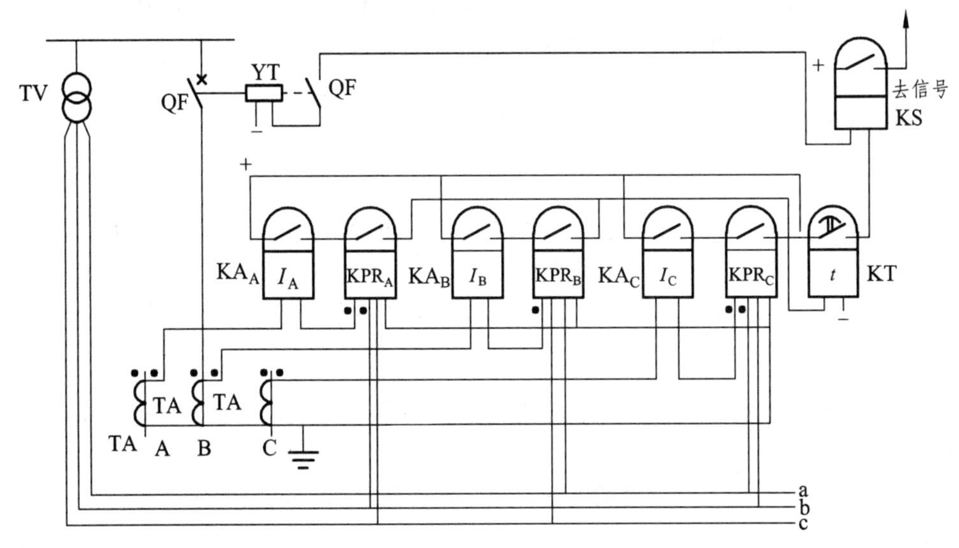

图 3-3-4 方向过电流保护的三相接线

三、功率方向继电器的工作原理

在图 3-3-5 所示的网络接线中，当正方向三相短路时，则流过保护的短路电流 $\dot{I}$ 滞后保护安装处母线电压 $\dot{U}$ 的相位角 φ 为 0°～90°，短路功率 $P_{\mathrm{k}}=UI\cos\varphi>0$；而当反方向三相短路时，则流过保护的短路电流 $\dot{I}$ 滞后保护安装处母线电压 $\dot{U}$ 的相位角 φ 为 180°～270°，短路功率 $P_{\mathrm{k}}=UI\cos\varphi<0$。

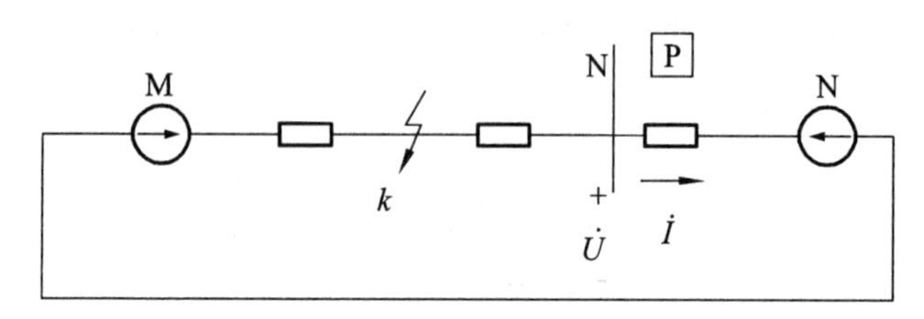

（a）网络接线

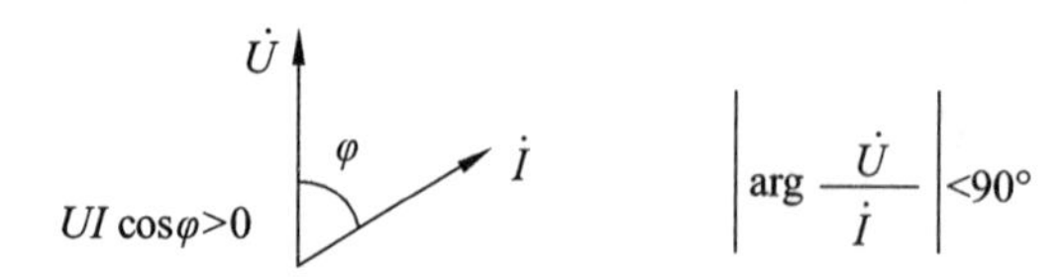

（b）正方向故障时电压、电流相位关系

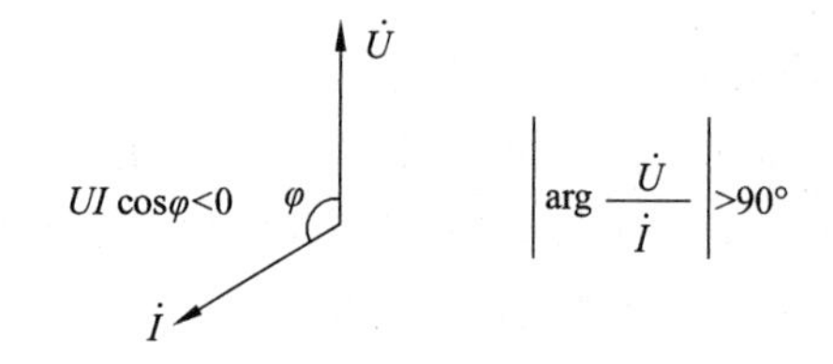

（c）反方向故障时电压、电流相位关系

图 3-3-5　功率方向继电器工作原理分析

因此，通过判别短路功率方向和电流、电压之间的相位关系，就可以判别故障的方向。用于判别功率方向或测定电流、电压间相位角的继电器称为功率方向继电器。

四、相间短路功率方向继电器的接线方式

1. 定　义

功率方向继电器的接线方式是指其作为方向性电流保护中的方向元件，在实际应用中接入电压互感器 TV 和电流互感器 TA 的方式。不同的接线方式决定了引入功率方向继电器中电流和电压的相位关系，也是决定功率方向继电器是否能够正常而灵敏动作的关键。

2. 接线要求

（1）正方向出现任何形式的故障，继电器都能动作；而当反方向出现故障时，继电器可靠不动作。

（2）正方向故障时加入继电器的电流和电压应尽可能大，灵敏度尽可能高。

3. 90°接线方式

为了满足以上要求，反应相间短路的功率方向继电器广泛采用 90° 接线。所谓 90° 接线，

是假设三相电压对称负载为纯电阻时，对任何一个方向继电器所施加的电流和电压相位都相差 90° 的一种接线方式。即一个功率方向继电器的电流线圈接入某一相电流，电压线圈接入另外两相相间电压，如表 3-3-1 所示。在三相对称的情况下，每个功率方向继电器电压线圈所加的相间电压比电流线圈加入的电流所属相别的相电压滞后 90°。

表 3-3-1　90° 接线方式

功率方向继电器	电　流	电　压
KPD_a	$\dot{I}_a$	$\dot{U}_{bc}$
KPD_b	$\dot{I}_b$	$\dot{U}_{ca}$
KPD_c	$\dot{I}_c$	$\dot{U}_{ab}$

保护处于送电侧，当 $\cos\varphi = 1$ 时，3 个功率方向继电器测量的 φ_k 均为 90°。

五、方向元件的装设原则

在三段式电流保护的基础上加装功率方向继电器，构成方向过电流保护。对于双侧电源电网及单电源环网，可将其拆成两个单侧电源电网，分别按单侧电源电网的三段式电流保护进行分析。

在双侧电源线路上，并不是所有的电流保护装置中都需要装设方向元件，只有在仅靠时限不能满足动作选择性要求时，才需要装设方向元件。

1. 装设原则

在满足选择性和灵敏性的情况下，应尽量少装或不装方向元件。例如，对于电流速断保护来讲，若从整定值上躲开了反方向的短路，这时可以不装方向元件；若靠延时能保证动作的选择性，就不需要装设方向元件。

2. 各段保护方向元件的装设

1）第Ⅰ段

由于其动作选择性是靠动作电流的整定来保证，所以只有当反向短路电流大于其动作电流时，才需装设方向元件，否则可不装。

2）第Ⅱ段

由于其动作选择性是靠动作电流和动作时限共同取得的，所以当反向短路电流大于其动作电流或反向保护的动作时限小于本保护的动作时限时，装设方向元件。

3）第Ⅲ段

其动作选择性是靠动作时限保证的，所以可比较同一条母线两侧的两个保护的动作时限，如动作时限相同，均加方向元件，动作时限不同，则动作时限短的加方向元件。

六、方向性电流保护的优缺点

方向性电流保护的主要优点是能保证单电源环形网和多电源网各段电流保护之间动作的选择性。但是，当在继电保护中应用方向元件以后，将使接线复杂，投资增大。同时，保护装设地点附近正方向发生三相短路时，存在电压死区，使整套保护装置拒动。而且当电压互感器二次侧熔断时，方向元件有可能误动。此外，当系统运行方式变化时，会严重影响保护的技术性能。

【任务实施】

（1）学生接受任务，根据给出的相关知识以及查阅相关的资料，自行完成任务的内容。

（2）各小组成员之间、各小组之间互相检查，发现问题，提出意见。

（3）老师检查各小组及个人完成的任务，提出问题，给出成绩。

【课堂训练与测评】

如图 3-3-6 所示输电网路，在各断路器上装有过电流保护，已知时限级差为 0.5 s。为保证动作的选择性，确定各过电流保护的动作时间及哪些保护要装设方向元件。

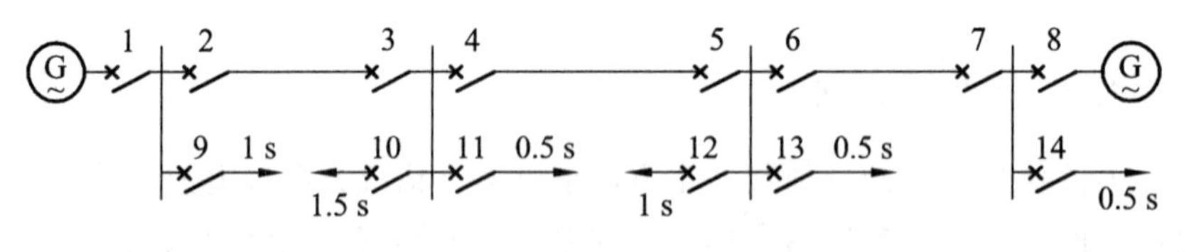

图 3-3-6

【知识拓展】

了解方向电流保护的整定对灵敏度及可靠性的影响。

任务四　接地保护

【任务描述】

在中性点不接地系统中，利用微机保护装置对 10 kV 输电线路配置反应单相接地短路故障的保护方案。

【知识链接】

一、电网的中性点运行方式

电力系统中性点运行方式是指系统中主变压器和发电机中性点的接地方式。

中性点接地方式与电压等级、单相接地短路电流、过电压水平、保护配置等有关，对于电力系统的运行，特别是对发生故障后的系统运行有多方面的影响。它将直接影响电网的绝缘水平、系统供电的可靠性和连续性、主变压器和发电机的运行安全以及对通信线路的干扰等。所以在选择中性点接地方式时，必须考虑许多因素。

我国电力系统根据中性点接地方式的不同，可分为大接地短路电流系统和小接地短路电流系统。

1. 大接地短路电流系统

中性点直接接地的三相系统（一般 110 kV 及以上系统或 380 V/220 V 的三相四线制系统），当发生单相接地故障时，接地故障点与接地的中性点构成短路回路，接地短路电流数值很大，所以被称为大接地短路电流系统。

我国规定 $X_0/X_1 \leqslant 4\sim5$ 的系统属于大接地电流系统，其中 X_0 为系统零序电抗，X_1 为系统正序电抗。

在大接地短路电流系统中如果发生了接地故障，设备中会产生很大的短路电流，如不及时切除故障设备，后果不堪设想。所以，这种系统中继电保护的任务是尽快跳闸。

2. 小接地短路电流系统

中性点不接地或经过消弧线圈和高阻抗接地的三相系统（一般 66 kV 及以下的系统），当某一相发生接地故障时，由于不能构成短路回路，接地故障电流往往比负荷电流小得多，所以这种系统被称为小接地短路电流系统。

我国规定 $X_0/X_1>4\sim5$ 的系统属于小接地电流系统（美国和西欧规定 $X_0/X_1>3$ 的系统属于小接地电流系统）。

在这种系统中如果发生了接地故障，流过设备的电流为电容电流，其值很小，系统可以继续运行一段时间。所以，这种系统中继电保护的任务是发出信号。

二、零序保护的概念

1. 交流电力系统的正序、负序和零序分量

对于任意一组不对称的三相电流（或电压），都可以按一定的方法把它们分解成正序、负序和零序三相对称的三相电流（或电压），后者称为前者的对称分量。每一组对称分量的大小相等，彼此之间的相位差也相等。

当前世界上的交流电力系统一般都是 A、B、C 三相的，而电力系统的正序、负序、零序分量便是根据 A、B、C 三相的顺序来定的。

1）正序分量

正序分量的三相电流大小相等，相位彼此相差 120°，达到最大值的先后次序是 A→B→C→A，即三相电流中 A 相领先 B 相 120°，B 相领先 C 相 120°，C 相领先 A 相 120°。A、B、C 三相按顺时针方向排列。

2）负序分量

负序分量的三相电流也是大小相等，相位彼此相差 120°，但达到最大值的先后次序是 A→C→B→A，即三相电流中 A 相落后 B 相 120°，B 相落后 C 相 120°，C 相落后 A 相 120°。A、B、C 三相按逆时针方向排列。

3）零序分量

零序分量的三相电流大小相等，相位相同，即 A、B、C 三相相位相同，任一相既不领先也不落后。

2. 电力系统各种短路故障分析

1）发生不对称短路

可以利用对称分量法将三相电压 $\dot{U}_A$、$\dot{U}_B$、$\dot{U}_C$ 分解为正序 $\dot{U}_1$、负序 $\dot{U}_2$ 和零序 $\dot{U}_0$ 三个分

量，三相电流 $\dot{I}_A$、$\dot{I}_B$、$\dot{I}_C$ 可分解为正序 $\dot{I}_1$、负序 $\dot{I}_2$ 和零序 $\dot{I}_0$ 三个分量。

$$\begin{cases}\dot{U}_A+\dot{U}_B+\dot{U}_C=3\dot{U}_0\\ \dot{I}_A+\dot{I}_B+\dot{I}_C=3\dot{I}_0\end{cases} \tag{3-4-1}$$

2）发生三相或两相短路

$$\begin{cases}3\dot{U}_0=0\\ 3\dot{I}_0=0\end{cases}$$

3）在中性点直接接地系统中发生单相或两相接地短路

$$\begin{cases}3\dot{U}_0\neq 0\\ 3\dot{I}_0\neq 0\end{cases}$$

3. 电力系统各种故障状态下正序、负序和零序分量分析

（1）发生三相短路故障和正常运行时，系统中只有正序分量。

（2）发生单相接地故障时，系统中有正序、负序和零序分量。

（3）发生两相短路故障时，系统中有正序和负序分量。

（4）发生两相短路接地故障时，系统中有正序、负序和零序分量。

（5）任何不对称短路情况下，短路电流中都存在负序分量。

（6）发生相间短路时，短路电流中不存在零序分量。

（7）同短路电流中的非周期分量一样，不对称短路时短路电流中的负序分量和零序分量都将逐渐衰减到零。

由此可见，出现零序电流和零序电压即表明电力系统发生了接地短路。可利用这一特点构成接地短路保护，这种保护叫做零序保护，也称接地保护。

三、中性点直接接地电网的接地保护

1. 发生接地故障时零序分量的特点

计算零序电流的等效网络如图 3-4-1 所示。零序电流可看成是由接地短路点出现的零序电压 $\dot{U}_{k0}$ 产生的，由接地短路点流向变压器接地的中性点。由于零序电流必须通过变压器接地的中性点来构成回路，所以零序电流的大小和分布与变压器中性点接地数目和位置有关。

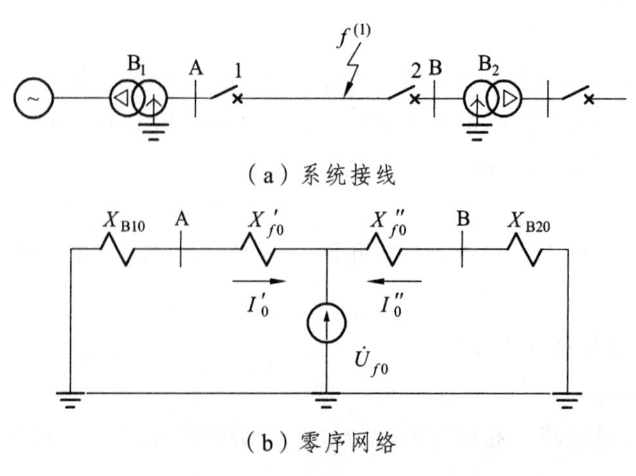

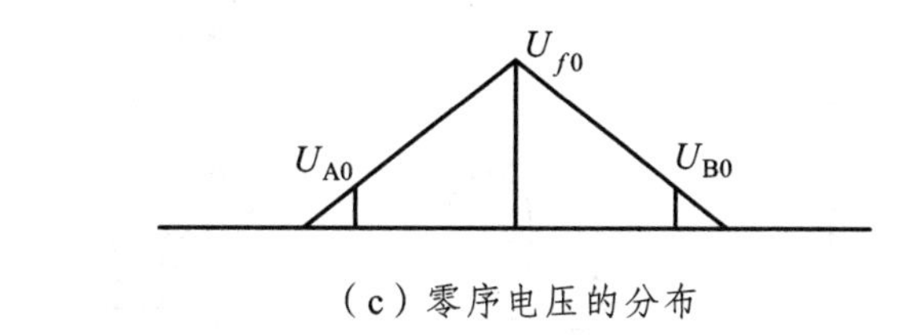

（c）零序电压的分布

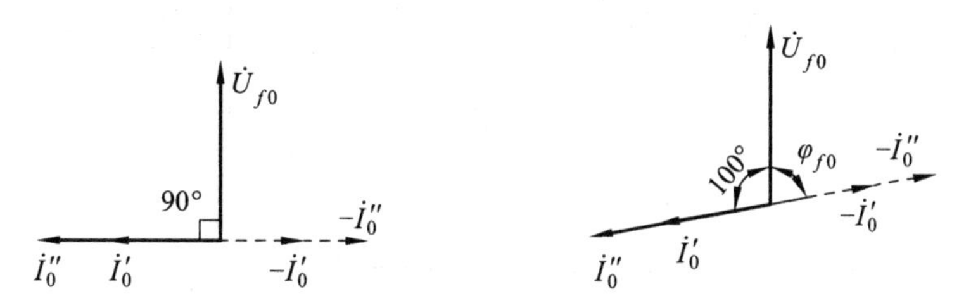

（d）忽略电阻时的向量图　　（e）计及电阻时的向量图（设 $\phi_{f0}=80°$）

图 3-4-1　零序网络及电流、电压分布

（1）零序电压：故障点的零序电压 $\dot{U}_{k0}$ 最高，距离故障点越远，零序电压 $\dot{U}_{k0}$ 越低，到变压器中性点接地处 $\dot{U}_{k0}=0$。

（2）零序电流：零序电流的大小和分布，决定于线路的零序阻抗和中性点接地变压器的零序阻抗及变压器接地中性点的数目和位置，而与电源的数量和位置无关。

（3）零序电压和零序电流的相位：在正方向短路下，保护安装处母线零序电压与零序电流的相位关系，取决于母线背后元件的零序阻抗（一般为 70°～80°），而与被保护线路的零序阻抗和故障点的位置无关。

（4）零序功率：在线路正方向发生故障时，零序功率由故障线路流向母线，为负值；在线路反方向发生故障时，零序功率由母线流向故障线路，为正值。

（5）在系统运行方式变化时，正、负序阻抗的变化，引起 $\dot{U}_{k1}$、$\dot{U}_{k2}$、$\dot{U}_{k0}$ 之间电压分配的改变，因而间接地影响零序分量的大小。

2. 零序分量滤过器

对称分量滤过器的作用是只让需要的分量通过，而将其他分量阻挡。其中，只让零序分量通过的对称分量滤过器，叫作零序分量滤过器。零序分量滤过器又分为零序电流滤过器和零序电压滤过器。

1）零序电流滤过器

如图 3-4-2（a）所示，由电流互感器二次侧三相的首端并联、末端并联，两并联点为输出端而构成了零序电流滤过器。对于正序或负序电流分量，三相相加为零；对于零序电流分量，三相相加不为零。因此，零序电流滤过器输出端只有零序电流分量 $3\dot{I}_0$ 出现。

对于采用电缆引出的线路，广泛采用零序电流互感器以取得零序电流，如图 3-4-2（b）所示。

在正常运行和相间短路时，流过零序电流过滤器的电流为

$$\dot{I}_K=\dot{I}_a+\dot{I}_b+\dot{I}_c=0 \tag{3-4-2}$$

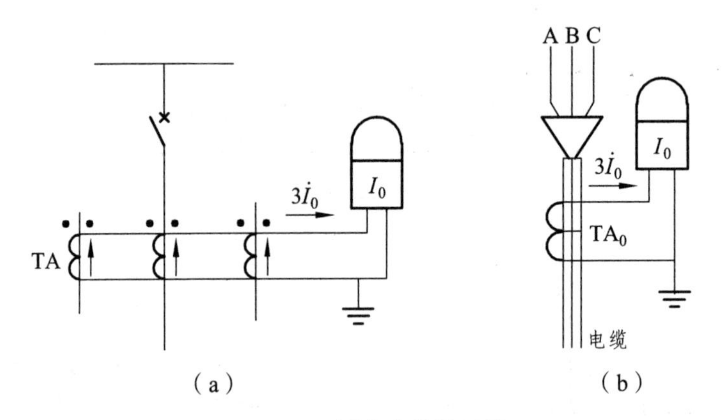

图 3-4-2　零序电流滤过器

而当发生接地故障时，三相电流互感器二次侧流入继电器的电流为零序电流，即

$$\dot{I}_K=\dot{I}_a+\dot{I}_b+\dot{I}_c=3\dot{I}_0\neq 0 \tag{3-4-3}$$

此外，对于采用电缆引出的送电线路，还广泛采用零序电流互感器接线以获得 $3\dot{I}_0$，如图所 3-4-2（b）所示。此电流互感器套在电缆外侧，从其铁心中穿过的电缆芯线就是一次绕组，$\dot{I}_A+\dot{I}_B+\dot{I}_C$ 就是一次电流。只有当一次侧出现零序电流时，在二次侧才有相应的零序电流 $3\dot{I}_0$ 输出，故称它为零序电流互感器。它和零序电流过滤器相比，主要是没有不平衡电流，同时接线也更简单。

2）零序电压滤过器

零序电压的取得，通常采用图 3-4-3 中（a）图所示的三个单相电压互感器和（b）图所示的三相五柱式电压互感器,即由电压互感器二次侧接成开口三角形构成的零序电压滤过器。对于正序或负序电压分量，三相相加为零；对于零序电压分量，三相相加不为零。因此，电压互感器二次侧开口三角形输出端只有零序电压分量 $3\dot{U}_0$ 出现。

正常运行和电网相间短路时，m、n 端子上输出电压为零，即

$$\dot{U}_{mn}=\dot{U}_A+\dot{U}_B+\dot{U}_C=0 \tag{3-4-4}$$

而当发生接地故障时，从 m、n 端子上得到的输出电压为零序电压，即

$$\dot{U}_{mn}=\dot{U}_A+\dot{U}_B+\dot{U}_C=3\dot{U}_0 \tag{3-4-5}$$

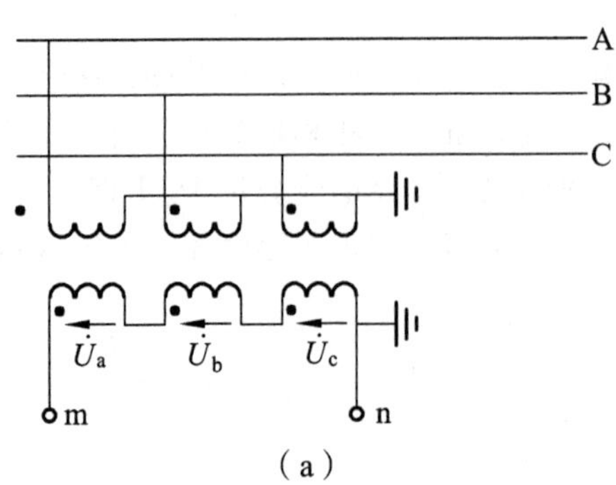

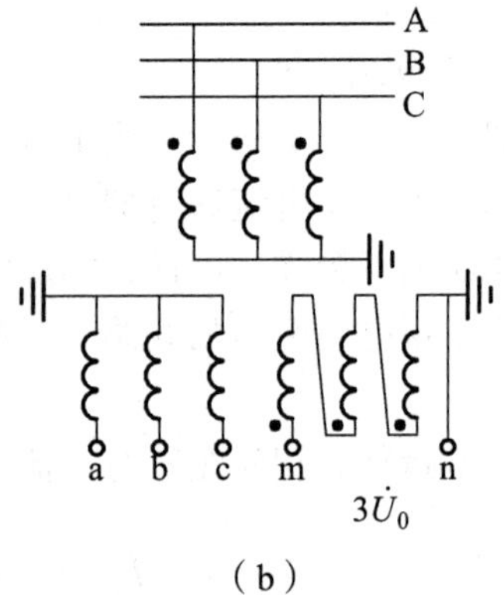

图 3-4-3　零序电压滤过器

正常运行和电网相间短路时，理想输出$\dot{U}_{mn}=0$，但实际上由于电压互感器的误差及三相系统对地不完全平衡，此时在开口三角形侧也有电压输出，此电压称为不平衡电压$\dot{U}_{unb}$。

3. 零序电流保护

在单侧电源情况下的中性点直接接地系统中，高压输电线路常采用三段零序电流保护。其原理与三段电流保护相似，即包括零序电流速断保护、限时零序电流速断保护和零序过电流保护。三段零序电流保护的原理接线图和时限特性也与三段电流保护相似，不同的是三相的电流互感器二次侧线圈接成零序电流滤过器。零序Ⅰ段、Ⅱ段作为本线路的主保护，零序Ⅲ段作为本线路和相邻元件的后备保护。

1）零序电流速断保护（零序Ⅰ段）

零序电流速断保护动作电流I'_{act}按下述两个条件整定：

（1）躲开下一条线路末端（或下一条线路出口处）发生单相接地或两相接地短路时，可能出现的最大零序电流$3I_{0\cdot max}$，即

$$I'_{act}=K'_{rel}3I_{0\cdot max} \tag{3-4-6}$$

式中　K'_{rel}——可靠系数，取1.2～1.3。

$3I_{0\cdot max}$取单相接地短路时的零序电流$I_0^{(1)}$和两相接地短路时的零序电流$I_0^{(1,1)}$最大值。如果网络总的正序阻抗和负序阻抗分别为Z_1和Z_0，当$Z_1>Z_0$时，$I_0^{(1)}>I_0^{(1,1)}$，取$3I_{0\cdot max}$为$I_0^{(1)}$；当$Z_1<Z_0$时，$I_0^{(1)}<I_0^{(1,1)}$，取$3I_{0\cdot max}$为$I_0^{(1,1)}$。

（2）躲过断路器三相触头不同时合闸所出现的最大零序电流$3I_{0\cdot ns}$，即

$$I'_{act}=K'_{rel}3I_{0\cdot ns} \tag{3-4-7}$$

式中　K'_{rel}——可靠系数，取1.1～1.2。

若先闭合一相，相当于断开两相，最严重情况下（系统两侧电源电势相差180°）流过断路器的零序电流$3I_{0\cdot ns}$为

$$3I_{0\cdot ns}=3\frac{2E}{2Z_1+Z_0} \tag{3-4-8}$$

若先闭合两相，相当于断开一相，最严重情况下流过断路器的零序电流$3I_{0\cdot NS}$为

$$3I_{0\cdot ns}=3\frac{2E}{Z_1+2Z_0} \tag{3-4-9}$$

根据公式（3-4-8）、（3-4-9）的计算结果，选取较大者作为零序Ⅰ段的动作电流。有时也采用适当延时的方法躲过断路器三相触头不同时合闸所出现的最大零序电流$3I_{0\cdot ns}$，这时可不考虑公式（3-22）。

零序Ⅰ段不进行灵敏度校验，其保护范围应不小于被保护线路全长的15%～20%。

零序Ⅰ段的动作时限，就是相应的电流继电器和中间继电器的固有动作时间。

2）限时零序电流速断保护（零序Ⅱ段）

（1）动作电流。

零序Ⅱ段的启动电流I''_{act}应与下一段线路的零序Ⅰ段保护的动作电流相配合，即按躲过

下一条线路零序Ⅰ段保护范围末端接地短路时，流过本保护装置的最大零序电流整定，即

$$I''_{act\cdot 2}=K''_{rel}3I'_{0k\cdot max} \tag{3-4-10}$$

式中　K''_{rel}——可靠系数，正常情况下取 1.1 ~ 1.2。若考虑到某些变压器参数不准确，应取大一些，采用 1.5 ~ 2.0。

$3I'_{0k\cdot max}$——在下一条线路零序Ⅰ段保护范围末端发生接地短路时，流过本保护装置的最大零序电流。

（2）动作时限。

零序Ⅱ段的动作时限与下一条线路零序Ⅰ段的动作时限相配合，高出时间极差 Δt，一般取 0.5 s。

（3）灵敏度校验。

零序Ⅱ段的灵敏系数 K_{sen} 应按照本线路末端发生接地短路时的最小零序电流来校验，并满足 $K_{sen}\geqslant 1.3$ 的要求。当灵敏系数不能满足要求时，可按躲过下一条线路零序Ⅱ段保护范围末端接地短路时流经本保护装置的最大零序电流来整定，动作时限也要与下一条线路的零序Ⅱ段的动作时限相配合。

3）定时限零序过电流保护（零序Ⅲ段）

零序Ⅲ段的作用相当于相间短路的过电流保护，一般作为后备保护，在中性点直接接地电网中的终端线路上也可作为主保护。

（1）动作电流。

零序过电流保护装置中的电流继电器的动作电流 I'''_{act}，按躲开在下一条线路出口处三相短路时所出现的最大不平衡电流 $I_{unb\cdot max}$ 整定，即

$$I'''_{act}=K'''_{rel}I_{unb\cdot max} \tag{3-4-11}$$

式中　K'''_{rel}——可靠系数，取 1.2 ~ 1.3；

$I_{unb\cdot max}$——下一条线路出口处三相短路时的最大不平衡电流。

（2）灵敏度校验。

零序过电流保护的灵敏系数 K_{sen}，按保护范围末端接地短路时流过继电器的最小零序电流 $3I_{0\cdot min}$ 来校验，即

$$K_{sen}=\frac{3I_{0\cdot min}}{I'''_{act}} \tag{3-4-12}$$

作为本线路的近后备保护时，按本线路末端发生接地故障时的最小零序电流 $3I_{0\cdot min}$ 来校验，要求 $K_{sen}\geqslant 2.0$。作为下一条线路的远后备保护时，按下一条线路保护范围末端发生接地故障时，流过本保护的最小零序电流 $3I_{0\cdot min}$ 来校验，要求 $K_{sen}\geqslant 1.5$。

（3）动作时限。

零序Ⅲ段的作用相当于相间短路的过电流保护，在一般情况下是作为后备保护使用的，但在中性点直接接地电网中的终端线路上，它也可以作为主保护使用。

由于相串联的有关各条线路的零序过电流保护装置中，电流继电器的动作电流都是按躲过不平衡电流的原则整定的，其动作电流一般都很小，因此，在本电压级（未经变压器隔离

的）网络中发生接地短路时，都可能启动。为了保证动作选择性，零序过电流保护的动作时限也必须按阶梯形原则来确定。

因为 YNd 接线变压器△侧发生任何形式的短路故障，都不会在 YN 侧引起零序电流，所以 YN 侧的零序过电流保护装置不需要考虑与△侧相配合的问题。因此，图 3-4-4 所示的网络接线中，只需要考虑保护 4、5、6 的配合，无须考虑它们和 1 ~ 3 的配合关系。安装在受端变压器上的零序过电流保护 4 可以是瞬时动作的。按照选择性的要求，保护 5 应比保护 4 高出一个时间极差 Δt，保护 6 又应比保护 5 高出一个时间极差 Δt，即

$$\left.\begin{aligned} t_4 &= 0 \\ t_5 &= t_4 + \Delta t = \Delta t \\ t_6 &= t_5 + \Delta t = t_4 + \Delta t + \Delta t = 2\Delta t \end{aligned}\right\} \tag{3-4-13}$$

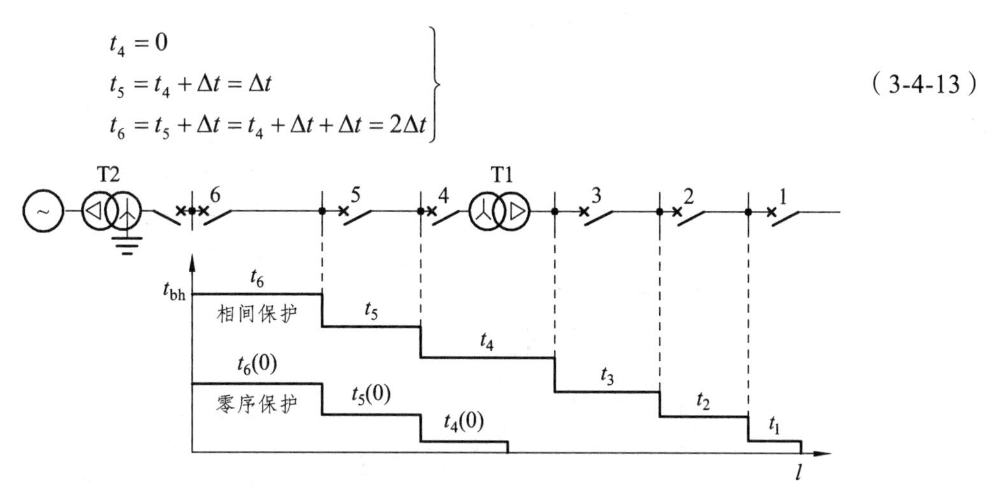

图 3-4-4　零序过电流保护的时限特性

在同一线路上，与用于相间短路的过电流保护动作时限相比，零序过电流保护的动作时限较短，这是它的一个优点。

4. 零序电流保护的优缺点

零序电流保护接线简单、可靠，与相间短路的电流保护相比有较高的灵敏度，且动作时限较相间保护短。零序电流保护不反应系统振荡和过负荷，只反应接地短路，不能反应相间短路。对于短线路或运行方式变化很大的情况，保护往往不能满足系统运行所提出的要求。

四、中性点不接地电网的接地保护

在中性点非直接接地电网中发生单相接地时，由于故障点的电流很小，而且三相之间的线电压仍然保持对称，对负荷供电没有影响，在一般情况下都允许再继续运行 1 ~ 2 h。因此，单相接地时，一般要求继电保护有选择性地发出信号，而不必跳闸。

1. 中性点不接地系统中单相接地故障的特点

图 3-4-5 为中性点不接地系统接线示意图。图中母线上接有一个电源和两条馈电线路。电源和每条馈电线路对地都有电容，分别用 C_{0S}、$C_{0\mathrm{I}}$、$C_{0\mathrm{II}}$ 等集中电容来表示。正常运行时，三相的对地电容相当于中性点接地的三相对称星形容性负载，三相的对地电压仍然是对称的相电压，对地电容电流也三相对称，并分别比系统电势超前 90°。电源中性点的电位与地电位相等，无零序电压和零序电流。

当馈电线路Ⅱ的A相发生接地故障后，如果忽略负荷电流和电容电流在线路阻抗上的电压降，则全系统A相对地电压都等于零，因而各元件A相对地电容电流也等于零，同时B相和C相的对地电压和电容电流都升高到$\sqrt{3}$倍。电容电流的分布在图中用“→”表示。此时各相对地电压为

$$\left.\begin{aligned}\dot{U}_{Ak}&=0\\ \dot{U}_{Bk}&=\dot{E}_B-\dot{E}_A=\sqrt{3}\dot{E}_A e^{-j150°}\\ \dot{U}_{Ck}&=\dot{E}_C-\dot{E}_A=\sqrt{3}\dot{E}_A e^{+j150°}\end{aligned}\right\}\tag{3-4-14}$$

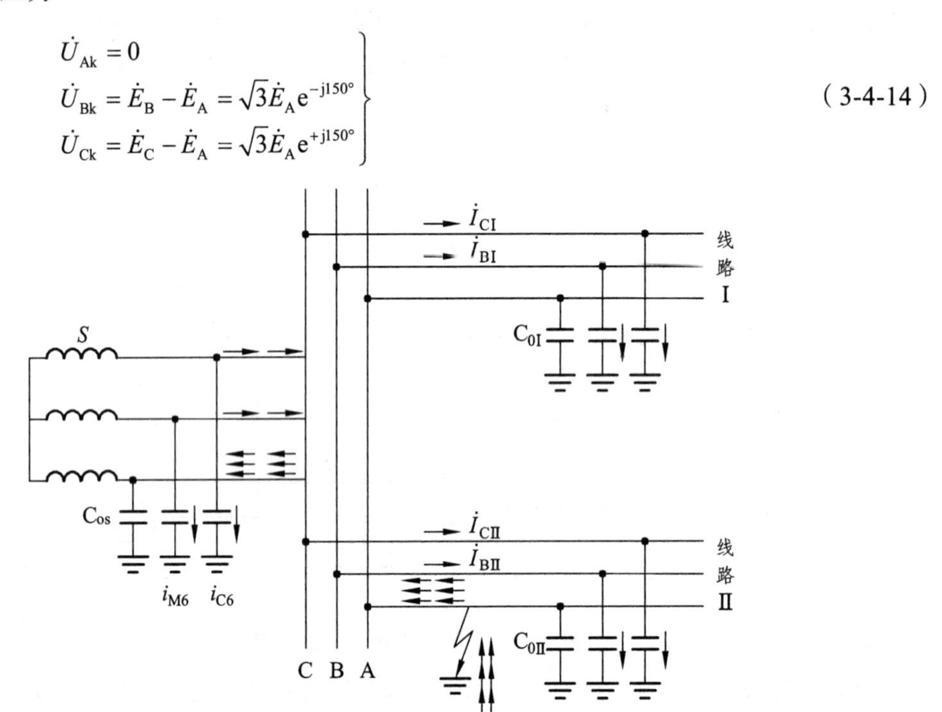

图 3-4-5 单相接地故障时，三相系统的电容电流分布图

故障点k的零序电压为

$$\dot{U}_{k0}=\frac{1}{3}(\dot{U}_{Ak}+\dot{U}_{Bk}+\dot{U}_{Ck})=-\dot{E}_A\tag{3-4-15}$$

由此引起全系统都出现零序电压。

1）在非故障的馈电线路Ⅰ上

由图3-4-5可见，在非故障的馈电线路Ⅰ上，A相对地电容电流为零，B相和C相电流有本身的对地电容电流。因此，在馈电线路Ⅰ始端所反映的零序电流为

$$3\dot{I}_{0I}=\dot{I}_{BI}+\dot{I}_{CI}\tag{3-4-16}$$

$3\dot{I}_{0I}$相位比$3\dot{U}_{k0}$超前90°，有效值为

$$3I_{0I}=3U_{ph}\omega C_{0I}\tag{3-4-17}$$

式中，U_{ph}为相电压的有效值。

上式表明，在非故障的馈电线路始端所反映的零序电流为该线路本身的对地电容电流，其电容性无功功率的方向为母线流向馈电线路。当母线上接有多条馈电线路时，此结论可适用于每一条非故障的馈电线路。

2）在电源 S 上

在电源 S 上，本身的 A 相对地电容电流也为零，本身的 B 相和 C 相对地电容电流分别为 $\dot{I}_{BS}$ 和 $\dot{I}_{CS}$。但是，在 A 相中要流回从故障点流来的全部对地电容电流，而在 B 相和 C 相中又要分别流出各馈电线路同名相的对地电容电流。此时，从电源出线端所反映的零序电流 $3\dot{I}_{0S}$ 仍应为三相电流之和。从图中可见，各条馈电线路的对地电容电流从 A 相流入电源后，又分别从 B 相和 C 相流出电源，故相加后又相互抵消，而只剩下电源本身的 B 相和 C 相对地电容电流。因此

$$3\dot{I}_{0S} = \dot{I}_{BS} + \dot{I}_{CS} \tag{3-4-18}$$

$3\dot{I}_{0S}$ 的相位也比 $3\dot{U}_{k0}$ 超前 90°，有效值为

$$3I_{0S} = 3U_{ph}\omega C_{0S} \tag{3-4-19}$$

上式表明，从电源出线端所反映的零序电流为电源本身的对地电容电流，其电容性无功功率的方向为母线流向电源。当母线上接有多个电源时，此结论可适用于每一个电源。这个特点与非故障馈电线路是一样的。

3）在发生单相接地故障的馈电线路Ⅱ上

在发生单相接地故障的馈电线路Ⅱ上，B 相和 C 相也流有本身的对地电容电流 $\dot{I}_{B\text{Ⅱ}}$ 和 $\dot{I}_{C\text{Ⅱ}}$，而在 A 相的接地故障点要流回全系统 B 相和 C 相的对地电容电流之总和，即

$$\dot{I}_{k} = (\dot{I}_{B\text{Ⅰ}} + \dot{I}_{C\text{Ⅰ}}) + (\dot{I}_{B\text{Ⅱ}} + \dot{I}_{C\text{Ⅱ}}) + (\dot{I}_{BS} + \dot{I}_{CS}) \tag{3-4-20}$$

其有效值为

$$I_{k} = 3U_{ph}\omega(C_{0\text{Ⅰ}} + C_{0\text{Ⅱ}} + C_{0S}) = 3U_{ph}\omega C_{0\Sigma} \tag{3-4-21}$$

式中，$C_{0\Sigma}$ 为全系统每相对地电容的总和。

$\dot{I}_{k}$ 要从 A 相流向电源，故从 A 相流出的电流可表示为 $\dot{I}_{A\text{Ⅱ}} = -\dot{I}_{k}$。

于是，在馈电线路Ⅱ始端所反映的零序电流为

$$3\dot{I}_{0\text{Ⅱ}} = \dot{I}_{A\text{Ⅱ}} + \dot{I}_{B\text{Ⅱ}} + \dot{I}_{C\text{Ⅱ}} = -(\dot{I}_{B\text{Ⅰ}} + \dot{I}_{C\text{Ⅰ}} + \dot{I}_{BS} + \dot{I}_{CS}) \tag{3-4-22}$$

其相位比 $3\dot{U}_{k0}$ 滞后 90°，有效值为

$$3I_{0\text{Ⅱ}} = 3U_{ph}\omega(C_{0\Sigma} - C_{0\text{Ⅱ}}) \tag{3-4-23}$$

上式表明，在发生接地故障的馈电线路始端所反映的零序电流，为全系统非故障元件（不包括故障线路本身）对地电容电流之总和，数值一般较大。其电容性无功功率的方向为由发生接地故障的馈电线路流向母线。

4）结论

（1）发生单相接地故障时，全系统都将出现零序电压，而短路点的零序电压在数值上为相电压。

（2）在非故障元件上有零序电流，其数值等于本身的对地电容电流，电容性无功功率的实际方向为由母线流向线路。

（3）在故障元件上，零序电流为全系统非故障元件对地电容电流之和，电容性无功功率

的实际方向为由线路流向母线。

2. 中性点不接地单相接地的保护

1）绝缘监视装置

在发电厂和变电所的母线上，一般装设网络单相接地的监视装置，它是利用接在母线上的三相五柱式电压互感器 TV 与一个过电压继电器 KV 构成，如图 3-4-6 所示。TV 二次侧有两个绕组：一个绕组接成星形，用三个电压表分别测量三个相电压；另一个绕组接成开口三角形，在开口处接一个过电压继电器 KV。

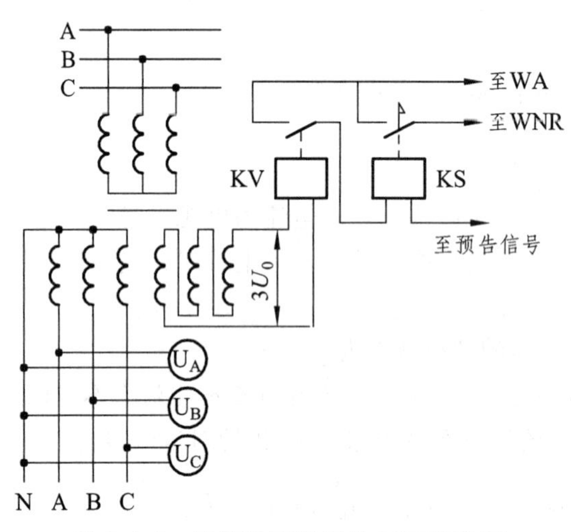

图 3-4-6 绝缘监视装置的原理接线图

正常运行时，母线三相电压对称，三个电压表指示值都相等（都等于相电压），KV 不动作。当连接于母线的任何一个元件发生单相接地故障时，接地相的电压表指示为零，另两相电压表指示值增加至 $\sqrt{3}$ 倍。同时，KV 线圈端子上加入数值接近 3 倍相电压的零序电压 $3U_0$，KV 动作，发出信号。

由于在发生单相接地故障时，全系统都将出现零序电压，故绝缘监视装置的动作是无选择性的，分不清是哪一个元件发生单相接地。为此，通常是利用短时间断开每条馈电线路，观察零序电压是否消除的办法来查找故障线路。其具体做法是：运行人员依次按动每条线路的“检查接地”按钮，使其断路器跳闸，并立即由自动重合闸装置动作使断路器合闸。在断开某条线路断路器的瞬间，如果接地信号消失，即表明该线路有单相接地故障。

2）零序电流保护

零序电流保护是利用故障线路零序电流较非故障线路大的特点来实现有选择性地发出信号或动作于跳闸的保护装置。这种保护一般安装在有条件安装零序电流互感器的线路上（如电缆线路或经电缆引出的架空线路）。当单相接地电流较大，足以克服零序电流滤过器中不平衡电流的影响，这种保护也可以接于三个电流互感器构成的零序电流回路中。

零序电流保护装置的动作电流 I_{act} 按大于本线路的对地电容电流整定，即

$$I_{act} = K_{rel} \cdot 3U_{ph} \omega C_0 \tag{3-4-24}$$

式中 C_0——被保护线路每相的对地电容。

K_{rel}——可靠系数。若保护为瞬时动作，一般取为 4 ~ 5，以防止接地电容电流的暂态分量（数值很大，但衰减极快）引起保护误动作；若保护为延时动作，可取 1.5 ~ 2.0。

零序电流保护装置的灵敏系数 K_{sen} 按系统最小运行方式下单相接地故障时流经被保护线路的最小零序电流来校验。

$$K_{sen}=\frac{3U_{ph}\omega(C_{0\Sigma}-C_{0})}{K_{rel}3U_{ph}\omega C_{0}}=\frac{C_{0\Sigma}-C_{0}}{K_{rel}C_{0}} \tag{3-4-25}$$

式中，$C_{0\Sigma}$ 为全系统各元件每相对地电容的总和，校验时采用系统最小运行方式下的 $C_{0\Sigma}$。

对电缆线路要求 $K_{sen}\geqslant 1.25$，对架空线路要求 $K_{sen}\geqslant 1.5$。

由式（3-37）可见，当全网络的电容电流越大，或被保护线路的电容电流越小时，零序电流保护的灵敏系数就越容易满足要求。此外，由于零序电流保护的一次动作电流很小，所以要求采用灵敏度很高的电流继电器。

3）零序功率方向保护

在出线较少或较短的情况下，故障线路零序电流与非故障线路零序电流差别不大，采用零序电流保护灵敏度往往不能满足要求。这时，可采用零序功率方向保护。它可利用故障线路与非故障线路零序功率方向不同的特点，来实现有选择性的保护，动作于信号或跳闸。

【任务实施】

（1）学生接受任务，根据给出的相关知识以及查阅相关的资料，自行完成任务的内容。

（2）利用 THL-531 微机保护装置对中性点不接地系统中的 10 kV 线路进行单相接地保护。

① 按照正确顺序启动实训装置，接通主电路。

② 进行微机单相接地保护设置。

在 THL-531 微机保护装置中将零序电流保护功能投入，并设置好动作整定值。然后在 XL-1 故障设置区设置单相对地短路，故障点选择在线路末端。按下“故障投退”按钮，观察保护是否会动作。若不动作，将故障点向线路首端方向切换，直到动作为止，记下此时的故障点。当实训完成之后，再按微机保护装置面板上的“复归”键，选择“是”后再按“确认”键来复归保护信息。

（3）各小组成员之间、各小组之间互相检查，发现问题，提出意见。

（4）老师检查各小组及个人完成的任务，提出问题，给出成绩。

【课堂训练与测评】

（1）某一条 110 kV 线路发生两相接地故障，该线路保护所测的正序和零序功率的方向是怎样的？

（2）为什么绝缘监视装置是无选择性的？用什么方法查找故障线路？

【知识拓展】

了解基于零序电流的单相接地故障定位系统。

【思考与练习】

一、填空题

1. 瞬时电流速断保护的选择性是靠____________获得的，保护范围被限制在________________________以内。

2. 瞬时电流速断保护的保护范围随____________和____________而变化。

3. 本线路限时电流速断保护的保护范围一般不超过相邻下一线路的____________保护的保护范围，故只需带____________延时即可保证选择性。

4. 为使过电流保护在正常运行时不误动作，其动作电流应大于____________；为使过电流保护在外部故障切除后能可靠地返回，其返回电流应大于____________。

5. 为保证选择性，过电流保护的动作时限应按____________原则整定，越靠近电源处的保护，时限越____________。

6. 线路三段式电流保护中，____________保护为主保护，____________保护为后备保护。

7. 线路过电流保护的保护范围应包括____________及____________。

8. 电流继电器的返回系数过低，将使过电流保护的动作电流____________，保护的灵敏系数____________。

9. 线路装设过电流保护一般是为了作本线路的____________及作相邻下一线路的____________。

10. 线路三段式电流保护中，____________保护最灵敏，____________保护最不灵敏。

11. 瞬时电流速断保护的保护范围在被保护线路____________端，在____________运行方式下保护范围最小。

12. 线路限时电流速断保护的灵敏系数的校验点应取在____________，要求灵敏系数不小于____________。

13. 三段式电流保护中，最灵敏的是第____________段，因为____________。

14. 每套保护均设有一个信号继电器，其作用是____________，它的复归是靠__________________实现的。

15. 电流保护的接线系数的定义为流过继电器的电流与____________之比，全星形接线的接线系数为____________。

16. 功率方向继电器既可按____________构成，也可按____________构成。

17. LG-11 型功率方向继电器无电压死区，因为它有____________回路，该回路是一个________回路。

18. 方向过电流保护主要由以下三个元件组成：____________元件、____________元件和____________元件。

19. 功率方向继电器接线方式，是指它与____________和____________的接线方式。

20. 电网中发生____________时，非故障相中仍有电流流过，此电流称为非故障相电流。

21. 中性点直接接地电网发生单相接地短路时，零序电压最高值在____________处，最低值在____________处。

22. 三段式零序电流保护由瞬时零序电流速断保护、____________保护和____________保护组成。

23. 零序电流速断保护与反应相间短路的电流速断保护比较，其保护区____________，而且____________。

24. 零序过电流保护与反应相间短路的过电流保护比较，其灵敏性____________，动作时限____________。

25. 绝缘监视装置给出信号后，用____________方法查找故障线路，因此该装置适用于__________的情况。

26. 中性点直接接地电网发生单相接地短路时，零序电流的大小和分布主要取决于变压器接地中性点的____________和____________处。

27. 中性点直接接地电网中，零序保护的零序电流可以从____________取得，零序电压可以从____________取得。

28. 中性点不接地电网发生单相接地后，将出现零序电压，其值为________，且电网各处零序电压____________。

二、判断题

1. (　　) 三段式电流保护中，瞬时电流速断保护在最小运行方式下保护范围最小。
2. (　　) 限时电流速断保护必须带时限，才能获得选择性。
3. (　　) 三段式电流保护中，定时限过电流保护的保护范围最大。
4. (　　) 越靠近电源处的过电流保护，时限越长。
5. (　　) 保护范围大的保护，灵敏性好。
6. (　　) 限时电流速断保护可以作为线路的主保护。
7. (　　) 瞬时电流速断保护的保护范围不随运行方式而改变。
8. (　　) 三段式电流保护中，定时限过电流保护的动作电流最大。
9. (　　) 瞬时电流速断保护的保护范围与故障类型无关。
10. (　　) 限时电流速断保护仅靠动作时限的整定即可保证选择性。
11. (　　) 功率方向继电器能否动作，与加给它的电压、电流的相位差无关。
12. (　　) 功率方向继电器可以单独作为线路保护。
13. (　　) 采用 90° 接线的功率方向继电器，两相短路时无电压死区。
14. (　　) 功率方向继电器电流线圈，电压线圈的同极性端子无关紧要。
15. (　　) LG-11 型功率方向继电器无电压死区。
16. (　　) 中性点非直接接地电网发生单相接地时，线电压将发生变化。
17. (　　) 出线较多的中性点不接地电网发生单相接地时，故障线路保护安装处流过的零序电容电流比非故障线路保护安装处流过的零序电容电流大得多。
18. (　　) 中性点直接接地电网发生接地短路时，故障点处零序电压最低。
19. (　　) 绝缘监视装置适用于母线出线较多的情况。
20. (　　) 中性点不接地电网发生单相接地时，故障线路保护通过的零序电流为本身非故障相对地电容电流之和。
21. (　　) 中性点不接地电网发生单相接地后，故障线路保护安装处的零序电容电流与非故障线路中的零序电容电流相位相反。

22.（　　）中性点非直接接地电网发生单相接地时出现零序电压，且电网各处零序电压相等。

23.（　　）中性点非直接接地电网的电流保护，通常采用三相完全星形接线。

三、选择题

1. 瞬时电流速断保护的动作电流应大于（　　）。
   A. 被保护线路末端短路时的最大短路电流　　B. 线路的最大负载电流
   C. 相邻下一线路末端短路时的最大短路电流
2. 瞬时电流速断保护的保护范围在（　　）运行方式下最小。
   A. 最大　　B. 正常　　C. 最小
3. 定时限过电流保护的动作电流需要考虑返回系数，是为了（　　）。
   A. 提高保护的灵敏性　　B. 外部故障切除后保护可靠返回
   C. 解决选择性
4. 若装有定时限过电流保护的线路，其末端变电所母线上有三条出线，各自的过电流保护动作时限分别为1.5 s、0.5 s、1 s，则该线路过电流保护的时限应整定为（　　）。
   A. 1.5 s　　B. 2 s　　C. 3.5 s
5. 三段式电流保护中，（　　）是主保护。
   A. 瞬时电流速断保护　　B. 限时电流速断保护
   C. 定时限过电流保护
6. 三段式电流保护中灵敏性最好的是（　　）。
   A. 电流Ⅰ段　　B. 电流Ⅱ段　　C. 电流Ⅲ段
7. 三段式电流保护中，保护范围最小的是（　　）。
   A. 电流Ⅰ段　　B. 电流Ⅱ段　　C. 电流Ⅲ段
8. 电流电压联锁速断保护按（　　）运行方式整定。
   A. 最大　　B. 经常　　C. 最小
9. 双侧电源线路的过电流保护加方向元件是为了（　　）。
   A. 解决选择性　　B. 提高灵敏性　　C. 提高可靠性
10. 双侧电源线路的瞬时电流速断保护为提高灵敏性，方向元件应装在（　　）。
    A. 动作电流大的一侧　　B. 动作电流小的一侧　　C. 两侧
11. 双侧电源电网中，母线两侧方向过电流保护的方向元件在（　　）可以省去。
    A. 该保护的时限较长时　　B. 该保护的时限较短时
    C. 两侧保护的时限相等时
12. 中性点不接地电网的三种接地保护中，（　　）是无选择性的。
    A. 绝缘监视装置　　B. 零序电流保护　　C. 零序功率方向保护
13. 当中性点不接地电网的出线较多时，为反应单相接地故障，常采用（　　）。
    A. 绝缘监视装置　　B. 零序电流保护　　C. 零序功率方向保护
14. 在中性点直接接地电网中发生接地短路时，（　　）零序电压最高。
    A. 保护安装处　　B. 接地故障点处　　C. 变压器接地中性点处

15. 在中性点直接接地电网中，发生单相接地短路时，故障点的零序电流与零序电压的相位关系是（　　）。

A. 电流超前电压约 90°　　B. 电压超前电流约 90°　　C. 电压电流同相位

16. 中性点非直接接地电网的电流保护，通常采用（　　）接线方式。

A. 三相完全星形　　B. 两相不完全星形　　C. 两相电流差

四、简答题

1. 简述瞬时电流速断保护的优缺点。
2. 瞬时电流速断保护中采用中间继电器的作用是什么？
3. 为什么过电流保护的动作电流要考虑返回系数？而瞬时电流速断保护及限时电流速断保护则不考虑？
4. 限时电流速断保护作为线路的主保护为什么要带时限？
5. 什么是三段式电流保护？其各段是怎样获得动作选择性的？
6. 何谓功率方向继电器的“潜动”？
7. 相间短路保护用功率方向继电器采用 90° 接线方式，其优点有哪些？
8. 单相接地时零序分量的特点有哪些？
9. 中性点不接地电网发生单相接地时有哪些特征？
10. 三段式零序电流保护由哪些保护组成？

项目四　输电线路阶段式距离保护装置运行与调试

【学习目标】

（1）理解低阻抗保护的概念；

（2）理解距离保护的基本原理；

（3）理解距离保护的时限特性；

（4）理解距离保护测量元件的动作特性；

（5）掌握阶段式距离保护的结构组成、整定原则、整定值计算方法；

（6）了解影响距离保护正确工作的因素及防范措施。

电网输电线路发生短路故障时，会出现电流增大、电压降低等电参数变化的现象。其中也有电压与电流之比——阻抗的变化，有时它甚至比电流、电压的变化更显著。利用阻抗变化的特性可以构成线路的阻抗保护或距离保护。

任务一　距离保护的基本原理

【任务描述】

分析距离保护的工作原理，能说出影响距离保护正确工作的因素及防范措施。

【知识链接】

一、电流、电压保护的缺点

电流、电压保护具有简单、可靠、经济等优点。但是，随着用电需求的增大，供电网络进一步发展，出现了大容量、高电压、结构复杂的网络。对于此，电流、电压保护在一些情况下，难以满足电网对保护的要求。

（1）对于一些高压长距离重负荷线路，当负荷电流大，线路末端短路时，会出现短路电流与负荷电流相差不大的情况，这时电流保护就往往不能满足灵敏度的要求。

（2）对于一些电网，其运行方式发生变化时，会造成电流速断保护的保护范围影响大，保护范围不稳定。

（3）对于一些多电源复杂网络，方向过电流保护的动作时限往往不能按选择性的要求整定，且动作时限长，难以满足电力系统对保护快速动作的要求。

所以，电流、电压保护一般只适用于 35 kV 及以下电压等级的配电网。对于 110 kV 及以上电压等级的电力网，线路保护采用距离保护。

二、距离保护的工作原理

距离保护是反应保护安装处至故障点的距离，并根据距离的远近而确定动作时限的一种保护。而保护安装处与故障点的距离，实际上是测量保护安装处至故障点之间的阻抗大小，故又称为阻抗保护。线路短路时，阻抗的大小主要与线路的长短有关：短路点距离测量点的线路越长，其阻抗值越大；反之，其阻抗值越小。

测量阻抗通常用 Z_m 表示，它定义为保护安装处母线的测量电压 $\dot{U}_m$ 与被保护线路的测量电流 $\dot{I}_m$ 之比，即

$$Z_m = \frac{\dot{U}_m}{\dot{I}_m} \tag{4-1-1}$$

Z_m 为一复数，在复平面上可以用直角坐标形式表示，也可用极坐标形式表示，即

$$Z_m = \frac{\dot{U}_m}{\dot{I}_m} = |Z_m| \underline{/\varphi_m} = R_m + jX_m \tag{4-1-2}$$

式中 $|Z_m|$——测量阻抗的阻抗值；

φ_m——测量阻抗的阻抗角；

R_m——测量电阻，即测量阻抗的实部；

X_m——测量电抗，即测量阻抗的虚部。

电力系统正常运行时，测量电压近似为额定电压，保护安装处测量到的线路阻抗为负荷阻抗 Z_L，即 $Z_m = Z_L$。负荷阻抗的测量值较大，由于线路功率因数要求高，一般不低于 0.9，对应的阻抗性质以电阻性为主。

在被保护线路任一点发生故障时，保护安装处的测量电压为母线的残压 $\dot{U}_m = \dot{U}_K$，测量电流即故障电流 $\dot{I}_m = \dot{I}_K$，这时的测量阻抗为保护安装地点到短路点的短路阻抗 Z_K，即

$$Z_m = \frac{\dot{U}_m}{\dot{I}_m} = \frac{\dot{U}_K}{\dot{I}_K} = Z_K \tag{4-1-3}$$

在短路以后，母线电压下降，而流经保护安装点的电流增大，这时短路阻抗 Z_K 比正常时测到的负载阻抗 Z_L 大大降低，所以距离保护通过测量反映出来的测量阻抗，在故障前后变化明显，比电流变化量大，因而比反应单一物理量的电流保护灵敏度高。

与电流保护一样，距离保护也有一个保护范围，当短路发生在这一范围内时，保护动作，否则保护不动作。这个保护范围通常只用整定阻抗 Z_{set} 的大小来实现。用整定阻抗与被保护线路的测量阻抗 Z_m 进行比较，当短路点在保护范围以外，即 $Z_m > Z_{set}$ 时继电器不动。当短路点在保护范围内，即 $Z_m \leqslant Z_{set}$ 时继电器动作。因此，距离保护又被称为低阻抗保护。

如图 4-1-1 所示的供电系统中，A、B 母线出口处分别安装了距离保护装置 1、2。当 K1 处短路时，保护 2 测量阻抗为 $Z_{B.K1}$，保护 1 测量阻抗为 $Z_{AB} + Z_{B.K1}$。显然，$Z_{AB} + Z_{B.K1} > Z_{B.K1}$，也就是说，当短路点距保护安装处近时，其测量阻抗小；当短路点距保护安装处远时，其测量阻抗增大。根据选择性要求，应该由保护装置 2 动作来切除故障。当然，为了满足选择性

要求，还可以加入不同时限来完成。当短路点距保护安装处近时，测量阻抗小，动作时间短；当短路点距保护安装处远时，测量阻抗大，动作延时长。这样，距离近的保护装置先动作切除故障。

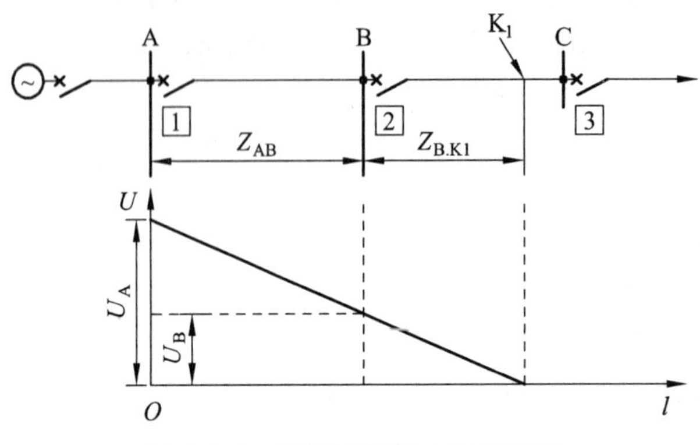

图 4-1-1　距离保护基本工作原理

三、距离保护的测量元件

阻抗继电器是距离保护装置中的核心元件，它主要用来作为测量元件，也可以作为启动元件和兼作功率方向元件。

阻抗继电器种类繁多，按其接线方式的不同可分为单相式阻抗继电器和多相补偿式阻抗继电器等，按其构成方式的不同可分为电磁型、整流形型、晶体型等，按其构成原理的不同可分为幅值比较型、相位比较型、多输入量时序比较型，按其特性不同可分为圆阻抗特性型、直线特性型、四边形特性型、苹果形特性型等。

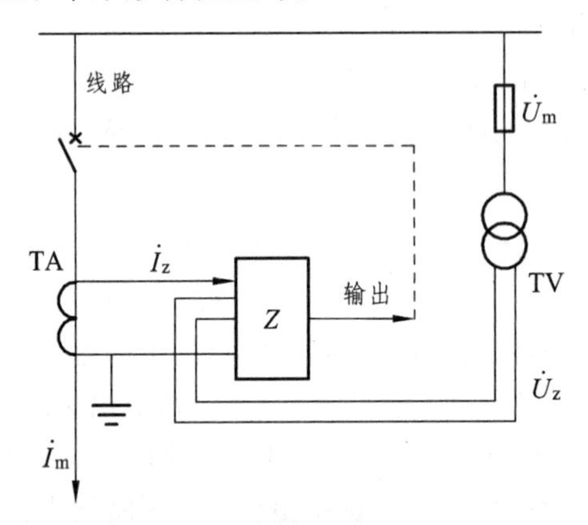

图 4-1-2　阻抗继电器原理接线图

按相测量阻抗的继电器称为单相式阻抗继电器，加入继电器中的量只有一个电压和一个电流。如图 4-1-2 所示为单相式阻抗继电器接线原理图。接入继电器的电压是母线电压互感器 TV 的二次电压 $\dot{U}_Z$，接入继电器的电流是被保护线路的电流通过电流互感器 TA 变换的二次电流 $\dot{I}_Z$。测量阻抗 Z_m 与保护安装处母线一次电压 $\dot{U}_m$ 和线路一次电流 $\dot{I}_m$ 的关系如下：

$$Z_m = \frac{\dot{U}_Z}{\dot{I}_Z} = \frac{\dot{U}_m / n_{TV}}{\dot{I}_m / n_{TA}} = \frac{n_{TA}}{n_{TV}} Z_L \qquad (4\text{-}1\text{-}4)$$

式中，n_{TV} 为电压互感器的变比；n_{TA} 为电流互感器的变比；Z_L 为一次侧的测量阻抗。

由上式可以看出，阻抗继电器的测量阻抗 Z_m 与线路的一侧阻抗值 Z_L 成正比，而 Z_L 又与这段线路的距离 l 成正比。

阻抗继电器一般根据幅值比较原理和相位比较原理来实现，也可以按照距离保护原理的要求由其他方法来实现。按比幅原理工作的阻抗继电器都具有两个输入量，其中一个构成动作量，另一个构成制动量。比较两个电气量的幅值时，就只比较其幅值大小，而不管它们的相位如何。按比相原理工作的比相器，其动作决定于被比较的两个电气量的相位，而与它们的幅值大小无关。

四、影响距离保护正确工作的因素及防止方法

距离保护在供电网络非短路的某些情况下，也有可能误动作。为了确保继电保护的正确工作，防止非短路的不正常状态引起保护误动作，也防止短路时需要动作而不动作，就必须采取必要的措施予以纠正。常见的一些情况如下：

1. 短路点过渡电阻的影响

短路点的过渡电阻是指当相间短路或接地短路时，短路电流从一相流到另一相或从相导体流入大地的路径中所通过的物质的电阻，包括电弧电阻、中间物质的电阻、相导体与地之间的接触电阻、金属杆塔或高压电气设备外壳的接地电阻等。很明显，过渡电阻的存在，将使阻抗继电器测量阻抗发生变化，影响距离保护的正确判断。

相间短路时，过渡电阻主要由电弧电阻构成。电弧实际上呈现有效电阻，其值大小与电弧长度 l_{ac} 成正比，与电弧电流有效值 I_{ac} 成反比，可按以下经验公式估计：

$$R_{ac} \approx 1050 \frac{l_{ac}}{I_{ac}} \ (\Omega) \tag{4-1-5}$$

电弧电阻的存在使短路电流减小，阻抗增大，阻抗角变小，对于阻抗继电器有时会影响到保护的正确动作。

电弧的长度和电流是随时间而变化的，一般来说，短路瞬间电流最大，电弧长度小，电弧阻值小。其后由于空气流动和电动力的作用，电弧将随时间被拉长，电弧电阻增大。

为了防止过渡电阻对保护装置的影响，通常采用以下两种方法：① 采用阻抗特性圆偏移或四边形阻抗特性继电器；② 采用瞬时测量装置。电弧电阻在短路瞬间的值最小，在短路 0.1 ~ 0.15 s 之后将急剧增大。这一特点对保护第 I 阶段影响小。由于保护第 II 阶段的动作带有时限，影响大，采用“瞬时测量”是克服过渡电阻的有效措施。

2. 电压互感器回路断线的影响

在运行中的距离保护，由于电压互感器二次回路发生短路故障，二次侧熔断器一相或几相熔断，或二次侧自动开关跳闸等原因，会造成电压回路的断线失压现象。

为了保证阻抗元件测量阻抗的正确性，电压互感器二次电压应按阻抗元件规定的接线方式的要求接入阻抗元件。然而，电压互感器在运行中缺相或失压时，加到阻抗元件的电压在相位和大小上均会发生变化，使阻抗元件实际接入的电压不再满足接线方式的要求，因而阻抗元件的测量阻抗也不能正确反映保护到故障点间的距离，可能导致阻抗元件不正确动作。

对于电压互感器二次回路断线（以下简称 TV 断线）的判断，可利用失压启动元件或利用软件程序的设计来实现。

1）失压启动元件

常见的有电容式零序电压过滤器断线失压判断装置和利用磁势平衡原理构成的断线失压启动元件等。

图 4-1-3 中，有两个线圈 W1、W2，为断线闭锁继电器 DBJ 的两个线圈。正常时，W1、W2 均无零序电压，断线闭锁继电器不动作；当被保护线路发生三相不对称故障时，电压互感器二次侧三相电压也不对称，W1、W2 中都有零序电流流过，适当选择 W1、W2 参数与接线方式，使二次线圈的综合磁通为零，断线闭锁继电器不动作；当电压互感器二次回路发生故障时，出现零序电压，保护装置闭锁。当三相同时断线时，装置拒动作，此时需增加一电容来解决。但这并不能解决由于电压回路维护不良或误操作等原因造成的保护失压误动作的问题。所以，目前已采用负序电流闭锁的办法。

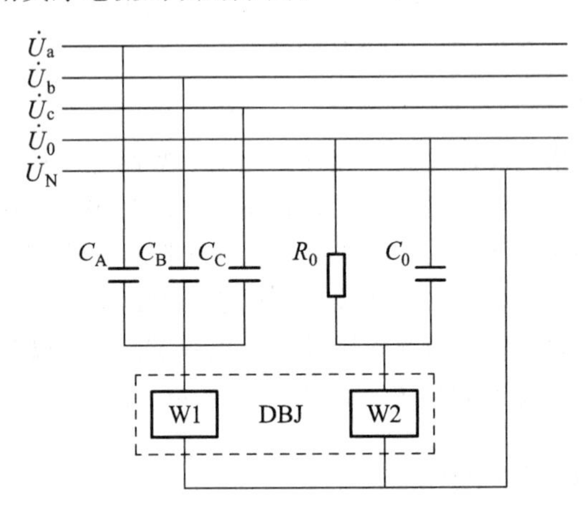

图 4-1-3　电容式断线失压判断装置的基本原理图

2）软件程序判别

利用软件程序对电压互感器二次回路断线进行判断有着较好的效果。对不对称断线和三相完全断线进行判断的判据如下：

（1）不对称断线的判据为

$$U_a + U_b + U_c - 3U_0 > 7\text{V} \tag{4-1-6}$$

（2）三相完全断线的判据为：各相电压均小于 8 V，U 相电流大于 $0.04I_n$。

当保护判断出 TV 二次回路断线时，保护装置会根据事先安排的程序流程进行操作，提醒失压，需及时处理。即使失压未及时处理，在负荷电流较小时，保护装置也不会发生误动作。

3. 电力系统振荡的影响

电力系统未受扰动而处于正常运行状态时，系统中所有发电机处于同步运行状态。当电力系统受到大的扰动或小的干扰而失去运行稳定时，机组间的相对角度随时间不断增大，线路中的潮流也产生较大的波动。在继电保护范围内，把这种并列运行的电力系统或发电厂失去同步的现象称为振荡。运行经验表明，当系统的电源间失去同步后，往往经过一定时间后能自动拉入同步，恢复同步运行。如果不允许长期异步运行，可有控制地将系统解列。也就是说，当系统振荡时不允许保护装置动作。

当电力系统失去同步而发生振荡时，电流、电压将在很大范围内做周期性变化，因而阻抗继电器的测量阻抗也将随之变化。当电流增大、电压降低、阻抗继电器的测量阻抗随之减小时，可能引起距离保护误动作。

防止电力系统振荡影响的措施是装设振荡闭锁装置。在电力系统发生振荡时，振荡闭锁装置动作，将距离保护装置闭锁。

系统振荡时，电流、电压都是随着时间的变化而变化的。电流从一个最大值到下一个最大值所经历的时间称为振荡周期。当相位在 180° 时，电流最大，而振荡中心的电压为零,这时的情况正像在振荡中心处发生了三相短路一样。

系统振荡属于不正常运行状态而非故障，继电保护装置不应该动作切除振荡中心所在的线路。继电保护装置必须具备区别三相短路和系统振荡的能力，才能保证在系统振荡状态下的正确工作。

电力系统的振荡和短路虽有一些相似点，但亦有不同。比较如下：① 振荡时，电流和各点电压的有效值均做周期性变化，在 180° 时出现最严重的情况，这时阻抗计算值相当于小；短路时，若不计其衰减，电流和各点电压有效值是不变的。② 振荡时，电流和各点电压的有效值变化慢；短路时是电流突然增大，电压突然降低，变化快。③ 振荡时，任一点的电流和电压之间的相位关系都是变化的；短路时，电流和电压之间的相位是不变的。④ 振荡时，三相完全对称，电力系统中没有负序分量；短路时，总要长期（在不对称短路中）或瞬间（在三相短路的开始）出现负序分量。

根据对振荡与短路之间的区别进行分析，振荡闭锁回路从原理上可分为两种：一种是利用负序分量的出现与否来实现的；另一种是利用测量阻抗变化率的不同来实现的。

振荡闭锁装置与距离保护配合，要实现四点基本要求：系统发生振荡而没有短路时，保护不动作；系统发生短路时，保护能可靠地动作；在振荡的过程中发生短路时，保护能正确地动作；先短路而后又发生振荡时，保护不致无选择地误动作。

4. 阻抗继电器的死区的影响

当保护安装地点正方向出口处发生短路，也就是该段线路的首端发生短路时，短路点离保护安装点很近，阻抗继电器检测到的故障回路的残余电压将降低到零。此时，具有方向性的继电器会因为加入的电压为零而不能动作，从而出现保护装置的“死区”。

常采用“记忆回路”的方法消除或降低“死区”的影响。在微机保护中，采用“记忆电压”的方式。

如图 4-1-4 所示，记忆回路由 L 和 C 构成。它是一个 50 Hz 的串联谐振回路。当保护装置安装处发生金属性短路时，继电器的电压端子上的电压突然降到零。但由于谐振回路中的电压不是突然消失的，而是按谐振周期逐渐衰减，这个电压与短路前的电压同相位，因而可以起到原电压的作用，使死区消除。由于谐振回路的记忆时间短，所以只能用来消除瞬时动作的 I 段距离保护中的死区。

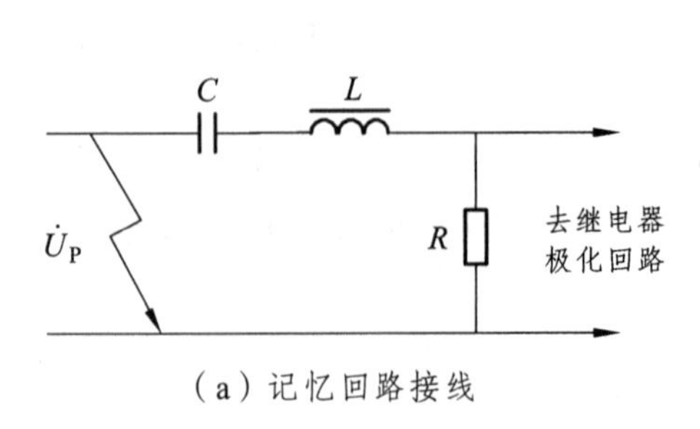

（a）记忆回路接线

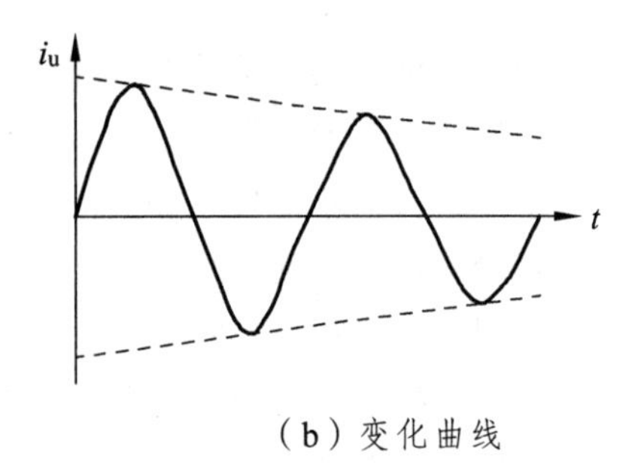

（b）变化曲线

图 4-1-4 记忆回路与电流变化曲线

在微机保护中，由于微机保护可以存储故障前的数据，“记忆电压”的获取非常方便。在出现保护测量阻抗较小时，不能确定故障实际方向，一般采用故障前一周波电压相角判别是否满足方向性条件。在牵引供电系统的开闭所、分区所使用带方向性的阻抗保护时，必须投入“记忆电压元件”，以便在供电牵引网上下行并联运行发生故障时，确保跳闸的选择性。

5. 线路串联电容补偿的影响

为了提高输电线路的传输能力和系统的稳定性，在高压或超高压电力系统中，通常采用串联电容补偿措施。在我国电气化铁路中，牵引供电系统线路一般为单侧电源供电，对于一些重载、长距离牵引线路，为了提高网压，在线路始端或中部增加串联补偿电容。

串联电容补偿有重大的经济技术价值，但它对于距离保护装置的工作将产生影响，还将对基于电抗法测距原理的测距产生影响，影响的大小与串联补偿电容的大小及其安装位置有关。

牵引供电系统中串联补偿装置的安装位置有两种常见情况：① 安装于线路始端；② 安装于线路中部。

串联补偿电容的安装，不管其串联补偿电容大小和位置如何，都会使测量阻抗减小，从而导致线路内部故障时保护范围缩短，使线路内部短路时保护可能拒动，而线路外部短路时保护可能误动。同时，会影响到近端补偿电容一侧距离保护的方向阻抗继电器，在反方向发生短路时，保护失去方向性。防止经串联补偿电容后短路时方向阻抗继电器误动作的措施有：① 利用方向阻抗继电器极化回路的记忆作用进行闭锁；② 利用负序功率方向继电器来进行闭锁；③ 利用相限继电器来进行闭锁等。

【任务实施】

（1）学生接受任务，根据给出的相关知识以及查阅相关的资料，学生自行完成任务的内容。

（2）各小组成员之间、各小组之间互相检查，发现问题，提出意见，进行自评与互评。

（3）老师检查各小组及个人完成的任务，评价总结。

【课堂训练与测评】

（1）简述距离保护的必要性。

（2）简述距离保护的工作原理。

（3）画出单相式阻抗继电器接线原理图。

【知识拓展】

查看阻抗继电器具体实现的相关资料。

任务二　阻抗继电器的动作特性

【任务描述】

对比分析各种距离保护测量元件的动作特性，并能对阻抗保护继电器的动作特性进行试验测量。

【知识链接】

阻抗继电器是距离保护装置的核心元件，其主要作用是测量断路器到保护安装地点之间的阻抗，并与整定阻抗进行比较，以确定保护是否应该动作。

对于单相式阻抗继电器，加入继电器的量只有一个电压和一个电流。电压与电流之比是阻抗。继电器的动作情况取决于测量阻抗。

测量阻抗可以写成 $Z_m = R + jX$ 的复数形式，这个复数形式可以在阻抗平面上用平面相量图表示出来，如图 4-2-1 所示。

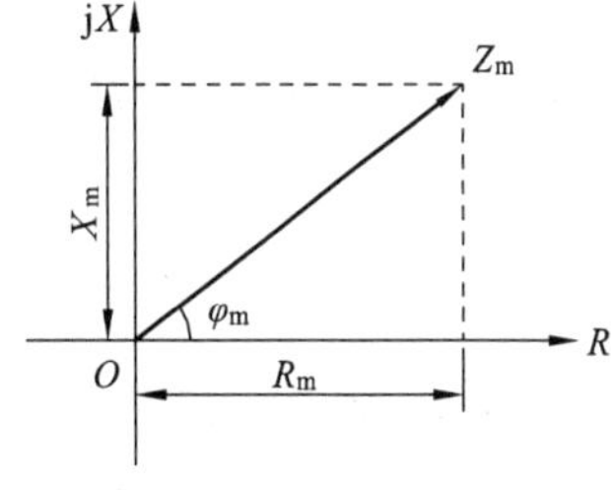

图 4-2-1　阻抗相量图

图中，Z_m 的模长为 $|Z_m| = \sqrt{R_m^2 + X_m^2}$，阻抗角 $\varphi_m = \arctan\dfrac{X_m}{R}$。

输电线路的阻抗，同样可以在复平面上用相量的方式表示出来。如图 4-2-2 所示，假设各段线路的阻抗均匀一致，以 B 母线为中心，绘出该线路在复平面上的形式是一条直线。

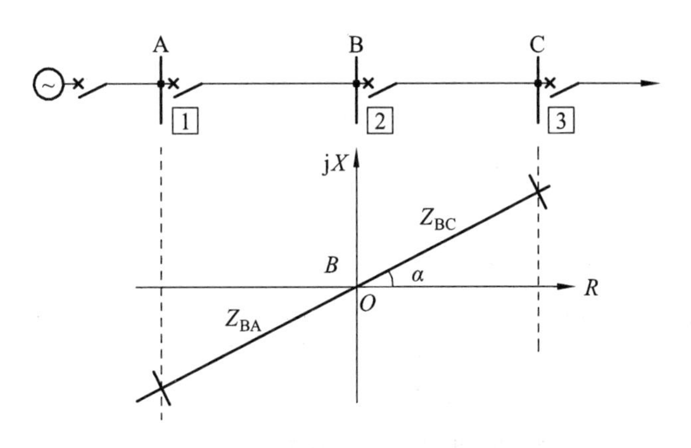

图 4-2-2　输电线路的阻抗平面图

将线路母线 B 置于坐标原点，往母线 C 方向的阻抗为正方向增长，往母线 A 方向的阻抗为反方向增长。保护 2 正方向的线路阻抗画在第一象限，与实部 R 之间有一个阻抗夹角

φ_α，用相量 Z_{BC} 表示；保护 2 的反方向线路 AB 的阻抗画在第三象限，用 Z_{BA} 表示。

下面介绍常用的圆特性全阻抗继电器、方向阻抗继电器、偏移阻抗继电器和四边形阻抗继电器的动作特性。

一、圆特性全阻抗继电器

圆特性全阻抗继电器的特性如图 4-2-3 所示，它是以整定阻抗 Z_{set} 为半径的一个圆，圆心在坐标原点。圆内为动作区，圆周为动作边界，圆外为非动作区。不论加入继电器的电压和电流之间的角度为多大，只要测量阻抗在圆内，阻抗继电器都能动作。具有这种动作特性的继电器被称为圆特性全阻抗继电器，它没有方向性。

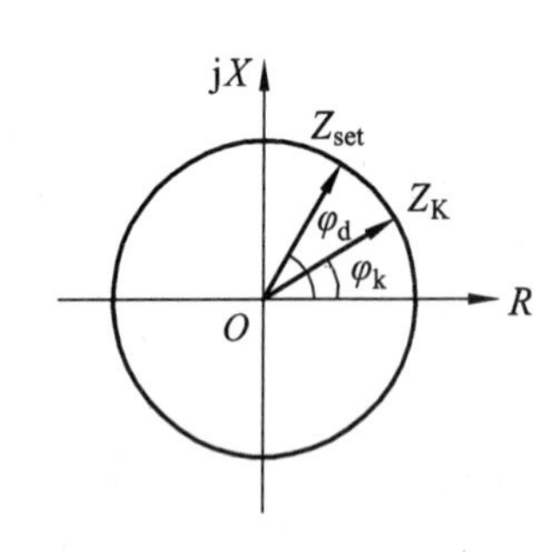

图 4-2-3　全阻抗继电器动作特性图

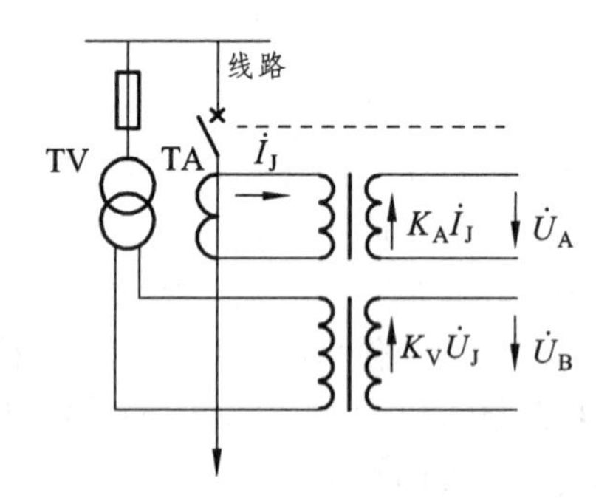

图 4-2-4　全阻抗继电器比幅方式接线原理图

这类继电器又分为电压幅值比较式和电压相位比较式两种。微机保护采用相位比较式。幅值比较式的动作特性方程如式（4-2-1）所示。

$$|Z_{set}| \geqslant |Z_K| \tag{4-2-1}$$

上式两边乘以电流 $\dot{I}_J$，便可得出全阻抗继电器的动作电压方程：

$$|Z_{set}\dot{I}_J| \geqslant |\dot{U}_J| \tag{4-2-2}$$

根据上述动作电压方程，便可得出全阻抗继电器幅值比较形式的两电气量及其电压形成回路，如图 4-2-4 所示。经分析可知，电压形成回路输出的用于比较幅值的两个电气分量分别为：动作量 $\dot{U}_A = K_A\dot{I}_J$，制动量 $\dot{U}_B = K_V\dot{U}_J$。

二、圆特性方向阻抗继电器

圆特性方向阻抗继电器的特性是以整定阻抗 Z_{set} 为直径而通过坐标原点的一个圆，如图 4-2-5 所示为幅值比较式方向阻抗继电器动作特性。圆内为动作区，圆外为不动作区。

当正方向发生短路时，测量阻抗位于第一象限，继电器动作；当反方向发生短路时，测量阻抗位于第三象限，继电器不能动作。由于它本身就具有方向性，故称之为方向阻抗继电器。

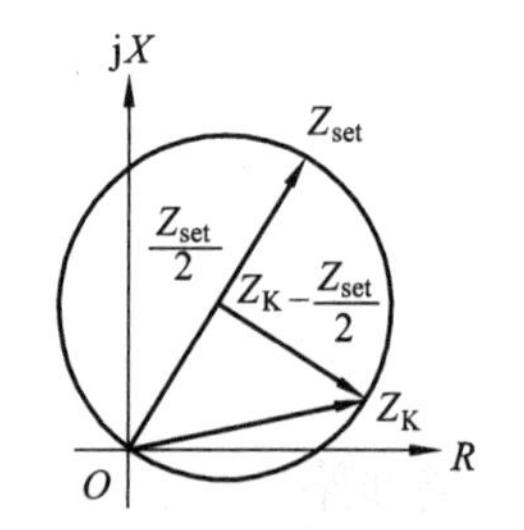

图 4-2-5　方向阻抗继电器动作特性图

此种继电器的启动阻抗将随着加入继电器的电压和电流之间的相位差 φ_k 变化而变化。当 φ_k 等于 Z_{set} 的阻抗角时，继电器的启动阻抗达到最大，等于圆的直径，此时，阻抗继电器的保护范围最大，工作最灵敏。这个角度称为继电器的最大灵敏角，用 φ_s 表示。

其幅值比较式动作特性方程如式（4-2-3）所示。

$$\left|\frac{Z_{set}}{2}\right| \geqslant \left|Z_K - \frac{Z_{set}}{2}\right| \tag{4-2-3}$$

这类继电器又分为电压幅值比较式和电压相位比较式两种，微机保护采用相位比较式。图 4-2-6 为相位比较式方向阻抗继电器动作特性图，图 4-2-7 为相位比较式方向阻抗继电器电压形成回路。

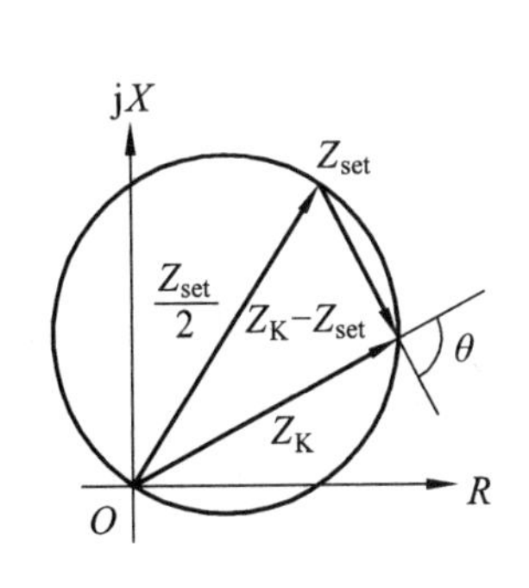

图 4-2-6　相位比较式动作特性图

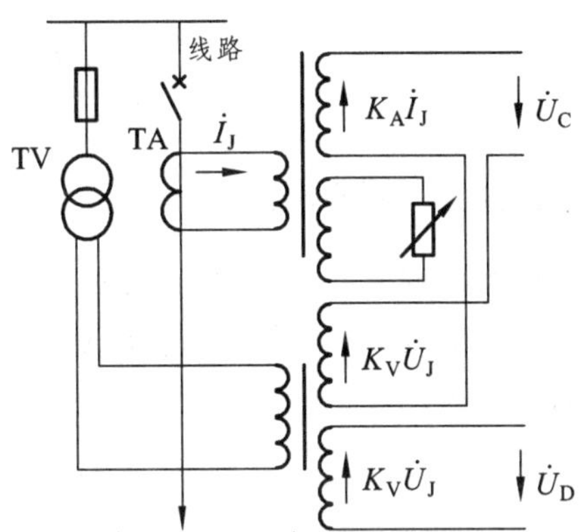

图 4-2-7　相位比较式方向阻抗继电器电压形成回路

在电源附近发生短路故障时，由于测量电压几乎为零，测量阻抗 Z_K 在方向阻抗继电器的动作边界上，继电器动作不可靠，所以方向阻抗继电器存在动作死区。

三、圆特性偏移阻抗继电器

为了克服方向阻抗继电器有动作死区的缺点，可以将方向阻抗继电器的动作特性曲线向第三象限偏移，如图 4-2-8 所示，使坐标原点落入动作圆内，就可以很好地解决方向阻抗继电器动作死区的问题，这样，就构成了偏移阻抗继电器，即使在电源附近发生短路故障时，继电器也能可靠动作。

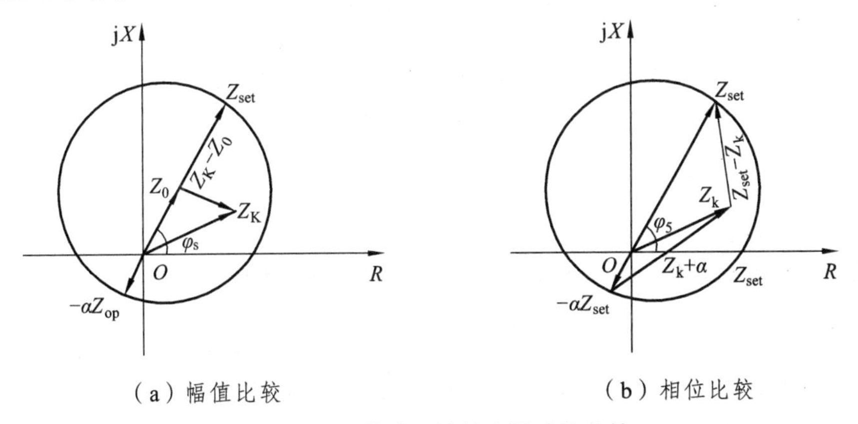

图 4-2-8　偏移阻抗继电器动作特性

偏移阻抗继电器的动作特性曲线不经过原点，继电器没有动作死区，对应不同方向其动作阻抗不同，特别是在反方向有一定的动作区，可见偏移阻抗继电器没有完全的方向性。

在复平面内，偏移阻抗继电器保护正方向整定阻抗为 Z_{set} 时，反方向偏移 αZ_{set}，动作特性是以保护安装处为坐标原点，以 $(1+\alpha)Z_{set}$ 为直径且通过坐标原点的圆，圆内为动作区，圆外为非动作区。

其幅值比较条件和相位比较条件分别为：

$$|Z_K - Z_0| \leqslant \left|\frac{1}{2}(1+\alpha)Z_{set}\right| \tag{4-2-4}$$

$$-90° \leqslant \arg\frac{Z_K + \alpha Z_{set}}{Z_{set} - Z_K} \leqslant 90° \tag{4-2-5}$$

四、四边形阻抗继电器

圆特性的阻抗继电器有着容易实现的优点，但整定值较小时，保护范围受过渡电阻的影响大，而当整定值较大时，躲过负荷的能力又差。为此，很多距离保护中的阻抗测量元件均采用了具有四边形动作特性的阻抗元件。图 4-2-9 所示为微机型线路保护中常见的四边形阻抗动作特性。

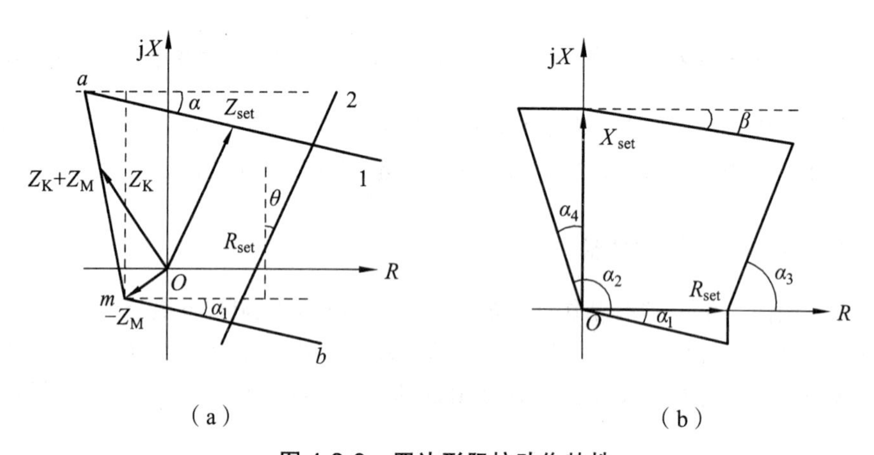

图 4-2-9　四边形阻抗动作特性

在图 4-2-9（a）所示电抗动作特性对应的动作方程分 3 个方向来看。

（1）直线 1 以下区域的动作方程，该动作方程称为 X（电抗）元件。动作方程为：

$$180° + \alpha \leqslant \arg(Z_K - Z_{set}) \leqslant 360° + \alpha \tag{4-2-6}$$

式中，α 为纯电抗动作特性旋转的角度，为负值。

（2）直线 2 以左区域的动作方程，该动作方程称为 R（电阻）元件。动作方程为：

$$90° - \theta \leqslant \arg(Z_K - R_{set}) \leqslant 270° - \theta \tag{4-2-7}$$

式中，θ 为纯电阻动作特性旋转后与 jX 轴之间的角度，为正值。

（3）折线 *amb* 所含的动作特性方程（以 jX 轴为参考）：

$$-\alpha \leqslant \arg(Z_K + Z_M) \leqslant 90° + \alpha \quad (4\text{-}2\text{-}8)$$

该动作方程称为 D（方向）元件。

当三段式距离保护采用该四边形特性时，R 和 D 元件是各段共用的，仅 X 元件各段独立。

图 4-2-9（b）所示的四边形阻抗元件的动作特性的数学表达式为

$$\begin{cases} R_K \tan\alpha_1 \leqslant X_K \leqslant X_{set} \\ X_K \cot\alpha_2 \leqslant R_K \leqslant R_{set} + X\cot\alpha_3 \end{cases} \quad (4\text{-}2\text{-}7)$$

式中，X_K 和 R_K 分别为测量电抗和测量电阻。

图 4-2-9（b）中，R_{set} 和 X_{set} 分别为电阻整定值和电抗整定值。α_1 为保证被保护线路出口带过渡电阻短路时阻抗元件不拒动的角；β 为防止在双电源网络中带过渡电阻短路时的阻抗元件误动的角；α_4 为保证区内金属性短路阻抗元件可靠动作的角；α_3 一般取 60°，应小于整定阻抗角 φ_{set}。各角度均为常数，根据实际情况整定。

阻抗元件的四边形动作特性是各种阻抗动作特性的组合，包括电抗动作特性、电阻动作特性和折线动作特性等组合成的综合阻抗动作特性。它可以根据实际要求，比如躲过过渡电阻和躲过负荷能力的强弱等具体的特性要求进行设计。

【任务实施】

（1）学生接受任务，学习相关知识，查阅相关的资料。

（2）学生自行制订计划，与小组其他成员及老师讨论计划的可行性。

（3）利用调压器、移相器测试阻抗继电器的特性。

① 将全阻抗继电器接入图 4-2-10 所示的试验电路中。

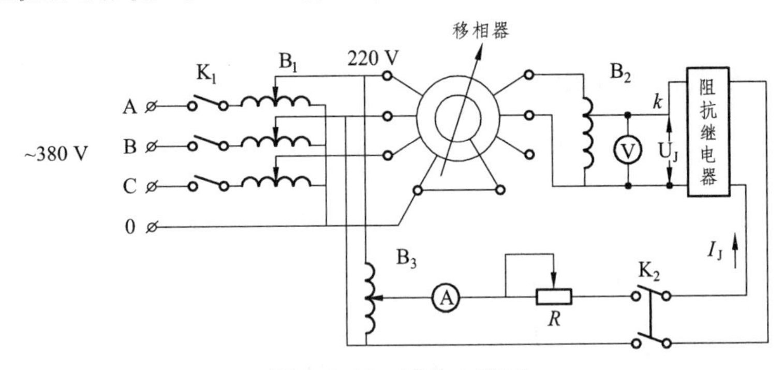

图 4-2-10　试验电路图

② 调节自耦变压器 B3 及电阻 R，使加入继电器电流回路的电流 $I = 5$ A。

③ 将移相器摇至某一角度，用自耦变压器 B2 降压，直至阻抗继电器动作为止。

④ 记下动作电压 U_{dz}，然后改变至另一角度。重复上述试验，将结果列于表 4-2-1 中。

表 4-2-1

I_j	5 A			
φ	0°	90°	180°	270°
U_{dz}				
Z_{dz}				

⑤ 画出阻抗继电器的动作特性图。

（4）在按照确定的工作步骤完成任务的过程中，如发现问题，需共同分析，遇到无法解决的问题时请教老师。

（5）各小组成员之间、各小组之间互相检查，发现问题，提出意见。

（6）老师检查各小组及个人完成的任务，提出问题，给出成绩。

【课堂训练与测评】

（1）对比分析全阻抗继电器、方向阻抗继电器、偏移阻抗继电器的动作特性。

（2）对比分析圆特性和四边形阻抗继电器的动作特性。

【知识拓展】

查看距离保护中相位比较式阻抗继电器的相关资料。

任务三　三段式距离保护的构成与运行

【任务描述】

理解三段式距离保护的整定原则，掌握整定计算方法，能够利用继电保护测试仪对距离保护装置进行距离保护实验测试。

【知识链接】

一、三段式距离保护的构成

三段式距离保护装置一般由图 4-3-1 所示的 5 种主要元件组成。

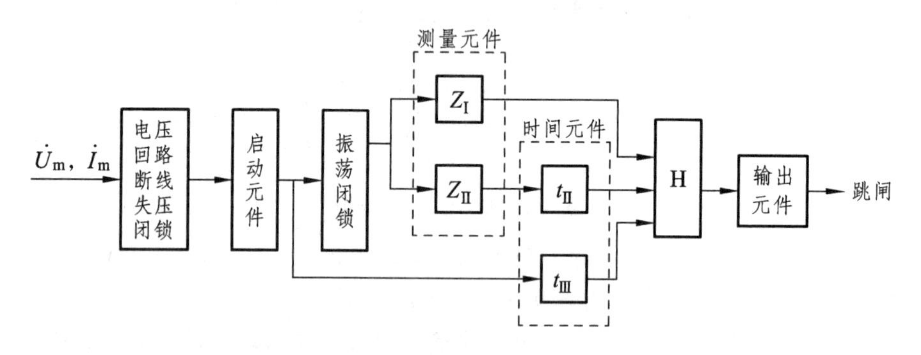

图 4-3-1　距离保护的基本构成

1. 启动元件

用来判断线路是否发生了故障，并兼有后备保护的作用。当被保护线路发生故障时，瞬间启动保护装置，通常启动元件采用过电流继电器或阻抗继电器。为了提高元件的灵敏度，也可采用反应负序电流或零序电流分量的复合滤过器来作为启动元件。

2. 测量元件

通常采用带方向性的阻抗继电器作测量元件，用来测量保护安装处至故障点之间的距离，并判断短路故障的方向。如果阻抗继电器是不带方向性的，则需增加功率方向元件来判别故障的方向。

3. 时间元件

用来延时保护装置距离保护Ⅱ段、Ⅲ段的动作，以获得其所需要的动作时限特性。通常采用时间继电器或延时电路作为时间元件。

4. 振荡闭锁元件

用来防止当电力系统发生振荡时距离保护的误动作。当电力系统失去同步而发生振荡时，电流、电压将在很大范围内做周期性变化，因而阻抗继电器的测量阻抗也将随之变化。当电流增大、电压降低、阻抗继电器的测量阻抗随之减小时，可能引起距离保护误动作。

在正常运行状或系统发生振荡时，振荡闭锁元件将保护闭锁，而当系统发生短路时，解除闭锁开放保护，使保护装置根据故障点的远、近有选择性地动作。

5. 电压回路断线失压闭锁元件

用来防止当电压互感器二次回路断线失压时阻抗继电器的误动作。电压互感器二次回路断线造成缺相或失压时，送入阻抗继电器的电压参数不正确，会造成测量不准或误测，从而导致阻抗继电器的误动作。

二、距离保护的时限特性

距离保护的时限特性，是指它的动作时限与保护安装处至短路点之间的距离的关系。当短路点距保护安装处近时，其测量阻抗小，动作时限短；当短路点距保护安装处远时，其测量阻抗增大，动作时限长。这样，就保证了保护有选择性地切除故障线路。

目前获得广泛应用的是阶梯式时限特性。如图 4-3-2 所示，当 K1 处短路时，母线 A 出口处的保护 1 离 K1 较远，母线 B 出口处的保护 2 离 K1 较近。保护 1 到 K1 处的阻抗大于保护 2 到 K1 处的阻抗，所以保护 1 的动作时间可以做得比保护 2 的动作时间长。这样故障由保护 2 切除，而保护 1 不动作。

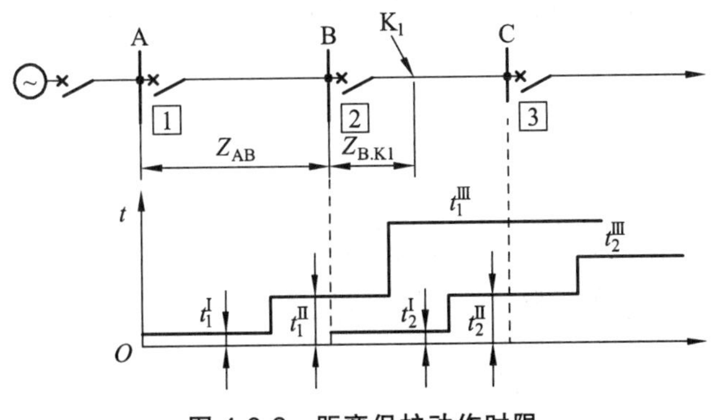

图 4-3-2 距离保护动作时限

如图 4-3-2 所示，这种时限特性与三段式电流保护的时限特性相同，一般也作成三阶梯式，即有与三个动作范围相应的三个动作时限：t^{I}，t^{II}，t^{III}。根据该时限特性构成的各段距离保护分别称为距离保护的Ⅰ、Ⅱ、Ⅲ段，与前述的电流速断、限时电流速断以及过电流保护相对应。

距离保护的第Ⅰ段是瞬时动作的，只能保护本段线路的0.8 ~ 0.85倍长度，t^{I}是保护本身的固有动作时间。如图4-3-2所示，保护1的Ⅰ段的动作时限为装置动作的固有时间，不需要加入延时时间。

距离保护的第Ⅱ段与限时电流速断相似，即应使其不超出下一条线路距离Ⅰ段的保护范围，同时带有高出一个Δt的时限，以保证选择性。如图4-3-2所示，保护1的Ⅱ段的动作时限是在保护1的Ⅰ段的动作时限上加了一级延时时限Δt，通常$\Delta t = 0.5$ s。

距离保护的第Ⅲ段整定值的考虑和过电流保护相似，其启动阻抗要躲开正常运行时的负荷阻抗来选择。其动作时限与自身Ⅱ段配合时，要比自身Ⅱ段高出一个时限；与自身以外且在距离Ⅲ段保护范围内的其他保护配合时，其最大动作时限要高出其他保护一个Δt的时限。如图4-3-2所示，保护1的Ⅲ段的保护范围与保护2的Ⅲ段有重叠时，保护1的Ⅲ段动作时限要在保护2的Ⅲ段的动作时限上加一级延时时限Δt。

三、距离保护整定计算

目前线路的距离保护多采用三段式阶梯形时限特性的距离保护。三段式距离保护（包括接地距离保护）的整定计算原则与三段式电流保护的整定计算原则基本相似。如图4-3-2所示，对保护装置1进行三段式整定计算。以下在介绍距离保护的整定计算原则时，包括但不限于图4-3-2所示的网络接线。

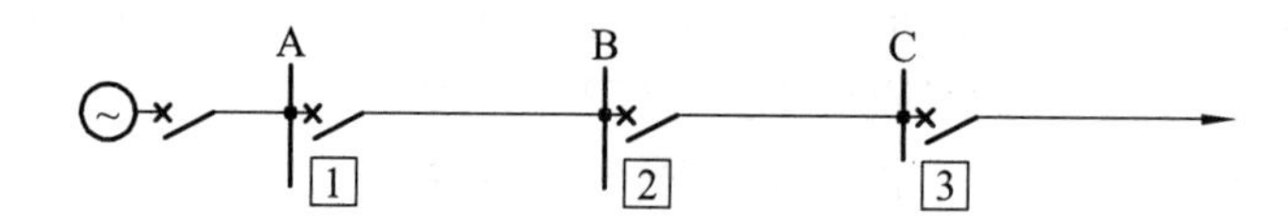

图4-3-2 选择整定阻抗的网络接线

1. 距离保护Ⅰ段整定计算

（1）被保护线路无中间分支线路，亦无分支变压器的情况。

原则：按躲开下一线路出口处短路的原则来整定，也就是躲过本段线路末端故障。

$$Z_{\mathrm{set}}^{\mathrm{I}} = K_{\mathrm{rel}} Z_1 \tag{4-3-1}$$

式中，K_{rel}为可靠系数，取0.8 ~ 0.85；Z_1为本线路AB的阻抗；$Z_{\mathrm{set}}^{\mathrm{I}}$为距离保护Ⅰ段的动作阻抗整定值。

（2）被保护线路末端仅为一台线路变压器的情况。

原则：按躲过变压器其他各侧母线故障整定。

$$Z_{\mathrm{set}}^{\mathrm{I}} = K_{\mathrm{rel}} Z_1 + K'_{\mathrm{rel}} Z_{\mathrm{T}} \tag{4-3-2}$$

式中，K_{rel}为可靠系数，取0.8 ~ 0.85；Z_1为本线路AB的阻抗；K'_{rel}为可靠系数，一般取0.75；Z_{T}为线路末端变压器的阻抗。

（3）被保护线路末端有两台或两以上变压器并列运行且变压器均装设差动保护时的情况。

如果本线路装设有高频保护，按距离保护Ⅰ段整定第（1）种情况进行整定；未装设高频保护时，按距离保护Ⅰ段整定第（2）种情况进行整定。

2. 距离保护Ⅱ段整定计算

（1）与相邻线路的距离保护Ⅰ段配合整定。

$$Z_{\text{set}}^{\text{II}} = K_{\text{rel}} Z_1 + K'_{\text{rel}} K_{\text{b.min}} Z_{\text{set2}}^{\text{I}} \tag{4-3-3}$$

式中，K_{rel}为可靠系数，取 0.8 ~ 0.85；K'_{rel}为可靠系数，一般取 0.7 ~ 0.75；$K_{\text{b.min}}$为分支系数，选取可能的最小值；Z_1为本线路 AB 的阻抗；$Z_{\text{set2}}^{\text{I}}$为相邻线路距离保护的Ⅰ段动作值。

（2）按躲过线路末端变压器低压母线短路整定。

$$Z_{\text{set}}^{\text{II}} = K_{\text{rel}} Z_1 + K'_{\text{rel}} K_{\text{b.min}} Z'_{\text{T}} \tag{4-3-4}$$

式中，K_{rel}为可靠系数，取 0.8 ~ 0.85；K'_{rel}为可靠系数，一般取 0.7 ~ 0.75；$K_{\text{b.min}}$为分支系数，选取可能的最小值；Z_1为本线路 AB 的阻抗；Z'_{T}为相邻变压器阻抗，若多台变压器并列运行时，按并联阻抗计算。

取上述两项中数值小者作为保护Ⅱ段定值。

动作时间：

$$t^{\text{II}} \geqslant t_2^{\text{I}} + \Delta t \tag{4-3-5}$$

式中，t_2^{I}为相邻电流保护的动作时间；Δt为时间级差。在这里t_2^{I}一般取值为零，Δt取值为 0.5s。

灵敏度按本线路末端故障来校验。

$$K_{\text{s}} = \frac{Z_{\text{set}}^{\text{II}}}{Z_1} \tag{4-3-6}$$

式中，K_{s}为灵敏系数；Z_1为本线路 AB 的阻抗；$Z_{\text{set}}^{\text{II}}$为距离保护Ⅱ段整定值。

对于最小灵敏度要求如下：

① 当线路长度为 50 km 以下时，不小 1.5。

② 当线路长度为 50 ~ 200 km 时，不小 1.4。

③ 当线路长度为 200 km 以上时，不小 1.3。

④ 同时满足短路时有 10 弧光电阻保护能可靠动作。

若灵敏度不满足要求，应与相邻线路距离保护Ⅱ段配合。

3. 距离保护Ⅲ段整定

距离保护Ⅲ段整定有几种计算方法：① 与相邻距离保护Ⅱ段配合整定；② 与相邻距离保护Ⅲ段配合整定；③ 与相邻变压器的电流、电压保护配合整定；④ 按躲过输电线路的最小负荷阻抗整定。

这里介绍按躲过输电线路的最小负荷阻抗整定。

1）距离保护Ⅲ段为电流启动元件时

其整定值为

$$I_{set}^{\text{III}} = \frac{K'_{rel}K_{ss}}{K_{re}} I_{l.max} \tag{4-3-7}$$

式中，K'_{rel} 为可靠系数，取 1.2 ~ 1.25；K_{ss} 为自启动系数，根据负荷性质可取 1.5 ~ 2.5；K_{re} 为电流返回系数，取 0.85；$I_{l.max}$ 为线路最大负荷电流。

2）距离Ⅲ段为全阻抗启动元件时

当线路母线上电压最低，线路负荷电流最大时，可求出最小负荷阻抗。

$$Z_{l.min} = \frac{U_{l.min}}{I_{l.max}} \tag{4-3-8}$$

式中，$U_{l.min}$ 为母线上最低电压，$I_{l.max}$ 为线路上流过的最大负荷电流。

考虑外部故障切除后，电动机自启动时距离保护区段应可靠返回，其整定值为

$$Z_{set}^{\text{III}} = \frac{Z_{l.min}}{K'_{rel}K_{ss}K_{re}} \tag{4-3-9}$$

式中，K'_{rel} 为可靠系数，取 1.2 ~ 1.25；K_{ss} 为自启动系数，根据负荷性质可取 1.5 ~ 2.5；K_{re} 为电流返回系数，取 1.15 ~ 1.25；$I_{l.max}$ 为线路最大负荷电流。

3）距离Ⅲ段为方向阻抗启动元件时

对于方向阻抗继电器为 0° 接线方式，其整定阻抗为

$$Z_{set}^{\text{III}} = \frac{Z_{l.min}}{K'_{rel}K_{ss}K_{re}\cos(\varphi_L - \varphi_K)} \tag{4-3-10}$$

对于方向阻抗继电器为 – 30° 接线方式时，其整定阻抗为

$$Z_{set}^{\text{III}} = \frac{Z_{l.min}}{K'_{rel}K_{ss}K_{re}\cos(\varphi_L - \varphi_K - 30°)} \tag{4-3-11}$$

式中，φ_K 为线路短路阻抗角，一般为 60° ~ 85°；φ_L 为负荷阻抗角，一般小于 25°。

动作时间按阶梯时限原则整定，但应注意两点：一是躲过系统振荡周期，二是在环网中距离保护动作时限的逐级配合。

在负荷阻抗同样的条件下，采用方向阻抗继电器与采用全阻抗继电器相比，距离保护Ⅲ段的灵敏度更高。

灵敏度校验：

线路末端灵敏度计算公式为：

$$K_s = \frac{Z_{set}^{\text{III}}}{Z_l} \tag{4-3-12}$$

后备保护灵敏度计算公式为：

$$K_s = \frac{Z_{set}^{\text{III}}}{Z_1 + K_b Z_{1.2}} \tag{4-3-13}$$

式中，Z_1 为本线路 AB 阻抗，$Z_{1.2}$ 为相邻线路 BC 阻抗。

距离Ⅲ段灵敏度要求：对于 110 kV 线路，对相邻元件后备保护灵敏度要求为 $K_s \geqslant 1.2$；对于 220 kV 及以上线路，对相邻元件后备保护灵敏度要求为 $K_s \geqslant 1.3$。如果灵敏度不够，可考虑装设近后备保护。

四、对距离保护的评价与应用

下面根据继电保护的四个基本要求，来对距离保护进行评价。

1. 选择性

在多电源网络甚至复杂电网中，距离保护能较好地保证动作的选择性要求。

2. 快速性

距离保护的第Ⅰ段是瞬时动作，但只能保护线路全长的 80%～85%。在双电源网络中，若线路两侧的第Ⅰ段保护有重叠保护区，则线路两侧均能无延时动作切除重叠区内的故障。而对单电源辐射网中线路第Ⅰ段保护区后的故障和双电源线路两侧第Ⅰ段保护非重叠区的故障，不能无延时动作切除，至少有 30% 的范围保护要通过距离Ⅱ段时限切除故障。故在 220 kV 及以上电压等级的网络，要求全长无时限切除线路任一点的短路，这时距离保护不能满足电力系统稳定要求而不能作为主保护。

3. 灵敏性

由于距离保护同时反应电压和电流，比单一反应电流的保护灵敏度高，且基本上不受系统运行方式的影响。其中，距离保护第Ⅰ段的保护范围不受运行方式变化的影响，保护范围比较稳定，第Ⅱ、Ⅲ段的保护范围由于分支系数可能变化而受运行方式变化影响。

4. 可靠性

阻抗继电器本身较复杂，并会受到各种影响，于是还增设了振荡闭锁装置、电压断线闭锁装置。因此，距离保护装置的调试比较麻烦，可靠性也相对低些。

距离保护应用较多的是保护电网的相间短路，对于大电流接地系统中的接地故障也有应用。通常，在 35～110 kV 电网中，作为相间短路的主保护和后备保护；在 110 kV 线路中，也可作为接地故障的保护；在高压线路中，常作为后备保护，但对于不要求全线速动的高压线路，距离保护也可作为线路的主保护。

【任务实施】

（1）学生接受任务，学习相关知识，查阅相关的资料。

（2）学生自行制订计划，与小组其他成员及老师讨论计划的可行性。

（3）利用 WKH-892 馈线保护测控装置、PW31 型继电保护测试仪及其他测试工具进行阶段式距离保护实训。

① 保护整定值计算。

已知最低母线电压为 20 kV，变压器额定电压为 110 kV，最大负荷电流为 450 A，最大负荷电流的负荷角为 37°，单位阻抗 $Z_0=(0.263+\mathrm{j}0.565)\ \Omega/\mathrm{km}$，单线线路长度为 9.513 km，可靠系数为 1.5，变压器低压侧流互变比为 120，压互变比为 275。计算距离保护各整定值参数：阻抗特性躲涌流偏移角、阻抗特性躲负荷偏移角、保护容性偏移角、线路电抗整定值、负荷电阻整定值。

② 实验接线。

将 W31 型继电保护测试仪的电流输出端子 I_a 与保护装置的 1L13 端子相连，I_n 与 1L14 相连；电压输出端子 U_a、U_n 分别与 1Y17、1Y16 相连（注意电流电压必须是同名端输入）。

③ 距离 I 段四边形特性测试。将 PW31 型继电保护测试仪设置为手动试验，按照表 4-3-1 所列条件，手动控制保护装置在不同阻抗角下 U_a、I_a 输入值的大小直至保护动作或不动作。注意观察并将结果记录于表中。

表 4-3-1　四边形特性测试记录表

实验条件	输入值			动作值			故障报告内容
	电压	电流	阻抗角	电压	电流	阻抗角	
阻抗角 = 0			0°				
			0°				
φ_2 < 阻抗角 < 0°			−5°				
			−15°				
			−16°				
0° < 阻抗角 < φ_1			10°				
			20°				
			30°				
			40°				
			50°				
			60°				
			70°				
			80°				
			85°				
φ_1 < 阻抗角 < φ_2			90°				
			180°				
			270°				

④ 按上述方法，对距离Ⅱ、Ⅲ段进行测试。

（4）在按照确定的工作步骤完成任务的过程中，如发现问题，需共同分析，遇到无法解决的问题时请教老师。

（5）各小组成员之间、各小组之间互相检查，发现问题，提出意见。

（6）老师检查各小组及个人完成的任务，提出问题，给出成绩。

【课堂训练与测评】

（1）简述阶段式距离保护的整定原则是什么？

（2）简述不同特性的阻抗继电器的异同点？

【知识拓展】

查看距离保护其他动作特性的阻抗继电器的相关资料。

【思考与练习】

一、判断题

1. 对全阻抗继电器，设 Z_m 为继电器的测量阻抗，Z_s 为继电器的整定阻抗，当 $|Z_s|\geqslant|Z_m|$ 时，继电器动作。(　　)

2. 由于外汲电流（排除助增情况）的存在，距离保护的测量阻抗增大，保护范围缩小。(　　)

3. 距离保护中的振荡闭锁装置，是在系统发生振荡时，才启动去闭锁保护。(　　)

4. 电力系统发生振荡时，任一点电流与电压的大小，随着两侧电动势周期性的变化而变化。当变化周期小于该点距离保护某段的整定时间时，则该段距离保护不会误动作。(　　)

5. 距离保护装置通常由启动部分、测量部分、振荡闭锁部分、二次电压回路断线失压闭锁部分、逻辑部分等五个主要部分组成。(　　)

6. 距离保护中，故障点过渡电阻的存在，有时会使阻抗继电器的测量阻抗增大，也就是说保护范围会延长。(　　)

7. 助增分支电流的存在将使测量阻抗减小，使距离保护拒动。(　　)

8. 在系统发生故障而振荡时，只要距离保护整定值大于保护安装处至振荡中心之间的阻抗，就不会发生误动作。(　　)

9. 电网中的相间短路保护，有时采用距离保护，是由于电流（电压）保护受系统运行方式变化的影响很大，不满足灵敏度的要求。(　　)

10. 全阻抗继电器的动作特性反映在阻抗平面上的阻抗圆的半径，它代表了全阻抗继电器的整定阻抗。(　　)

11. 距离保护振荡闭锁开放时间等于振荡闭锁装置整组复归时间。(　　)

12. 判断振荡用的相电流或正序电流元件应可靠躲过正常负荷电流。(　　)

13. 电力系统频率低得过多，对距离保护来讲，首先是使阻抗继电器的最大灵敏角变大，因此会使距离保护躲负荷阻抗的能力变差，躲短路点过渡电阻的能力增强。(　　)

14. 输电线路的阻抗角与导线的材料有关，同型号的导线，截面越大，阻抗越大，阻抗角越大。(　　)

15. 助增电流的存在，使距离保护的测量阻抗减小，保护范围增大。(　　)

16. 电力系统发生振荡时，对距离Ⅰ、Ⅱ段影响较大，应采用闭锁措施。(　　)

17. 某电厂的一条出线负荷功率因数角发生了摆动，由此可以断定电厂与系统之间发生了振荡。(　　)

18. 振荡时系统各点电压和电流值均做往复性摆动，而短路时电流、电压值是突变的。(　　)

19. 方向阻抗继电器引入第三相电压是为了防止正方向出口两相短路拒动及反方向出口两相短路时误动。(　　)

20. 在微机保护装置中，距离保护Ⅱ段可以不经振荡闭锁控制。(　　)

21. 距离保护就是反应故障点至保护安装处的距离，并根据距离的远近而确定动作时间的一种保护。(　　)

22. 距离保护是保护本线路及相邻线路正方向故障的保护，它具有明显的方向性，因此，距离保护第 III 段的测量元件也不能用具有偏移特性的阻抗继电器。(　　)

23. 方向阻抗继电器中，电抗变压器的转移阻抗角决定着继电器的最大灵敏角。(　　)

二、选择题

1. 距离保护的动作阻抗是指能使阻抗继电器动作的（　　）。

A. 大于最大测量阻抗的一个定值　　B. 最大测量阻抗

C. 介于最小测量阻抗与最大测量阻抗之间的一个值　　D. 最小测量阻抗

2. 加到阻抗继电器的电压电流的比值是该继电器的（　　）。

A. 测量阻抗　　B. 整定阻抗　　C. 动作阻抗

3. 如果用 Z_m 表示测量阻抗，Z_{set} 表示整定阻抗，Z_{act} 表示动作阻抗。线路发生短路，不带偏移的圆特性距离保护动作，则说明（　　）。

A. $|Z_{act}|<|Z_{set}|,|Z_{set}|<|Z_m|$　　B. $|Z_{act}|\leqslant|Z_{set}|,|Z_m|\leqslant|Z_{set}|$

C. $|Z_{act}|<|Z_{set}|,|Z_{set}|\leqslant|Z_m|$　　D. $|Z_{act}|\leqslant|Z_{set}|,|Z_{set}|\leqslant|Z_m|$

4. 电网中相邻 M、N 两线路，正序阻抗分别为 $40\angle 75°$ 和 $60\angle 75°$，在 N 线中点发生三相短路，流过 M、N 同相的短路电流如下图，M 线 E 侧相间阻抗继电器的测量阻抗一次值为（　　）。

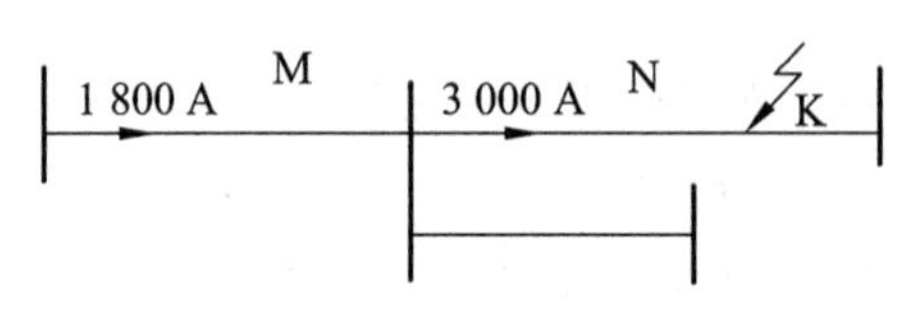

A. 70 Ω　　B. 100 Ω　　C. 90 Ω　　D. 123 Ω

5. 某距离保护的动作方程为 $90<\arg\dfrac{Z_J-Z_{DZ}}{Z_J}<270°$，它在阻抗复数平面上的动作特性是以 $+Z_{DZ}$ 与坐标原点两点的连线为直径的圆。特性为以 $+Z_{DZ}$ 与坐标原点连线为长轴的透镜的动作方程（$\delta>0°$）是（　　）。

A. $90+\delta<\arg\dfrac{Z_J-Z_{DZ}}{Z_J}<270°+\delta$　　B. $90+\delta<\arg\dfrac{Z_J-Z_{DZ}}{Z_J}<270°-\delta$

C. $90-\delta<\arg\dfrac{Z_J-Z_{DZ}}{Z_J}<270°+\delta$　　D. $90-\delta<\arg\dfrac{Z_J-Z_{DZ}}{Z_J}<270°-\delta$

6. 对反应相间短路的阻抗继电器，为使其在各种相间短路时测量阻抗均相等，应采用（　　）。

A. 90° 接线　　B. + 30° 接线　　C. − 30° 接线　　D. 0° 接线

7. 在振荡中，线路发生 B、C 两相金属性接地短路。如果从短路点 K 到保护安装处 M 的正序阻抗为 Z_K，零序电流补偿系数为 K，M 到 K 之间的 A、B、C 相电流及零序电流分别是 $\dot{I}_A$、$\dot{I}_B$、$\dot{I}_C$ 和 $\dot{I}_0$，则保护安装处 B 相电压的表达式为（　　）。

A. $(\dot{I}_B + \dot{I}_C + K3\dot{I}_0)Z_K$　　B. $(\dot{I}_B + K3\dot{I}_0)Z_K$　　C. $\dot{I}_B Z_K$

8. 相对于短路故障，下列系统振荡时电气量的变化正确的是（　　）。

A. 系统中会出现零序分量

B. 系统中会出现负序分量

C. 电压电流的相位差随振荡角不同而变化

D. 电流电压变化速度较快

9. 保护线路发生三相短路，相间距离保护的测量阻抗（　　）接地距离保护的测量阻抗。

A. 大于　　B. 小于　　C. 大于等于　　D. 等于

10. 阻抗继电器接入第三相电压，是为了（　　）。

A. 防止保护安装处正向两相金属性短路时方向阻抗继电器不动作

B. 防止保护安装处反向两相金属性短路时方向阻抗继电器误动作

C. 防止保护安装处正向三相金属性短路时方向阻抗继电器不动作

D. 提高灵敏度

11. 方向阻抗继电器中，记忆回路的作用是（　　）。

A. 提高灵敏度　　B. 消除正向出口三相短路的死区

C. 防止反向出口短路动作　　D. 提高选择性

12. 相间方向阻抗继电器引入第三相电压是为了防止（　　）。

A. 正向区外两相金属性短路时阻抗继电器超越

B. 保护安装处反向两相金属性短路时阻抗继电器误动或正方向出口两相短路时拒动

C. 合闸于正向三相短路时阻抗继电器不动作

13. 电流频率与方向阻抗继电器极化回路串联谐振频率相差较大时，方向阻抗继电器的记忆时间将（　　）。

A. 增长　　B. 缩短

C. 不变　　D. 随电流频率的变化而变化。

14. 电力系统发生振荡时，各点电压和电流（　　）。

A. 均作往复性摆动　　B. 均会发生突变

C. 在振荡频率高时会发生突变　　D. 不变

15. 从继电保护原理上讲，受系统振荡影响的有（　　）。

A. 零序电流保护　　B. 负序电流保护

C. 相间距离保护　　D. 相间过流保护

16. 保护范围相同的四边形方向阻抗继电器、方向阻抗继电器、偏移特性圆阻抗继电器、全阻抗继电器，受系统振荡影响最大的是（　　）。

A. 全阻抗继电器　　B. 偏移特性圆阻抗继电器

C. 方向阻抗继电器　　D. 四边形方向阻抗继电器

17. 系统短路时电流、电压是突变的，而系统振荡时电流、电压的变化是（　　）。

A. 缓慢的且与振荡周期无关　　B. 与三相短路一样快速变化

C. 缓慢的且与振荡周期有关　　D. 之间的相位角基本不变

18. 原理上不受电力系统振荡影响的保护有（　　）。

A. 电流保护　　B. 距离保护

C. 电流差动纵联保护和相差保护　　D. 电压保护

19. 下列关于电力系统振荡和短路的描述中（　　）是不正确的。

A. 短路时电流、电压值是突变的，而系统振荡时系统各点电压和电流值均作往复性摆动

B. 振荡时系统任何一点电流和电压之间的相位角都随着功角 δ 的变化而变化

C. 系统振荡时，将对以测量电流为原理的保护形成影响，如电流速断保护、电流纵联差动保护等

D. 短路时电压与电流的相位角是基本不变的

20. 按照我国的技术要求，距离保护振荡闭锁使用（　　）方法。

A. 由大阻抗圆至小阻抗圆的动作时差大于设定时间值即进行闭锁

B. 由故障启动对Ⅰ、Ⅱ段短时开放，之后发生故障需经振荡闭锁判别后动作

C. 整组靠负序与零序电流分量启动

21. 运行中的距离保护装置发生交流电压断线故障且信号不能复归时，应要求运行人员首先（　　）。

A. 通知并等候保护人员现场处理，值班人员不必采取任何措施

B. 停用保护并向调度汇报

C. 汇报调度等候调度命令

22. 相间距离保护的Ⅰ段保护范围通常选择为被保护线路全长（　　）。

A. 50%～55%　　B. 60%～65%　　C. 70%～75%　　D. 80%～85%

23. 为了使方向阻抗继电器工作在（　　）状态下，故要求继电器的最大灵敏角等于被保护线路的阻抗角。

A. 最有选择　　B. 最灵敏　　C. 最快速　　D. 最可靠

24. 电网中相邻 A、B 两条线路，正序阻抗均为 $60\angle 75^\circ$，在 B 线中点三相短路时流过 A、B 线路同相的短路电流如下图，则 A 线相间阻抗继电器的测量阻抗一次值为（　　）。

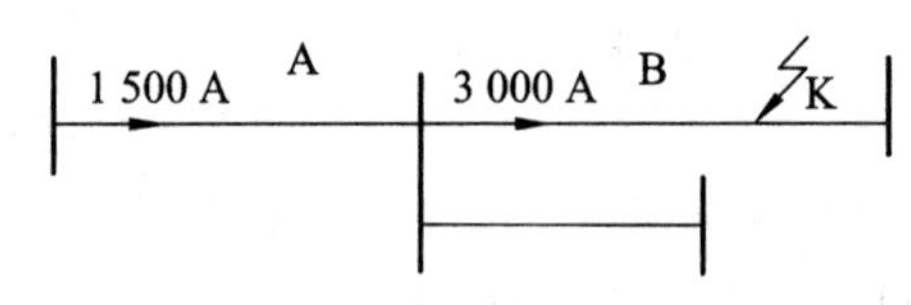

A. 75 Ω　　B. 120 Ω　　C. 90 Ω

25. 如下图所示，由于电源 S2 的存在，线路 L2 发生故障时，N 点该线路的距离保护所测的测量距离和从 N 到故障点的实际距离关系是（　　）。（距离为电气距离）

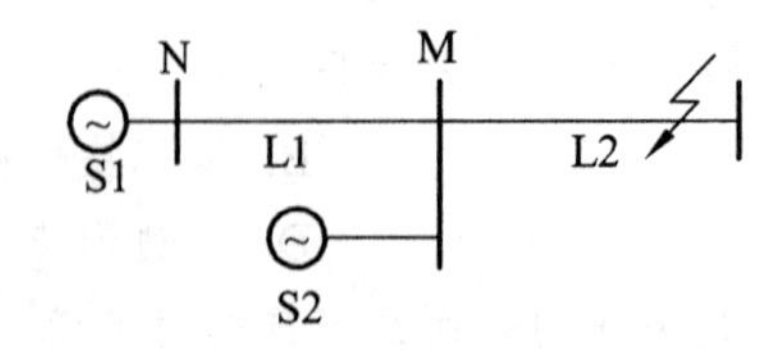

A. 相等　　　　　　　　　　　　　　B. 测量距离大于实际距离

C. 测量距离小于实际距离　　　　　　D. 不能比较

三、填空题

1. 距离保护能保护从安装处开始的一段距离的线路，实际上是测量保护安装处至故障点之间的（　　　）大小，故又称（　　　）保护。

2. 当测量阻抗小于整定阻抗时，短路点在保护范围（　　　），保护（　　　）。

3. 距离保护装置一般由（　　　）、（　　　）、（　　　）、（　　　）、（　　　）5部分组成。

4. 正常运行时，阻抗继电器测量的阻抗为（　　　），短路故障时。测量的阻抗为（　　　）。

5. 在距离保护中助增电流影响距离保护的（　　　）段的（　　　）。

6. 若方向阻抗继电器和全阻抗继电器的整定值相同，（　　　）继电器受过渡电阻影响大，（　　　）继电器受系统振荡影响大。

7. 如下图所示电力系统，已知线路 MN 的阻抗为 10 Ω，线路 NP 的阻抗为 20 Ω。当 P 点三相短路时，电源 A 提供的短路电流为 100 A，电源 B 提供的短路电流为 150A，此时 M 点保护安装处的测量阻抗为（　　　）。

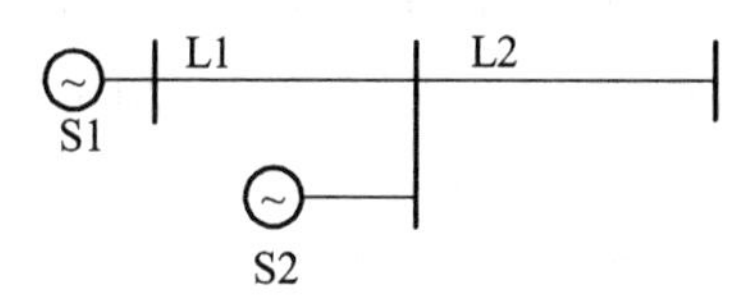

8. 距离Ⅰ段是靠（　　　）满足选择性要求的，距离Ⅲ段是靠（　　　）满足选择性要求的。

9. 阻抗保护应用（　　　）和（　　　）共同来防止失压误动。

10. 某断路器距离保护Ⅰ段二次定值整定 1 Ω，由于电流互感器变比由原来的 600/5 改为 750/5，其距离保护Ⅰ段二次定值应整定为（　　　）Ω。

四、简答题

1. 为什么距离保护的Ⅰ段保护范围通常选择为被保护线路全长的 80%～85%?

2. 电力系统振荡对距离保护有什么影响?

3. 什么是距离保护？距离保护的特点是什么?

4. 对振荡闭锁装置的基本要求是什么?

5. 某些距离保护在电压互感器二次回路断相时不会立即误动作，为什么仍需装设电压回路断相闭锁装置?

项目五　自动装置运行与调试

【学习目标】

（1）掌握自动重合闸的定义及作用。

（2）掌握单侧电源、双侧电源的三相一次重合闸的工作过程。

（3）理解自动重合闸装置与继电保护装置如何配合来提高系统供电的可靠性。

（4）正确完成输电线路自动重合闸装置整组试验任务。

（5）掌握备用电源自动投入装置的概念。

（6）理解备用电源自动投入装置投切的工作过程。

自动重合闸装置与备用电源自动投入装置是保证电力系统可靠供电的重要自动装置。在电力系统中，自动重合闸装置是根据输电线路故障大多为瞬时性故障而设置的（据统计，架空线路的瞬时性故障次数占总故障次数的 80%～90%）。一旦线路因瞬时性故障被保护断开后，由自动重合闸装置进行一次重合，往往就能够恢复原工作电源向负荷供电。同时，备自投装置是在工作电源永久性故障跳闸（或瞬时性故障跳闸无重合）后投入另一路备用电源。两者的正确配合使用，可大大提高电力系统供电的可靠性。

任务一　输电线路自动重合闸装置整组试验

【任务描述】

利用 PSL691U 线路数字式测控装置进行线路继电保护的整组试验，显示断路器重合闸的动作过程。整组试验中可将保护与开关配合进行试验。

【知识链接】

一、自动重合闸的定义及作用

自动重合闸装置（ZCH、AAR、ARD）是当断路器跳开后，根据需要能够自动地将断路器重新合闸的装置。

在电力系统中，输电线路是发生故障最多的元件，因此，如何提高输电线路工作的可靠性，对电力系统的安全运行具有重大意义。

输电线路的故障，大多数属于瞬时性故障，占总故障次数的 80%～90%。这些瞬时性故障多数由雷电引起的绝缘子表面闪络、线路对树枝放电、大风引起的碰线、鸟害和树枝等物掉落在导线上以及绝缘子表面污染等原因引起。这些故障被继电保护动作断开断路器后，故障点去游离，电弧熄灭，绝缘强度恢复，故障自行消除。此时，如把输电线路的断路器合上，就能恢复供电，从而减少停电时间，提高供电可靠性。当然，输电线路也有少数由线路倒杆、断线、绝缘子击穿或损坏等原因引起的永久性故障，在线路被断开之后，这些故障仍然存在。此时，如把线路断路器合上，线路还要被继电保护动作断路器再次断开。

由输电线路故障的性质可以看出，线路被断开之后再进行一次重合，其成功的可能性是相当大的，这种合闸固然可以由我们手动进行，但这样停电时间长，效果并不十分显著。为此，采用自动重合闸装置将被切除的线路重新投入运行，来代替我们的手动合闸。

在输电线路上采用自动重合闸后的作用如下：

（1）对瞬时性故障，可迅速恢复供电，从而能提高供电的可靠性。

（2）对两侧电源线路，可提高系统并列运行的稳定性，从而提高线路的输送容量。

（3）可以纠正由于断路器或继电保护误动作引起的误跳闸。

1 kV 及以上电压的架空线路或电缆与架空线路的混合线路上，只要装有断路器，一般应装设自动重合闸装置。

但是，自动重合闸若重合于永久性故障时，其不利影响如下：

（1）使电力系统又一次受到故障的冲击。

（2）使断路器的工作条件恶化（因为在短时间内连续两次切断短路电流）。例如，油断路器的工作情况比较严重。第一次短路时，电弧温度高，断路器动作，会提高油温，油的绝缘强度已经降低。重合于永久性故障的话，断路器再次跳开，此时断路器的开断容量已经降到原来容量的 80% 左右，断路器的工作条件非常恶劣，将降低断路器的使用寿命。

线路上装设重合闸装置后，重合闸装置本身不能判断故障是否属于瞬时性故障。因此，如果故障是瞬时性的，则重合闸能成功；如果故障是永久性的，则重合后由继电保护再次动作断路器跳闸，重合不成功。运行实践表明，线路重合闸的动作成功率在 60% ~ 90% 之间。可见，自动重合闸的应用非常广泛。

二、对自动重合闸的基本要求

（1）自动重合闸可按控制开关位置与断路器位置不对应原则启动，即当控制开关在合闸位置而断路器实际上在断开位置的情况下，使重合闸启动，这样就可以保证任何原因使断路器跳闸以后，都可以进行一次重合。当手动操作控制开关使断路器跳闸以后，控制开关与断路器的位置仍然是对应的。因此，重合闸就不会启动。当断路器处于不正常状态时，应将重合闸闭锁，不应实现重合。

（2）值班员手动跳闸、遥控装置跳闸、手动合闸而合在故障线路上，以及其他规定不允许重合的保护跳闸时，重合闸不动作。

（3）断路器由继电保护动作跳闸或其他原因自动跳闸后，自动重合闸应动作，并使断路器重合。

（4）自动重合闸的动作次数应符合规定要求，一般采用一次重合闸。重合在永久性故障线路上时，应能与继电保护配合实现前加速和后加速，以加速切除故障点。

（5）自动重合闸动作后，应能自动复归，以准备好下一次故障跳闸时的再重合。

（6）双侧电源线路上需要重合闸时，可在线路两侧分别投入无压检定和同期检定重合闸。如电网条件许可，也可以实现非同期重合闸。

三、自动重合闸的分类

（1）按配电线路所连接的电源情况，分为单电源线路的自动重合闸和双电源线路的自动重合闸。

（2）按其功能的不同，分为三相自动重合闸、单相自动重合闸和综合自动重合闸。其中三相自动重合闸又分为单侧电源线路的三相自动重合闸和双侧电源线路的三相自动重合闸。

① 三相重合闸：线路上发生任何形式的故障时，均实现三相自动重合闸，当重合到永久性故障时，断开三相并不再进行重合。

② 单相重合闸：线路上发生单相故障时，实现单相自动重合闸，当重合到永久性单相故障时，断开三相并不再进行重合。线路上发生相间故障时，断开三相不进行自动重合。

③ 综合重合闸：线路上发生单相故障时，实现单相自动重合闸，当重合到永久性单相故障时，如不允许长期非全相运行，则应断开三相并不再进行自动重合。线路上发生相间故障时，实行三相自动重合闸，当重合到永久性相间故障时，断开三相并不再进行自动重合。

（3）按允许动作的次数多少，可分为一次动作的自动重合闸、两次动作的自动重合闸等。

（4）对于双侧电源线路的三相自动重合闸，根据系统的情况，按不同的重合闸方式，分为三相快速重合闸、非同步自动重合闸、检查线路无压和检查同步的三相自动重合闸、解列三相自动重合闸和自同步三相自动重合闸。

（5）按与继电保护的配合情况，分为重合闸前加速继电保护动作的自动重合闸和重合闸动作后加速继电保护动作的自动重合闸。

（6）按重合闸装置的构成原理，分为电磁型、晶体管型、微机型等。

四、选用重合闸方式的一般原则

重合闸方式必须根据具体的系统结构及运行条件，经过分析后选定。

（1）凡是选用简单的三相重合闸方式能满足实际需要的线路，都应当选用三相重合闸方式。特别是对于那些处于集中供电地区的密集环网中，线路跳闸后不进行重合闸也能稳定运行的线路，更宜采用整定时间适当的三相重合闸。对于这样的环网线路，快速切除故障是最重要的问题。

（2）当发生单相接地故障时，如果使用三相重合闸不能保证系统稳定，或者地区系统会出现大面积停电，或者影响重要负荷停电的线路上，应当选用单相或综合重合闸方式。

五、单侧电源线路的三相一次重合闸

三相一次重合闸的跳、合闸方式为：无论本线路发生哪种类型的故障，继电保护装置均将三相断路器跳开，然后重合闸启动，经过整定的时间后，发出合闸命令，将三相断路器一起合上。若是瞬时性故障，因故障已经消失，合闸成功，线路继续运行；若是永久性故障，继电保护再次动作跳开三相，不再重合。

如图 5-1-1 所示，若输电线路上出现短路故障，此时线路保护装置动作使断路器 QF 跳闸，自动重合闸启动，延时后发出合闸动作信号，使断路器 QF 合闸。若故障是瞬时性的，自动重合闸成功；如果故障是永久性的，保护再次动作使得断路器跳闸，不再重合。

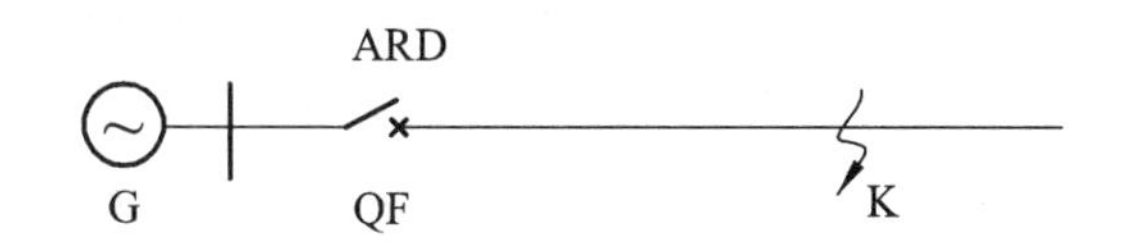

图 5-1-1　自动重合闸工作原理示意图

通常三相一次自动重合闸装置由启动元件、延时元件、一次合闸脉冲元件和执行元件四部分组成，如图 5-1-2 所示。

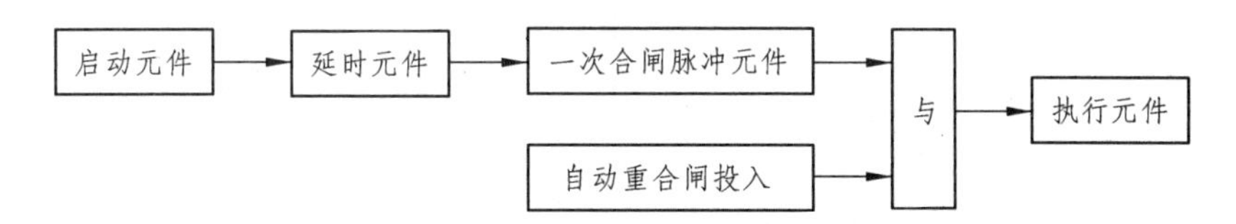

图 5-1-2　自动重合闸动作原理框图

自动重合闸的动作过程如下：

（1）启动元件：当线路故障断路器 QF 跳闸后，自动重合闸启动。

（2）延时元件：延时自动重合闸的动作时间。

（3）一次合闸脉冲元件：保证重合闸装置只重合一次。

（4）执行元件：发出重合闸动作信号，启动断路器合闸回路和自动重合闸动作信号回路。

六、双侧电源线路的三相一次重合闸

1. 双侧电源送电线路重合闸的特点

在双侧电源的送电线路上实现重合闸时，除了应该满足前面提出的各项要求以外，还必须考虑如下特点。

（1）时间的配合：当线路上发生故障时，两侧的保护装置可能以不同的时限动作于跳闸，例如在一侧为第Ⅰ段动作，另一侧为第Ⅱ段动作。此时为了保证故障点电弧的熄灭和绝缘强度的恢复，使重合闸有可能成功，线路两侧的重合闸必须保证在两侧的断路器都跳闸以后，再进行重合。

（2）同期问题：当线路上发生故障跳闸以后，常常存在着重合闸时两侧电源是否同期，以及是否允许非同期合闸的问题。

因此，双侧电源线路上的重合闸，应根据电网的接线方式和运行情况，选择合适的重合闸方式。

2. 双侧电源送电线路重合闸的主要方式

1）非同期重合闸方式

当线路两侧断路器跳闸后，不管两侧电源是否同步，直接重合，合闸后期待系统自动拉入同步。此时系统中各电力元件都将受到冲击电流的影响，当冲击电流不超过电力系统规程规定的允许值时，可以采用非同期重合闸方式，否则不允许采用这种方式。

2）同期检定重合闸

即在自动重合闸之前进行同步检查，只有当断路器两侧的电压符合同步条件时，才能进行重合。这种重合闸方式不会产生很大的冲击电流，合闸后也能很快地拉入同步。

目前，电气化铁道牵引变电所 110 kV 进线线路上，均采用检查同步重合闸方式。检查同步重合闸方式的原理接线图如图 5-1-3 所示，除了在线路两侧均装设重合闸装置之外，在线路的一侧还加装了无电压检定元件，其作用是检查线路有无电压存在，而在线路的另一侧装设同期检定元件，用以检测两侧电压的相位差。

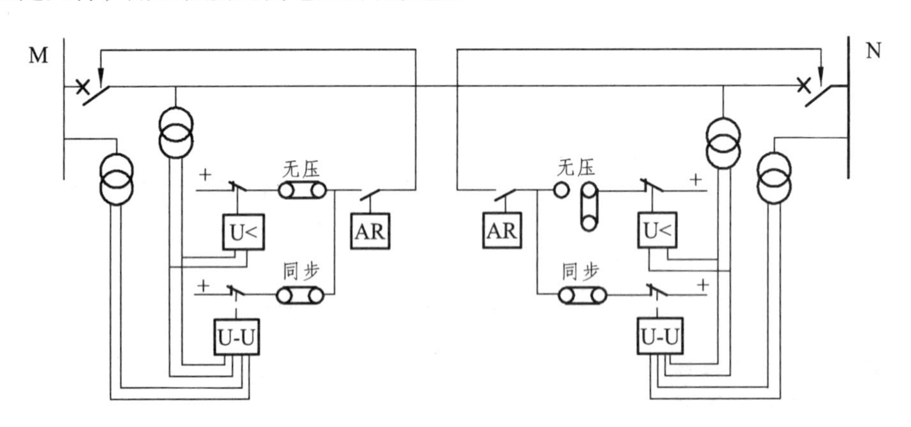

图 5-1-3　采用同期检定和无电压检定重合闸的示意图

当线路发生故障，两侧断路器跳闸以后，检定线路无电压一侧的重合闸首先动作，使断路器投入。如果重合不成功，则该侧断路器再次跳闸。此时，由于线路另一侧没有电压，同期检定元件不动作，因此，该侧重合闸根本不启动。如果重合成功，则另一侧在检定同期之后，再投入断路器，线路即恢复正常工作。由此可见，在检定线路无电压一侧的断路器，如果重合不成功，就要连续两次切断短路电流。因此，该断路器的工作条件就要比同期检定一侧断路器的工作条件恶劣。为了解决这个问题，通常在每一侧都装设同期检定元件和无电压检定元件，利用连接片进行切换，使两侧断路器轮换使用每种检定方式的重合闸，从而使两侧断路器工作的条件接近相同。

在使用检查线路无电压方式的一侧，当其断路器在正常运行情况下由于某种原因（如误碰跳闸机构、保护误动作等）而跳闸时，由于对侧并未动作，因此线路上有电压，导致不能实现重合。这是一个很大的缺陷。为了解决这个问题，通常都是在检定无电压的一侧同时投入同期检定元件，两者的触点并联工作。此时如遇上述情况，同期检定元件就能够起作用，当符合同期条件时，即可将误跳闸的断路器重新投入。但是，在使用同期检定的另一侧，其无电压检定元件是绝对不允许同时投入的。

七、重合闸与继电保护的配合

自动重合闸与继电保护的配合一般有前加速保护和后加速保护两种方式。

1. 重合闸前加速保护

重合闸前加速保护即在重合闸动作之前加速保护的动作，简称“前加速”。如图 5-1-4

所示的网络接线，假定在每条线路上均装设过电流保护，其动作时限按阶梯型原则来配合。因此，在靠近电源端保护 1 处的时限就很长。为了加速故障的切除，可在保护 1 处采用前加速的方式，即当任何一条线路上发生故障时，第一次都由保护 1 瞬时动作予以切除。如果故障是在线路 E ~ F 以外（如 k_1 点），则保护 1 的动作是无选择性的。但是断路器 1 跳闸后，立即启动重合闸，如果故障是瞬时性的，则重合之后就恢复了供电，从而纠正了上述无选择性的动作。如果故障是永久性的，则故障由相应线路的保护（k_1 点短路时的保护 3）再次切除。为了使无选择性的动作范围不至于扩展得太大，一般规定当变压器低压侧短路时，保护 1 不应动作。因此，保护 1 的启动电流还应按照躲开相邻变压器低压侧的短路（k_2 点）来整定。

前加速方式能快速切除瞬时性故障，而且只需要在电源侧的断路器上装设一套自动重合闸装置，简单经济。但是该断路器动作次数较多，工作条件比其他断路器恶劣，最大的缺点是若该断路器或自动重合闸装置拒动，则扩大了停电范围。前加速方式主要用于 35 kV 以下由发电厂或重要变电所引出的直配线路上，以便快速切除故障，保证母线电压。

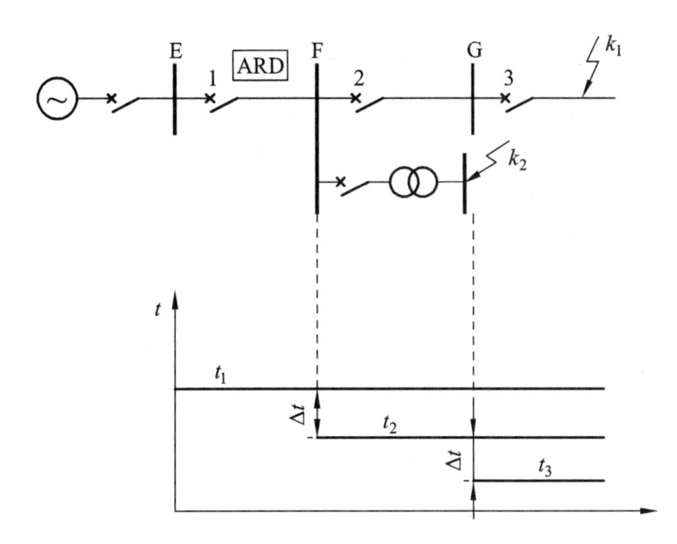

图 5-1-4 重合闸前加速保护

2. 重合闸后加速保护

这种方式在重合闸动作之后加速保护动作，简称后加速。即当线路发生故障时保护有选择性地动作切除故障，然后自动重合。若重合于永久性故障上，则在断路器合闸后，再加速保护动作，瞬时切除故障，与第一次动作是否带有时限无关。

采用重合闸后加速时，必须在线路的每个断路器上均装设一套自动重合闸装置。由于保护第一次跳闸是有选择性地切除故障，所以即使重合闸拒绝动作，也不会扩大停电范围。

后加速方式广泛应用于 35 kV 以上的电网和对重要负荷供电的送电线路上。因为在这些线路上一般都装有性能比较完善的保护装置，例如三段式电流保护、距离保护等，因此，第一次有选择性地切除故障的时间（瞬时动作或具有 0.3 ~ 0.5 s 的延时）均为系统运行所允许，而在重合闸以后加速保护的动作（一般是加速第Ⅱ段的动作，有时也可以加速第Ⅲ段的动作），就可以更快地切除永久性故障。

八、单相自动重合闸

当送电线路上发生单相接地短路或相间短路，继电保护动作后由断路器将三相断开，然后重合闸再将三相投入，这就是三相自动重合闸。但是，在 220 ~ 500 kV 的架空线路上，由于线间的距离大，运行经验表明，其中绝大部分故障都是单相接地短路。在这种情况下，如果只将发生故障的一相断开，然后再进行单相重合，而未发生故障的两相仍然继续运行，就能够大大提高供电的可靠性和系统并列运行的稳定性，这种方式的重合闸就是单相重合闸。采用单相重合闸方式时，若线路上发生单相接地短路，如果是瞬时性故障，则单相重合成功，恢复三相的正常运行；如果是永久性故障，单相重合不成功。若系统不允许长期非全相运行，就应该切除三相并不再进行重合；若线路上发生相间短路，则跳开三相而不重合。

九、综合重合闸

以上讨论了三相重合闸和单相重合闸的基本原理以及实现中需要考虑的一些问题。在具有单相重合闸功能的同时，如果发生各种相间故障时仍然需要切除三相，再进行三相重合，如果重合不成功则再次断开三相而不再进行重合。此种功能称为综合重合闸。为了使自动重合闸装置具有多种性能，并且使用灵活方便，系统中通过切换方式能实现综合重合闸、单相重合闸、三相重合闸和停用四种运行方式。停用方式是当线路发生任何类型的故障时，由保护直接跳三相断路器，不启动重合闸。

实现综合重合闸的逻辑时，应考虑一些基本原则如下：

（1）单相接地短路时跳开单相，然后进行单相重合，如果重合不成功则跳开三相而不再进行重合。

（2）各种相间短路时跳开三相，然后进行三相重合。如重合不成功，仍跳开三相，而不再进行重合。

（3）当选相元件拒绝动作时，应能跳开三相并进行三相重合。

（4）对于非全相运行中可能误动作的保护，应进行可靠的闭锁。对于在单相接地时可能误动作的相间保护，应有防止单相接地误跳三相的措施。

（5）当一相跳开后重合闸拒绝动作时，为了防止线路长期出现非全相运行，应将其他两相自动断开。

（6）任意两相的分相跳闸继电器动作后，应联跳第三相，使三相断路器均跳闸。

（7）无论单相或三相重合闸，在重合不成功之后，均应考虑能加速切除三相，即实现重合闸后加速。

（8）在非全相运行过程中，如又发生另一相或两相的故障，保护应能有选择性地予以切除。

（9）对空气断路器或液压传动的断路器，当气压或者液压低至不允许实行重合闸时，应将重合闸回路自动闭锁。但如果在重合闸过程中下降到低于允许值时，则应保证重合闸动作的完成。

【任务实施】

（1）学生接受任务，学习相关知识，查阅相关的资料。

（2）学生自行制订计划，与其他成员及老师讨论计划的可行性。

（3）为实际设备配置相应的保护装置及相关元件：PSL691U 线路保护测控装置、双位置继电器、S40A 继电保护测试仪。

（4）选用数字式保护。

① PSL691U 线路保护装置端子接线图如图 5-1-5 所示，控制回路原理图如图 5-1-6 所示。

② 绘制自动重合闸整组试验的接线图，并进行接线。

+KM、-KM 的电源由继电保护测试仪的直流电源提供，HQ、TQ 由双位置继电器进行模拟。TWJ 信号由 4X12、4X11 接入机电保护测试仪开入量接口 Ta1、Ta2。合闸按钮、跳闸按钮由双位置继电器提供。

③ 接线完成后，经老师查线合格后，进行通电。

④ 对微机保护装置进行定值整定及保护压板投退。

投入三段电流保护中的第一段，电流定值设置为 4 A，动作时限设置为 0，重合闸时间设置为 0.5 s。

出口插件（4X）

端子	名称
1	操作正电源
2	手合
3	手跳
4	合闸入口
5	跳闸入口
6	操作负电源
7	去合闸线圈
8	TWJ负端
9	去跳闸线圈
10	跳位信号
11	合位信号
12	公共端
13	保护合
14	保护跳
15	遥合
16	遥跳
17	备用
18	跳闸出口
19	同期
20	条件满足
21	公共端
22	动作信号
24	告警信号

CPU插件（3X）

端子	名称
1	开入量公共端(+24)
2	开入量1
3	开入量2
4	开入量3
5	开入量4
6	开入量5
7	开入量6
8	弹簧未储能
9	开入量8
10	开入量9
11	开入量10
12	开入量11
13	开入量12
14	开入量13
15	开入量14
16	开入量15(GPS对时脉冲)
17	RS485-A
18	RS485-B
19	GPS对时IRIG-B$^+$
20	GPS对时IRIG-B$^-$
21	以太网1
22	以太网2

电源插件（2X）

端子	名称
1	装置电源+
2	装置电源-
3	
4	接地
1	母线电压U_a
2	母线电压U_b
3	母线电压U_c
4	母线电压U_n
4	母线电压U_x
4	母线电压U_{xn}

交流插件（1X）

名称	端子	端子	名称
保护电流I_a^*	1	2	保护电流I_a
保护电流I_b^*	3	4	保护电流I_b
保护电流I_c^*	5	6	保护电流I_c
测量电流I_a^*	7	8	测量电流I_a
测量电流I_b^*	9	10	测量电流I_b
测量电流I_c^*	11	12	测量电流I_c
测量电流I_0^*	13	14	测量电流I_0
	15	16	

图 5-1-5 PSL691U 线路保护测控装置端子接线图

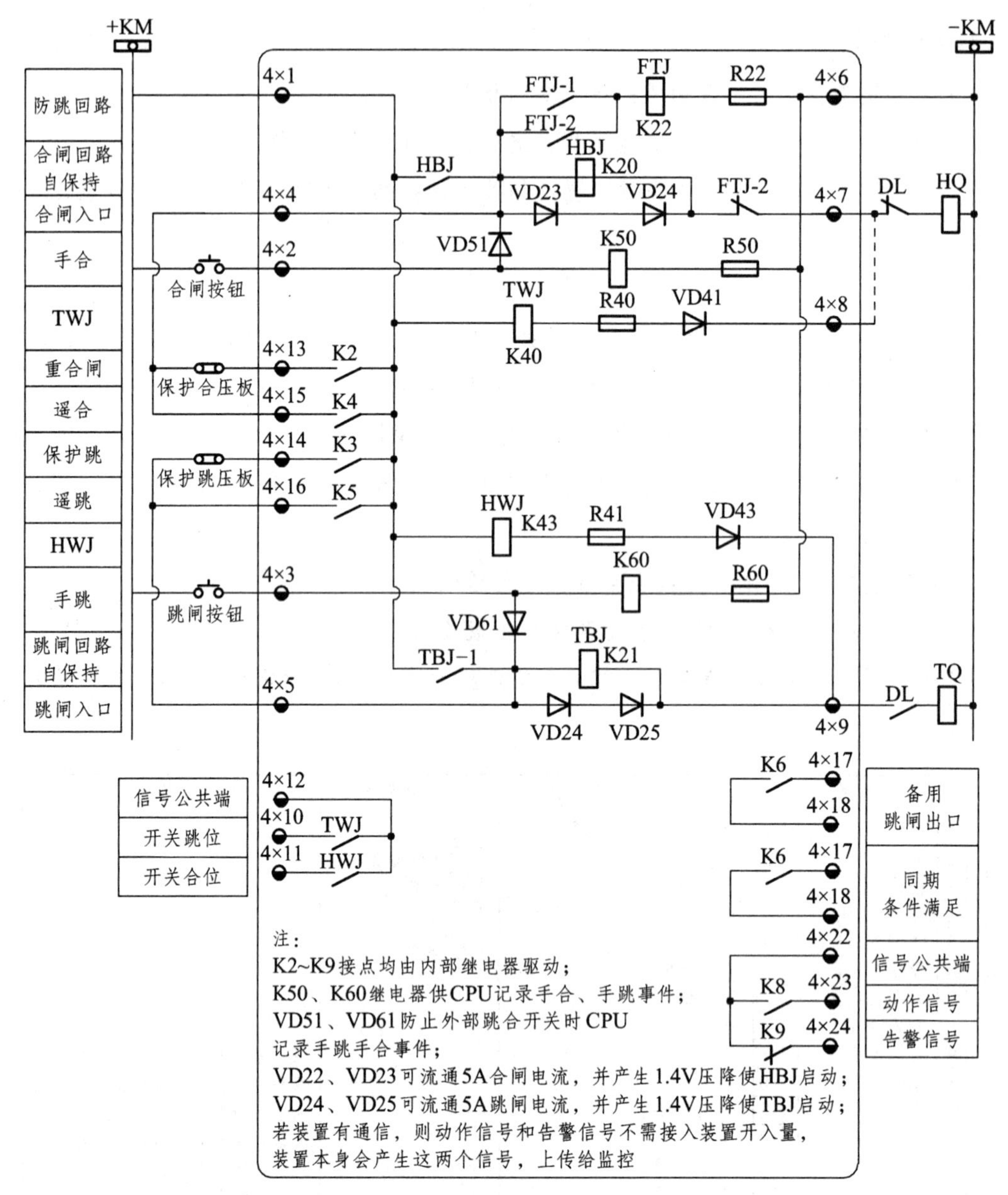

图 5-1-6　PSL691U 线路保护装置控制回路原理图

⑤ 测试仪参数设置。

a. 进入整组试验界面。

b. 故障性质：设置瞬时性故障、永久性故障各一次。

c. 最大故障时间：5 s。在此时间内测试仪会记录保护的各种动作情况，超过此段时间测试仪返回，不做任何记录。

d. 短路电流设置为 6 A。

e. 故障类型可任选。

⑥ 试验结果显示。

a. 动作时间：故障开始到测试仪收到保护跳闸信号的时间。

b. 重合时间：测试仪收到保护跳闸信号到收到保护重合信号之间的时间。

c. 后加速时间:测试仪收到保护重合信号到收到保护永跳信号之间的时间。

d. 各时间段说明：

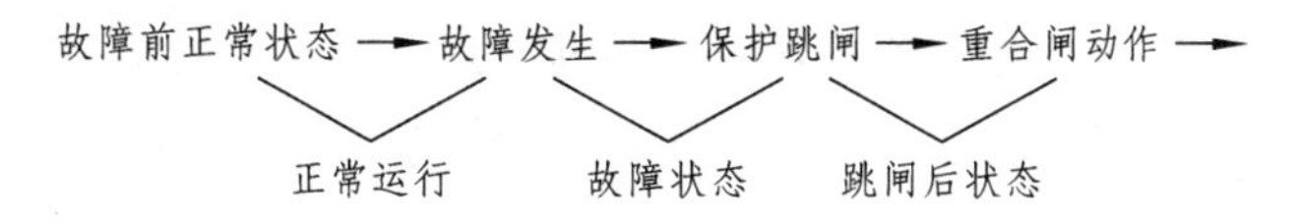

进入重合后状态 → {瞬时性故障重合成功；永久性故障故障后加速跳闸}

（5）注意事项：在通电实验过程中，要认真执行安全操作规程的有关规定，一人监护，一人操作。

（6）在按照确定的工作步骤完成任务过程中，如发现问题，需共同分析，遇到无法解决的问题时请教老师。

（7）各小组成员之间、各小组之间互相检查，发现问题，提出意见。

（8）老师检查各小组及个人完成的任务，提出问题，给出成绩。

【课堂训练与测评】

（1）什么是自动重合闸？电力系统中为什么要采用自动重合闸？对自动重合闸装置有哪些基本要求？

（2）何谓瞬时性故障和永久性故障？重合闸重合于永久性故障时对电力系统有什么不利影响？

（3）自动重合闸如何分类？有哪些类型？

（4）什么是三相自动重合闸、单相自动重合闸和综合自动重合闸？各有何特点？

（5）选用重合闸方式的一般原则是什么？

（6）对双侧电源送电线路的重合闸有什么特殊要求？

（7）在检定同期和检定无压重合闸装置中，为什么两侧都要装检定同期和检定无压继电器？

（8）什么叫重合闸前加速和后加速？试比较两者的优缺点和应用范围。

（9）双侧电源自动重合闸的动作时间选择与单侧电源的有何不同？单相自动重合闸动作时间应如何选择？

【知识拓展】

使用继电保护测试仪对微机保护装置进行距离保护与断路器配合的整组试验。

任务二　备用电源自动投入装置投切

【任务描述】

利用 PSP 642 数字式备用电源自投装置进行备用线路自投和备用变压器自投试验，观察备自投装置投切动作过程。

【知识链接】

一、备用电源自动投入装置的概念及分类

备用电源自动投入装置是当工作电源因故障断开后，能自动而迅速地将备用电源投入到工作或将用户切换到备用电源上去，从而使用户不至于被停电的一种自动装置，简称备自投装置（BZT、APR、AAT）。

铁路是国民经济的大动脉，铁路牵引供电负荷属于一级电力负荷。因此，备自投装置在铁路供电系统中得到广泛应用，可以提高供电的可靠性，保证重要用户的不间断供电。

在牵引变电所，电源自投装置包括：线路自投（电源进线自投）、主变压器自投、所用变压器自投、直流电源自投等。

二、对备用电源自动投入装置的基本要求

1. 备自投装置应遵循的基本原则

（1）工作电源断开后，备用电源才能投入。

（2）备用电源无压时，备自投装置不应动作。

（3）在手动跳开工作电源时，备自投不应动作。

（4）备自投装置投入备用电源断路器必须经过延时，延时时限应大于最长的外部故障切除时间。

（5）应具备闭锁备自投装置的逻辑功能，以防止备用电源投到故障的元件上，造成事故扩大的严重后果。

（6）备自投装置在 PT 二次回路熔断时不应误动作。

（7）备自投装置只能动作一次，以防止系统受到多次冲击而扩大事故。

2. 备用线路自投的要求

（1）备用线路的自投时间应尽量短，但当线路故障失压后，线路的自动重合闸将启动，并有可能重合成功，因此备用线路的自投启动时间应大于自动重合闸的全部重合时间。

（2）当线路故障失压后，只有在另一回线路电压正常的情况下，才允许自投，否则将失去自投的意义。

（3）备自投通常采用失压检出方式，即当线路失压时，自投装置启动。但为了防止抽压装置二次回路断线造成的误动作，通常需要利用测量 110 kV 母线有无电压的方式进行闭锁。即有当线路和母线同时失压后，自投装置才允许启动。

（4）检修备用线路一侧的电压互感器、避雷器时，线路备自投应该撤退。但检修该侧的主变时，备自投装置应能继续工作。

（5）在满足自动投入基本要求的情况下，备自投线路应力求简单，元件的选择也应力求性能稳定可靠，以提高装置工作的可靠性。

3. 备用变压器自投的要求

（1）主变备自投采用保护装置启动方式，即只有在变压器本身故障，或变压器两侧断路器处于非常运行状态，而无法保证变压器安全运行的情况下，保护装置在使断路器分闸的同

时，启动变压器自投装置。这种启动方式既能区别故障的性质，保证在变压器外部故障时自投装置不会误动作，又能提高自投装置动作的快速性。

（2）只有在备用变压器正常且变压器副边的断路器处于分闸状态时，才允许自投装置将备用变压器投入运行。

（3）备用变压器投入时，110 kV 线路隔离开关不进行切换。即变电所的供电方式改变，由直供改为曲供，或由曲供改为直供，因此，母线联络隔离开关 1001（见图 5-2-1）要配合动作。

（4）备用变压器的自动投入时间应尽量短，即在发出故障跳闸命令的同时，不经延时即发出备用变压器自投的命令。

（5）当检修主变时，应利用相应的转换开关将主变备自投撤除。

三、备自投装置投切的工作过程

备自投装置投入后，在设定的时间内满足所有正常运行条件时，备自投完成充电过程，可以进行启动和动作过程判断。当满足任一退出条件时，备自投立即放电，自投功能退出。在正常运行条件和退出条件下，备自投应可靠不动作。

1. 备自投启动条件

（1）工作进线无压。

（2）工作电源断路器确在分位。

（3）备用电源有压（或工作进线无压无流、工作电源断路器确在分位、备用电源有压）。

当线路故障失电后，只有在另一线路电压正常的情况下，才允许自投，否则将失去自投的意义。

2. 备自投闭锁条件

（1）PT 断线闭锁。

（2）保护动作闭锁（防止备用电源投到故障的线路或元件上）。

（3）外部闭锁输入（备自投压板投入/退出）。

（4）手动跳闸闭锁。

（5）备自投动作后闭锁（备自投装置只允许备投一次，若动作投于永久性故障的设备上时应加速跳闸，闭锁备自投装置）。

3. 备自投动作

若满足启动条件后，备自投进行动作过程判断，并按程序执行操作。

4. 举　例

下面以图 5-2-1 为例，说明备自投装置投切过程。

图 5-2-1 所示为目前广泛采用的双 T 接线牵引变电所主接线图，有两直、两曲四种运行方式。其中电源进线 1 号和 2 号互为备用，1T 和 2T 互为备用（即变压器备自投方式，进线备自投方式）。

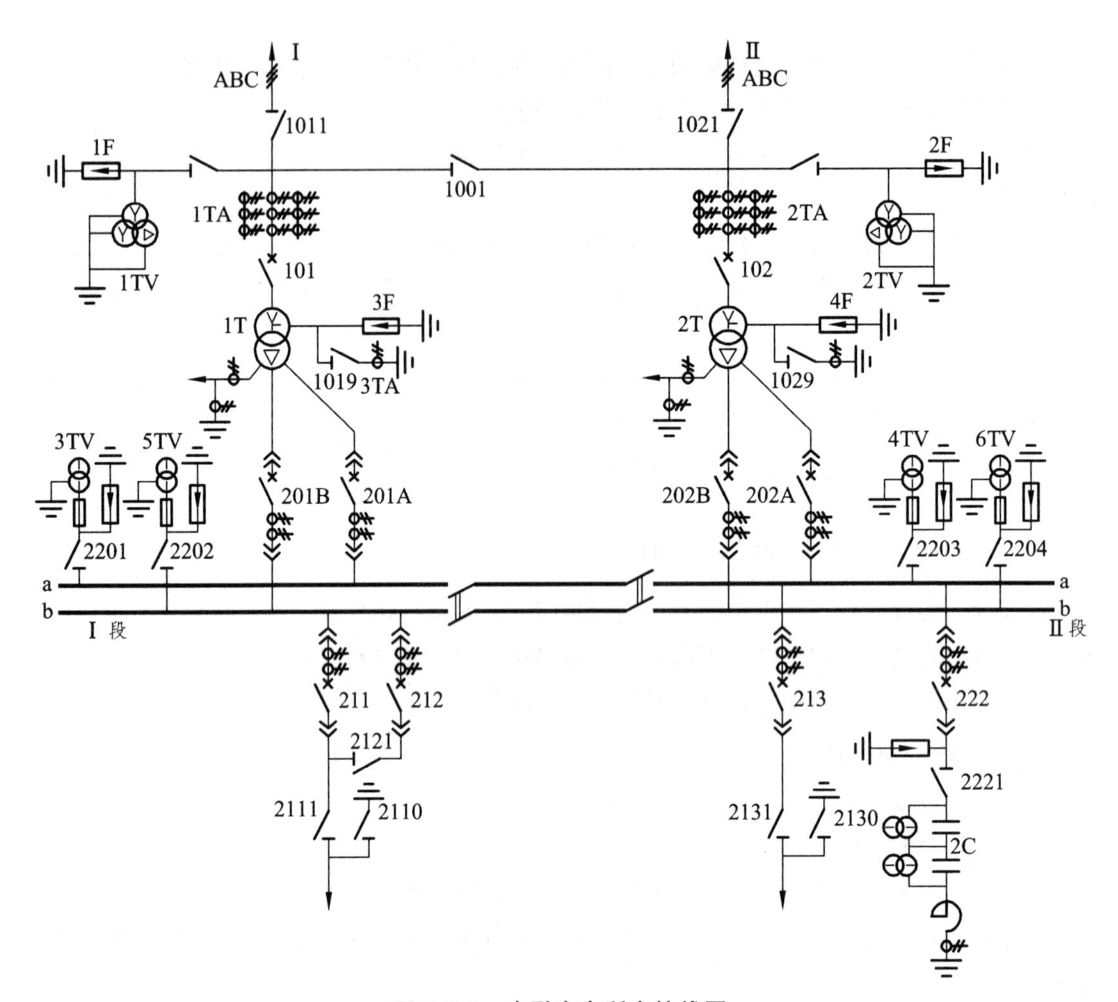

图 5-2-1 牵引变电所主接线图

正常运行时，线路隔离开关 1011、1021 中只有一台合闸，变压器 1T、2T 中只有一台运行，因此有两直、两曲四种运行方式：Ⅰ号供 1T（1011 合，1T 运行），Ⅱ号供 2T（1012 合，2T 运行），Ⅰ号供 2T（1011、1001 合，2T 运行），Ⅱ号供 1T（1012、1001 合，1T 运行）。其中电源进线Ⅰ号和Ⅱ号互为备用，1T 和 2T 互为备用。

为了满足备自投的要求，两回 110 kV 电源进线隔离开关 1011、1021，以及母线隔离开关 1001 均采用电动操作机构。中性点接地隔离开关 1019、1029 也采用电动操作机构，在变压器空载投切的瞬间，其中性点可直接接地，即在 101、102 合闸、分闸之前，1019、1029 先行合闸，以减小变压器空载投切操作过电压对变压器中性点对地绝缘的破坏。例如，断路器 101 合闸顺序为：1019 先合闸→101 合闸→1019 再分闸。

同时，为了提高铁路牵引供电的可靠性，近年来，牵引变电所的主变压器采用 100%固定备用方式，即变电所安装两台牵引变压器，每一台的容量足以承担该所应该承担的全部负荷。正常运行时，只有一台变压器运行，另一台处于备用状态。当运行变压器故障或需要检修时，另一台投入运行。为了缩短故障时两台主变的投切时间，保证供电的连续性，目前大多数变电所设有主变自投装置。当运行变压器故障时，保护装置将故障变压器切除后，主变备自投装置将备用变压器投入运行。

备自投装置根据现场开关位置状态来识别当前运行方式，并通过逻辑判断进线失压或主变故障，在此基础上自动操作隔离开关或断路器。现以其中双 T 接线中最典型的两种方式进行说明。

1）进线失压情况下的备用线路投入操作

（1）Ⅰ号进线带 1T 主变运行。

合位：1011、101、201A、201B。

分位：1021、1001、102、202A、202B。

当Ⅰ号进线由于故障而失去电压时，装置就把 201A、201B、101、1011 分断，紧接着自动装置检查Ⅱ号进线是否有电压。如果有压，就合上 1021、1001、1019、101、201A、201B，再分断 1019，保证整个系统的顺利进行。

（2）Ⅰ号进线带 2T 主变运行。

合位：1011、1001、102、202A、202B。

分位：1021、101、201A、201B。

当Ⅰ号进线由于故障而失去电压时，装置就把 202A、202B、102、1001、1011 分断，紧接着自动装置检查Ⅱ号进线是否有压。如果有压，就合上 1021、1029、102、202A、202B，再分断 1029，保证整个系统的顺利进行。

2）主变故障情况下的备用变压器投入操作

（1）Ⅰ号进线带 1T 主变运行。

合位：1011、101、201A、201B。

分位：1021、1001、102、202A、202B。

当 1T 主变发生故障时，装置就把 101、201A，201B 分断，紧接着自动装置检查 2T 主变是否正常。如果正常就合上 1029、1001、102，202A，202B，再分断 1029，保证整个系统的顺利进行。

（2）Ⅰ号进线带 2T 主变运行。

合位：1011、1001、102、202A、202B。

分位：1021、101、201A，201B。

当 2T 主变发生故障时，装置就把 102、202A、202B、1001 分断，紧接着自动装置检查 1T 主变是否正常。如果正常就合上 1019、101、201A，201B，再分断 1019，保证整个系统的顺利进行。

3. **备自投装置自投程序流程图（见图 5-2-2）**

【任务实施】

（1）学生接受任务，学习相关知识，查阅相关的资料。

（2）学生自行制订计划，与其他成员及老师讨论计划的可行性。

（3）为实际设备配置相应的保护装置及相关元件：PSP 642 数字式备用电源自投装置、S40A 继电保护测试仪。

（4）选用数字式保护。

① PSP 642 数字式备用电源自投装置端子接线图如图 5-2-3 所示。

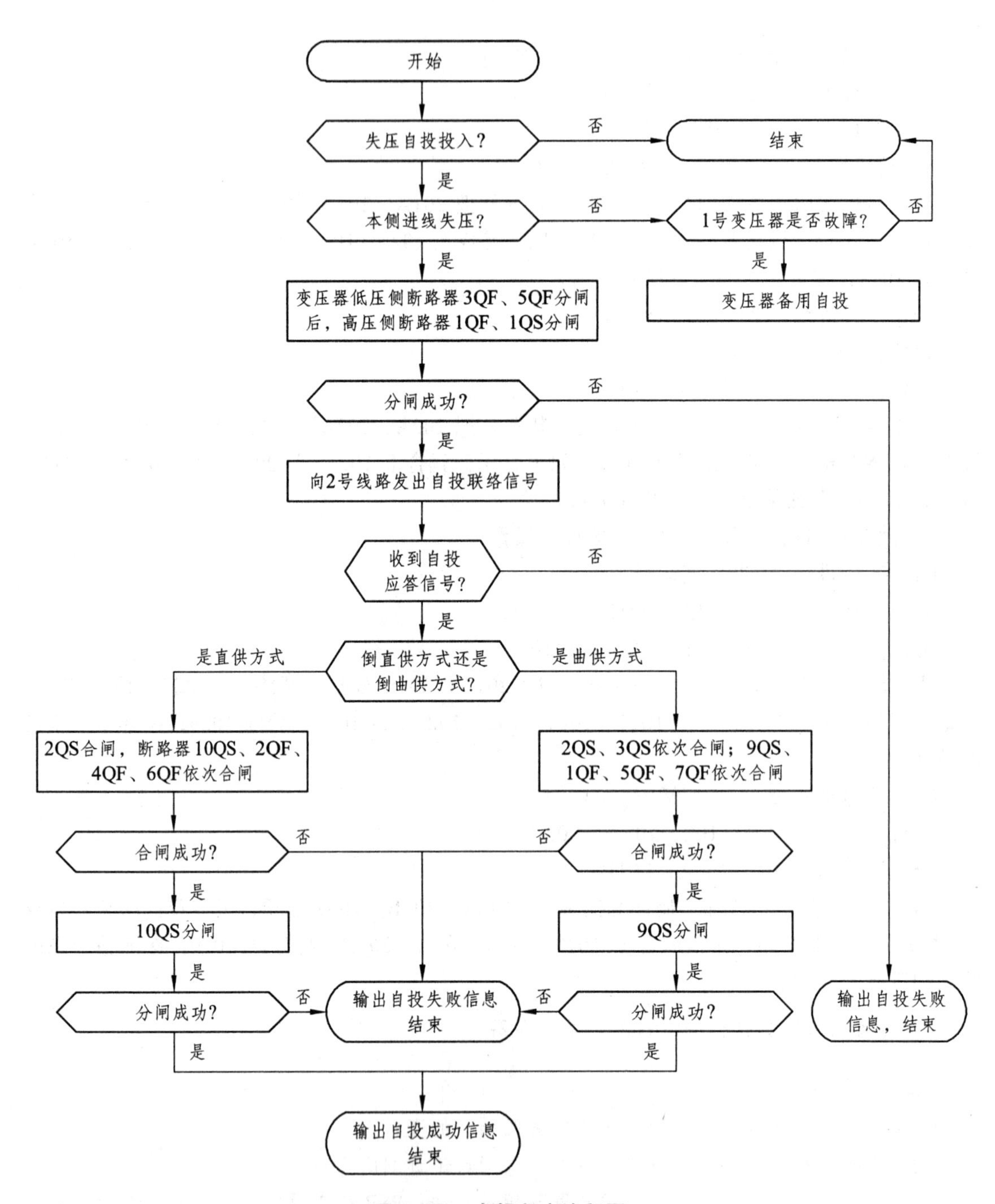

图 5-2-2 自投程序流程图

X5

端子	名称	分组
1	公共端	触点输出
2	出口1重动	
3	出口2重动	
4	公共端	
5	出口3	
6	出口4	
7	出口5	
8		
9	出口6	
10		
11	出口7	
12		
13	出口8	
14		
15	备投动作信号	
16		

X3

端子	名称	分组
1	备自投总闭锁	开关量输入
2	开入1	
3	开入2	
4	开入3	
5	开入4	
6	开入5	
7	开入6	
8	开入7	
9	开入8	
10	开入9	
11	开入公共负端	
12	GPS(+)	
13	GPS(−)	
14		
15		
16		

X2

端子	名称	分组
1	I_5	
2	$I_{5'}$	
3	U_{a1}	
4	U_{b1}	
5	U_{c1}	交流电压
6	U_{a2}	
7	U_{b2}	
8	U_{c2}	
9	U_{L1}	
10	$U_{L1'}$	
11	U_{L2}	
12	$U_{L2'}$	

X1

端子	名称	分组
1	I_1	交流电流
2	$I_{1'}$	
3	I_2	
4	$I_{2'}$	
5	I_3	
6	$I_{3'}$	
7	I_4	
8	$I_{4'}$	
9	I_{ac}	
10	$I_{ac'}$	
11	I_{cc}	
12	$I_{ac'}$	

X6

端子	名称	分组
1	备投动作信号	信号输出
2		
3	呼唤或告警信号	
4		
5	公共端	位置触点
6	合闸位置	
7	跳闸位置	
8	面板控制电源输入(+)	跳合闸回路
9	+KM	
10	手动跳闸入	
11	跳闸入	
12	至跳闸线圈TQ	
13	合闸入	
14	至合闸线圈HQ	
15	TWJ线圈负端至HQ	
16	−KM	

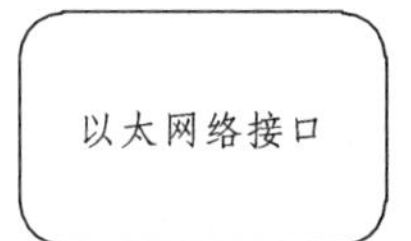

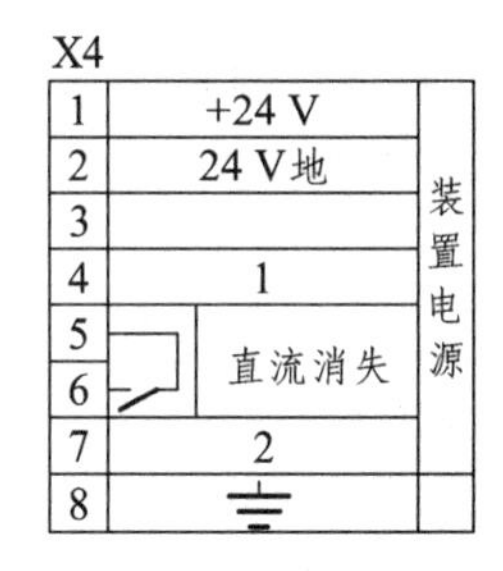

X4

端子	名称	分组
1	+24 V	装置电源
2	24 V地	
3		
4	1	
5	直流消失	
6		
7	2	
8	⏚	

图 5-2-3 PSP642 数字式备用电源自投装置端子接线图

② 绘制备自投试验的接线图，并进行端子接线。

现以进线备自投试验为例进行说明。

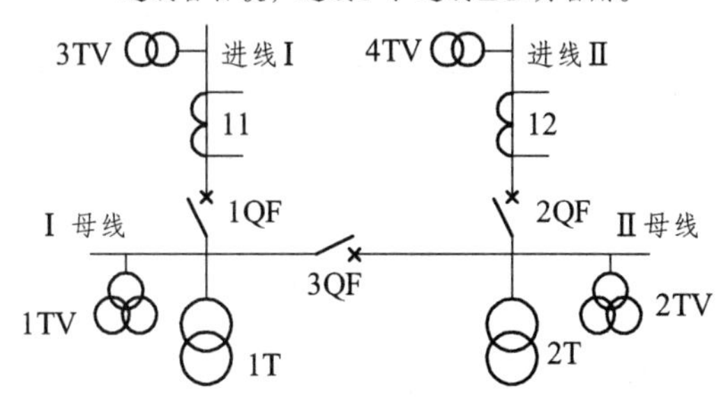

装置电源由直流电源提供。

电压输入端子 X2-3、X2-4、X2-5：接Ⅰ段母线电压 U_{a1}、U_{b1}、U_{c1}。

电压输入端子 X2-6、X2-7、X2-8：接Ⅱ段母线电压 U_{a2}、U_{b2}、U_{c2}。

电压输入端子 X2-9、X2-10：接线路Ⅰ电压（线电压或相电压）。

电压输入端子 X2-11、X2-12：接线路Ⅱ电压（线电压或相电压）。

电流输入端子 X1-1、X1-2：接线路Ⅰ电流。

电流输入端子 X1-3、X1-4：接线路Ⅱ电流。

开关量输入端子 X3-1：备自投总闭锁。

开关量输入端子 X3-2：接 1DL 跳位 TWJ 常开触点。

开关量输入端子 X3-3：接 2DL 跳位 TWJ 常开触点。

开关量输入端子 X3-4：接 3DL 跳位 TWJ 常开触点。

触点输出端子 X5-7、X5-8：接 1DL 操作箱跳闸输入。

触点输出端子 X5-9、X5-10：接 1DL 操作箱合闸输入。

触点输出端子 X5-11、X5-12：接 2DL 操作箱跳闸输入。

触点输出端子 X5-13、X5-14：接 2DL 操作箱合闸输入。

③ 接线完成后，经老师查线合格后，进行通电。

④ 对备自投装置进行定值整定及保护压板投退。

相关定值说明：

控制字：整定为方式 2（KG1.1 = 1）。

电压定值 U_{dz1}：Ⅰ母或Ⅱ母失压定值（定为 30 V）。

电压定值 U_{dz2}：Ⅰ线路或Ⅱ线路有压定值。

电流定值 I_{dz1}：Ⅰ线无电流定值，用于Ⅰ母失压判据。

电流定值 I_{dz2}：Ⅱ线无电流定值，用于Ⅱ母失压判据。

时间定值 T_1：跳 1DL 的延时时间。

时间定值 T_2：跳 2DL 的延时时间。

时间定值 T_3：合 1DL 或 2DL 的延时时间。

（5）进行备自投的动作测试

（6）注意事项：在通电实验过程中，要认真执行安全操作规程的有关规定，一人监护，一人操作。

（7）在按照确定的工作步骤完成任务的过程中，如发现问题，需共同分析，遇到无法解决的问题时请教老师。

（8）各小组成员之间、各小组之间互相检查，发现问题，提出意见。

（9）老师检查各小组及个人完成的任务，提出问题，给出成绩。

【课堂训练与测评】

（1）备自投装置有何用途？

（2）简述备用线路自投的概念。

（3）简述备用变压器自投的概念。

（4）根据图 5-2-1，简述当采取直供方式时，若Ⅰ号电源进线失压，备自投投切过程。

（5）根据图 5-2-1，简述当采取曲供方式时，若Ⅰ号电源进线失压，备自投投切过程。

（6）根据图 5-2-1，简述当采取直供方式时，若 1T 变压器故障，备自投投切过程。

（7）根据图 5-2-1，简述当采取曲供方式时，若 1T 变压器故障，备自投投切过程。

【知识拓展】

根据实训室备自投装置动作情况，判断故障原因。

【思考与练习】

一、判断题

1. (　　) 重合闸前加速保护广泛应用在 35 kV 以上电网中，而重合闸后加速保护主要用于 35 kV 以下的发电厂和变电所引出的直配线。

2. (　　) 重合闸前加速保护比重合闸后加速保护的重合成功率高。

3. (　　) 为了使输电线路尽快恢复供电，重合闸动作可以不带时限。

4. (　　) 对于重合闸后加速保护，当重合于永久性故障时一般用于加速保护Ⅱ段瞬时切除故障。

5. (　　) 备用电源自动投入装置的主要作用是提高供电可靠性。

6. (　　) 备用电源自动投入装置启动的三个条件是工作电源断开、工作电源无流和备用电源完好。

7. (　　) 备用电源自动投入装置是当工作电源或工作设备因故障被断开以后，能迅速自动地将备用电源或备用设备投入工作，使用户不至于停电的一种装置。

二、选择题

1. AAT 装置的主要作用是 (　　)。

A. 提高供电可靠性　　B. 提高供电选择性
C. 改善电能质量　　D. 提高继电保护的灵敏度

2. 在保证工作电源或设备确实断开后，才投入 (　　)。

A. 备用电源　　B. 设备　　C. 备用电源或设备　　D. 工作变压器

3. 有两个备用电源的情况下，当两个备用电源为两个彼此独立的备用系统时，应各装设独立的 (　　)，当任一备用电源都能作为全厂各工作电源的备用时，它使任一备用电源都能对全厂各工作电源实行自动投入。

A. 工作变压器　　B. 自动投入装置　　C. 备用电源　　D. 继电保护装置

4. 备用电源自动投入装置的主要用途是 (　　)。

A. 切除故障　　B. 非永久性故障线路的重合
C. 备用电源的自动投入　　D. 同步发电机自动并列操作

5. 在下列哪种场合，备用电源自动投入装置装置才会动作？(　　)

A. 工作电源和备用电源均消失　　B. 工作电源和备用电源均正常
C. 工作电源消失，备用电源正常　　D. 工作电源正常，备用电源消失

6. 备用电源自动投入装置允许的动作次数是 (　　)。

A. 1 次　　B. 2 次　　C. 3 次　　D. 4 次

7. (　　) 是指当输电线路上发生单相、两相或三相短路故障时，线路保护动作使线路的三相断路器一起跳闸，而后重合闸启动，经预定时间将断路器三相一起合上。

A. 综合重合闸　　B. 单相重合闸　　C. 单侧电源重合闸　　D. 三相重合闸

8. 装有三相一次自动重合闸的线路上，发生永久性故障，断路器切断短路电流次数是（　　）。

A. 一次　　B. 二次　　C. 三次　　D. 多次

9. 在单电源的线路上使用的重合闸是（　　）。

A. 单侧电源重合闸　　B. 单相重合闸

C. 综合重合闸　　D. 三相重合闸

10. 在双电源线路上使用的重合闸是（　　）。

A. 单侧电源重合闸　　B. 双侧电源重合闸

C. 综合重合闸　　D. 三相重合闸

11. 在（　　）上采用自动重合闸装置时，除了满足各项基本要求外，还需要考虑故障点的断电时间和同步这两个问题。

A. 单电源线路　　B. 双电源线路

C. 双电源线路和单电源线路　　D. 环路网络

12. 当手动合闸于故障线路上，随即继电保护将其跳开时，则重合闸装置（　　）。

A. 允许动作一次　　B. 允许动作两次

C. 动作次数不限　　D. 不允许动作

三、填空题

1. 自动重合闸与继电保护的配合方式有两种，即重合闸前加速和____________。

2. 自动重合闸可按____________位置与断路器位置不对应启动方式启动，对综合重合闸宜实现同时由保护启动重合闸。

3. 输电线路的故障有____________和永久性故障两种。

4. ____________是指当输电线路上发生单相、两相或三相短路故障时，线路保护动作使线路的三相断路器一起跳闸，而后重合闸启动，经预定时间将断路器三相一起合上。

5. 微机型备用电源自动投入装置工作母线失压时还必须检查工作电源无流，才能启动备自投，以防止TV二次三相____________造成误投。

项目六　电力变压器保护装置运行与调试

【学习目标】

（1）能正确区分电力变压器的运行状态。

（2）掌握电力变压器的保护配置原则。

（3）能正确进行电力变压器的保护配置。

（4）掌握瓦斯保护的构成及工作原理。

（5）能正确进行瓦斯保护的接线及整定计算。

（6）掌握纵差保护的构成及工作原理。

（7）能正确进行纵差保护的接线及整定计算。

（8）能正确进行电力变压器继电保护回路的整组试验。

（9）能按照整定值通知单整定变压器继电保护装置。

电力变压器是电力系统中重要的电气设备，它的故障将直接影响供电系统的安全运行。因此，牵引变压器通常采用多种保护方式，以构成最完善的保护。

任务一　电力变压器保护配置

【任务描述】

为额定容量为 15 000 kVA，额定电压为 110 kV/10 kV 的电力变压器配置完善的保护方案。额定容量为 15 000 kVA，额定电压为 110 kV/10 kV 的电力变压器采用油浸式电力变压器。

【知识链接】

一、电力变压器的运行状态

变压器有正常运行、不正常运行、短路故障 3 种运行状态。

变压器正常运行是变压器最常见的一种运行方式。

变压器不正常运行状态包括变压器过负荷运行、变压器外部负荷侧短路故障引起的绕组过电流、油箱严重漏油、变压器过热等。这些不正常运行状态的出现，将引起变压器线圈与铁心的过热，加速绝缘老化。

电力变压器大多为油浸式的，其高低压绕组均在油箱内，故变压器的故障可分为油箱内部故障和油箱外部故障两种。油箱内故障包括绕组的相间短路、匝间短路、接地短路和铁心烧损等，其中绕组匝间短路故障比较常见，而绕组相间短路故障比较少。油箱内故障非常危险，故障点的高温电弧不仅会烧毁绕组和铁心，还会使变压器油绝缘分解产生大量气体，可能会引起变压器油箱爆炸的严重后果。

油箱外部故障包括套管和引出线上发生相间短路和接地短路。此类故障为变压器常见故障。

二、电力变压器保护设置要求

针对上述各种故障与不正常运行状态，变压器通常装设有多种保护装置。其保护装置的设置必须满足以下要求：当变压器发生故障时，保护装置应可靠而迅速地动作；当变压器处于不正常运行状态时，应发出相应的报警信号。

三、电力变压器保护配置

针对上述故障与不正常运行状态，变压器通常装设有多种相应的继电保护装置，主要有以下几种：

1. 变压器的主保护

该保护用于反应变压器短路故障，应瞬时动作，且动作后变压器各侧断路器均跳闸，变压器退出运行。主保护由重瓦斯保护和纵联差动组成。

重瓦斯保护用于反应变压器油箱内严重短路故障。800 kVA 及以上的户外油浸式及 400 kVA 及以上的户内变压器应装设重瓦斯保护。

纵联差动保护既能反应变压器油箱内的短路故障，又能反应油箱外引出线及套管上的短路故障。6 300 kVA 及以上并列运行的变压器，10 000 kVA 及以上单独运行的变压器，均应装设纵联差动保护。10 000 kVA 及以下的电力变压器，应装设电流速断保护。对于 2 000 kVA 以上的变压器，当电流速断保护灵敏度不能满足要求时，也应装设纵差保护。

2. 变压器的后备保护

该保护用于变压器短路故障的后备保护。当主保护拒动时，由后备保护经一定延时后动作，变压器退出运行。后备保护主要包括过电流保护、复合电压启动的过电流保护、低电压启动的过电流保护、零序过电流保护等。

过电流保护用于反应外部相间短路引起的变压器过电流，同时作为变压器内部相间短路的后备保护。

当采用一般过电流保护而灵敏度不能满足要求时，可采用低压启动的过电流保护。复合电压启动的过电流保护是用复合电压元件取代低电压元件，使保护电压元件的灵敏度进一步提高。

在电压为 110 kV 及以上中性点直接接地电网的变压器上，一般应装设零序过电流保护，主要用来反应变压器外部接地短路引起的变压器过电流，同时作为变压器内部接地短路的后备保护。

3. 变压器的辅助保护

该保护用于反应变压器的不正常运行状态。辅助保护动作后，一般只发出告警信号，主要包括过负荷保护、过热保护和轻瓦斯保护。

过负荷保护用于监视变压器的过负荷运行。数台变压器并列运行或单独运行作为其他负荷的备用电源时，应装设过负荷保护。

过热保护用于监视变压器的上层油温，使其不超过规定值。过热保护一般经延时动作于发信号或启动变压器的冷却装置。

轻瓦斯保护反应变压器油箱内的轻微短路故障和油面的严重降低。

【任务实施】

（1）学生接受任务，根据给出的相关知识以及查阅相关的资料，自行完成任务的内容。

（2）各小组成员之间、各小组之间互相检查，发现问题，提出意见。

（3）老师检查各小组及个人完成的任务，提出问题，给出成绩。

【课堂训练与测评】

（1）简述电力变压器的运行状态。

（2）简述电力变压器不正常运行状态包括哪些情况。

（3）简述电力变压器故障包括哪些类型及相应后果。

（4）简述电力变压器保护配置原则。

（5）简述电力变压器主保护、后备保护、辅助保护反应变压器哪种运行状态及动作特点。

【知识拓展】

为容量 2 000 kVA 的干式变压器进行保护配置。

任务二　瓦斯保护的构成与运行

【任务描述】

为额定容量为 15 000 kVA，额定电压为 110 kV/10 kV 的电力变压器配置瓦斯保护。可选用模拟式或数字式保护装置。

【知识链接】

一、瓦斯保护概述

油浸式变压器内部充满了有良好绝缘和冷却性能的变压器油，油面高于油箱直达油枕的中部。油箱内发生任何类型的故障或不正常运行状态都会引起油箱内部油的状态的变化。如发生相间短路或单相接地故障时，故障点由短路电流造成的电弧温度很高，使附近的变压器油机其他绝缘材料受热分解产生大量气体，并从油箱流向油枕上部。而当发生绕组的匝间或层间短路时，局部温度升高也会使油的体积膨胀，排出溶解在油内的气体。

瓦斯保护是反应油浸式电力变压器内部故障的一种相当灵敏的保护装置，它能灵敏反映油箱内部的气体的状态和变压器的运行情况。因此，瓦斯保护作为变压器的主保护之一，被广泛应用在容量为 800 kVA 及以上的油浸式变压器保护中。

瓦斯保护反映的故障情况有：变压器内部多相短路，匝间短路，铁心故障，油面下降或漏油，分接开关接触不良或导线焊接不良等。

二、瓦斯继电器的安装、种类及结构

瓦斯保护的主要元件是瓦斯继电器，又被称为气体继电器，文字符号为 KG。它是一种反映气体变化的继电器，其实物如图 6-2-1 所示，装设在油浸式变压器的油箱与油枕之间的联通管中部。

为了使油箱内的气体能顺利通过瓦斯继电器而流向油枕，在安装变压器时，要求其顶盖与水平面间有 1%～1.5% 的坡度，使安装继电器的连接管有 2%～4% 的坡度，使安装继电器的连接管有 2%～4% 的坡度，均朝油枕的方向向上倾斜，如图 6-2-2 所示。

图 6-2-1　瓦斯继电器实物图

常用的瓦斯继电器有两种：浮子式和挡板式。挡板式瓦斯继电器是将浮子式的下浮子改为挡板结构。挡板式结构又分为浮筒挡板式和开口杯挡板式两种形式。目前常用的是 QJ 系列和 FJ 系列的瓦斯继电器，如图 6-2-3 所示。该继电器采用开口杯挡板式，其中开口杯 1、2 和平衡锤固定在它们之间的一个转轴上，上开口杯 2 反映油箱内的轻度故障，下开口杯 1 反映油箱内严重故障。

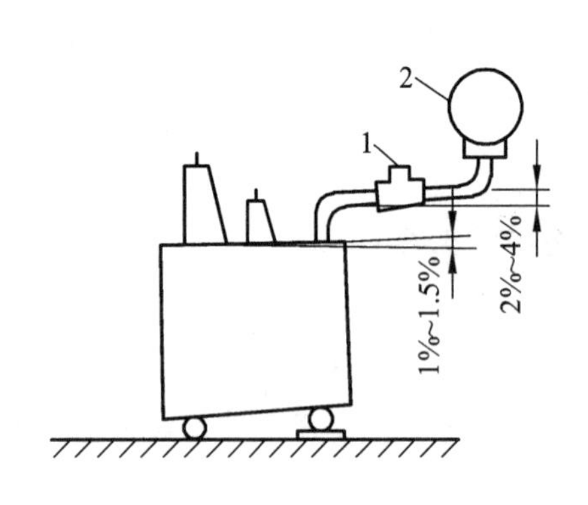

图 6-2-2　瓦斯继电器安装示意图

1—瓦斯继电器；2—油枕

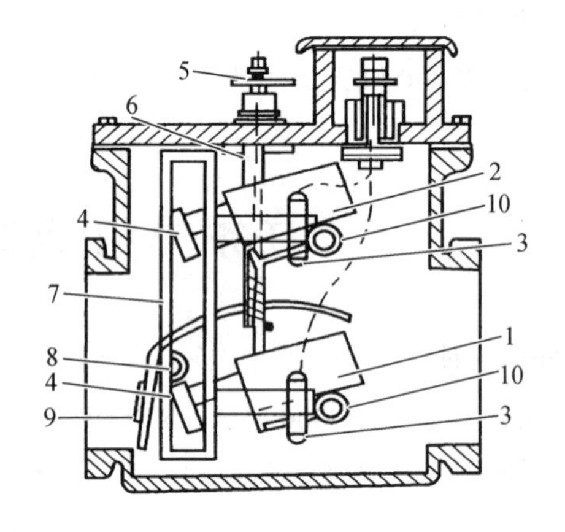

图 6-2-3　FJ3-80 型瓦斯继电器结构图

1—下开口杯；2—上开口杯；3—干簧触点；4—平衡锤；5—放气阀；6—探针；7—支架；8—挡板；9—进油挡板；10—永久磁铁

三、瓦斯保护工作原理

当变压器正常运行时，瓦斯继电器内部的上、下开口杯 2 和 1 都充满油，而上下开口杯因各自平衡锤 4 的作用而升起，此时上下两对干簧触点 3 都是断开的。如图 6-2-4（a）所示。

当变压器油箱内部发生轻微故障时，由故障产生的少量气体逐渐汇集于瓦斯继电器顶部，并由上而下地压缩其中的油，使油面下降，上开口杯 2 因失去油的浮力，盛有残余油的一端力矩大于转轴另一端平衡锤的力矩，于是上开口杯 2 下降，带动永久磁铁靠近上部干簧触点 3，使触点闭合，发出轻瓦斯保护动作信号，如图 6-2-4（b）所示。

当变压器油箱内部发生严重故障时，如相间短路、铁心起火等，由于故障产生的气体很多，油气流迅速地由变压器油箱冲击到联通管进入油枕。大量的油气混合体在经过瓦斯继电器时，冲击凹形挡板 8，使下开口杯 1 下降，带动永久磁铁靠近下部干簧节点 3，使之吸合，发出跳闸脉冲，表示重瓦斯保护动作，如图 6-2-4（c）所示。

当变压器严重漏油而使油面下降时，首先是上开口杯 2 露出油面，发出报警信号。进而下开口杯露出油面后，继电器动作，发出跳闸命令，如图 6-2-4（d）所示。

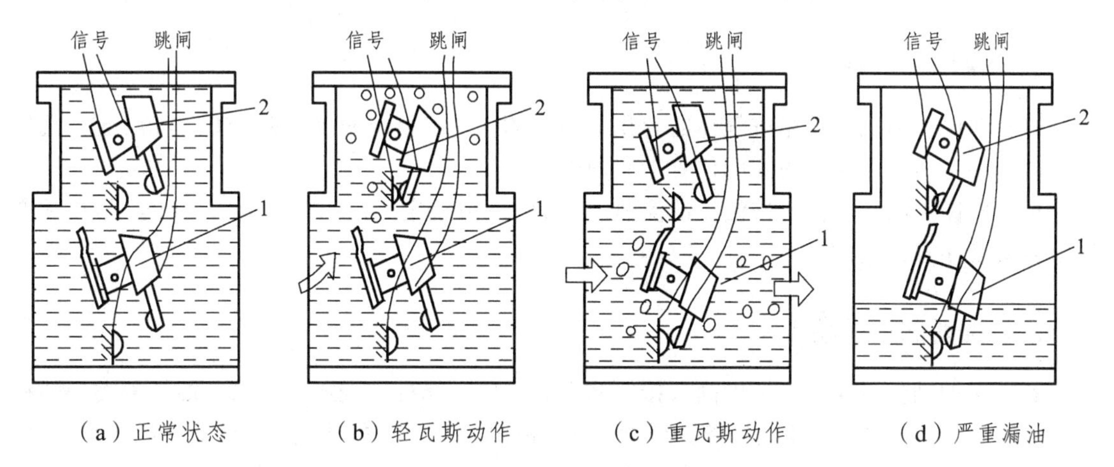

图 6-2-4　瓦斯继电器的不同动作状态

1—下开口杯；2—上开口杯

四、瓦斯保护的原理接线图

瓦斯保护的原理接线图如图 6-2-5 所示。

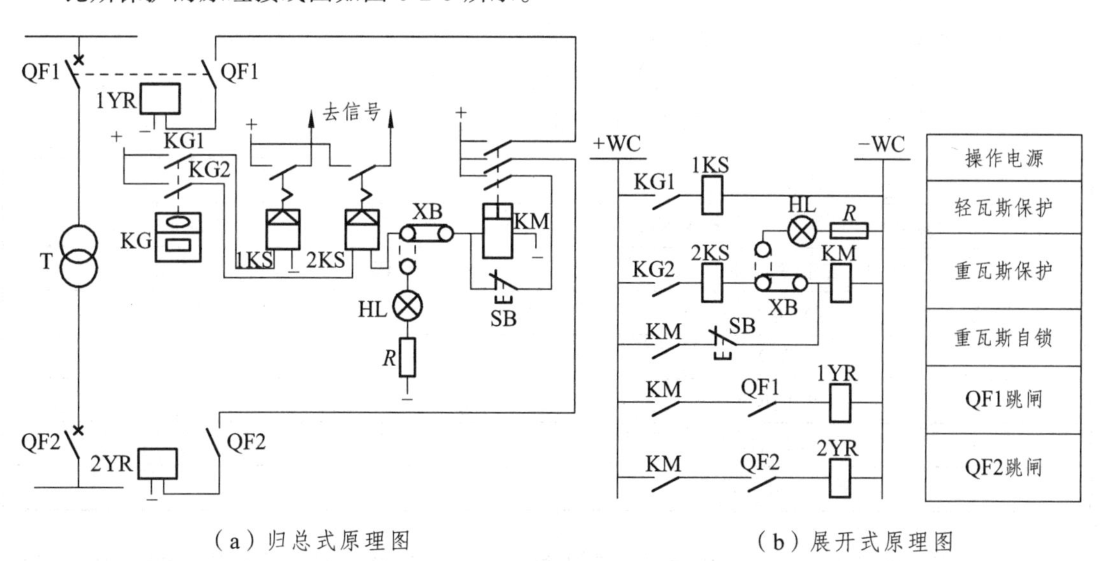

图 6-2-5　模拟式瓦斯保护原理接线图

轻瓦斯动作时，上触点 KG1 闭合，发出轻瓦斯信号给 1KS。重瓦斯动作时，下触点 KG2 闭合，由 2KS 发出重瓦斯信号，继电器启动 KM 动作。该继电器电流线圈通过其节点以及按钮使电流线圈自保持，同时接通变压器两侧的断路器跳闸回路。

由于重瓦斯保护是按油的流速大小动作的，而油的流速在故障中往往是不稳定的，所以重瓦斯动作后必须有自保持回路，以保证有足够的时间使断路器可靠跳闸。为此，中间继电器 KM 采用了具有串联自保持电流线圈。

在变压器加油、换油后及气体继电器试验时，为了防止重瓦斯误动作，可利用连接片 XB 使重瓦斯暂时改接到信号位置即可。

五、瓦斯保护整定

轻瓦斯保护的动作值是按气体的容积来整定的，一般整定的范围在 250 ~ 300 cm^3。气体容积的调整是通过改变平衡锤的位置来实现的。

重瓦斯保护的动作值是按油流的流速表示的，一般整定的范围在 0.6 ~ 1.5 m/s（指在瓦斯继电器安装导管油流的速度）。

六、瓦斯保护优缺点

瓦斯保护动作迅速，灵敏度高，接线和安装简单，能反应变压器油箱内部各种类型的故障，特别是当变压器绕组匝间短路的匝数很少，故障回路电流虽然很大，可能造成严重过热，但能反映到外部的电流变化却很小的情况，瓦斯保护具有很高的灵敏度。

但瓦斯保护不能反应变压器油箱外的套管和引出线的短路故障，因此瓦斯保护不能作为变压器各种故障的唯一保护，还必须与其他保护装置配合使用。另外，瓦斯保护抵抗外界干扰的性能较差，例如剧烈的震动就容易误动作。

【任务实施】

（1）学生接受任务，学习相关知识，查阅相关的资料。

（2）学生自行制订计划，与其他成员及老师讨论计划的可行性。

（3）为实际设备配置相应的保护装置及相关元件：

模拟式	数字式
QJ-80 型瓦斯保护继电器 KG	QJ-80 型瓦斯保护继电器 KG
DX-31 型信号继电器 KS	WBZ-652A 微机变压器保护装置
DZB-228 型中间继电器 KM（带串联自保持电流线圈）	硬压板 XB
硬压板 XB	
电阻 R	
指示灯 HL	
常开按钮 SB	

说明：容量在 10 000 kVA 的油浸式变压器，选用 QJ-80 型瓦斯继电器，80 指的是连接

管道直径为 80 mm。信号继电器选用 DX-31 型，因该继电器可用于直流操作的保护线路中，作为动作指示器。中间继电器 KM 选用 DZB-228 型，因该继电器带串联自保持电流线圈。微机保护装置选用 WBZ-652A 型，因为该装置配置有瓦斯保护功能。

（4）首先进行瓦斯继电器参数整定：轻瓦斯保护动作值整定为 250 cm^3，重瓦斯保护动作值整定为 1 m/s。

（5）轻瓦斯试验：将瓦斯继电器放在实验台上固定（继电器上标注箭头指向油枕），打开实验台上部阀门，从实验台下面气孔打气至继电器内部完全充满油后关闭阀门，放平实验台，打开阀门，观察油面降低到何处刻度线时轻瓦斯触点导通。若轻瓦斯不满足要求，可以调节开口杯背后的重锤，改变开口杯的平衡来满足要求。

（6）重瓦斯试验：从实验台气孔打入气体至继电器内部完全充满油后关上阀门，放平实验台，打开实验台表计电源，选择表计上的瓦斯孔径档位，测量方式选在“流速”。再继续打入气体，观察表计显示的流速值为整定值时，快速打开阀门，此时油流应能推动挡板将重瓦斯触点导通。若重瓦斯不满足要求，可以通过调节指针弹簧改变挡板的强度来满足要求。

（7）选用模拟式保护。

① 根据原理接线图，小组自行绘制模拟式实验电路图并进行接线。接线完成后，经老师查线合格后，进行通电。

② 将轻瓦斯保护动作，观察保护动作现象并记录。

③ 将重瓦斯保护动作，观察保护动作现象并记录。

④ 在通电试验过程中，要认真执行安全操作规程的有关规定，一人监护，一人操作。

（8）选用数字式保护。

① WBZ-652A 微机变压器保护装置端子接线图如图 6-2-6 所示，非电量保护控制回路原理图如图 6-2-7 所示。

② 绘制瓦斯保护的试验电路图，并进行接线。接线完成后，经老师查线合格后，进行通电。

③ 进入微机保护装置测试界面，进行轻瓦斯、重瓦斯保护模拟测试。

④ 将轻瓦斯保护动作，观察保护动作现象并记录。

⑤ 将重瓦斯保护动作，观察保护动作现象并记录。

⑥ 在通电试验过程中，要认真执行安全操作规程的有关规定，一人监护，一人操作。

（9）在按照确定的工作步骤完成任务的过程中，如发现问题，需共同分析，遇到无法解决的问题时请教老师。

（10）各小组成员之间、各小组之间互相检查，发现问题，提出意见。

（11）老师检查各小组及个人完成的任务，提出问题，给出成绩。

【课堂训练与测评】

（1）简述瓦斯保护的作用及反应故障类型。

（2）说明瓦斯继电器安装位置及安装要求。

（3）简述瓦斯保护工作原理。

（4）画出瓦斯保护的原理接线图。

（5）简述瓦斯保护的整定方法。

（6）简述瓦斯保护的优缺点。

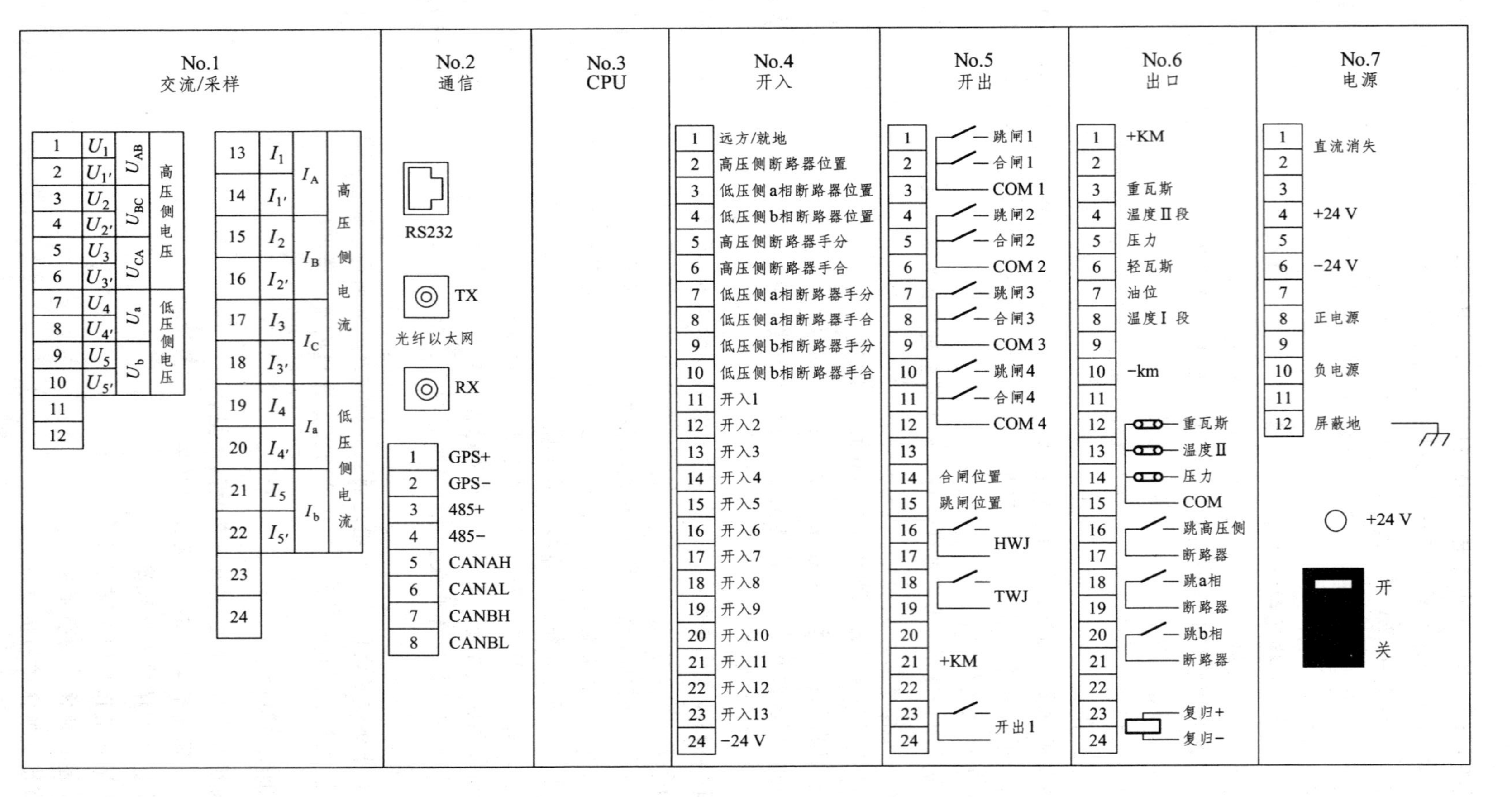

图 6-2-6　WBZ-652A 微机变压器保护装置端子图

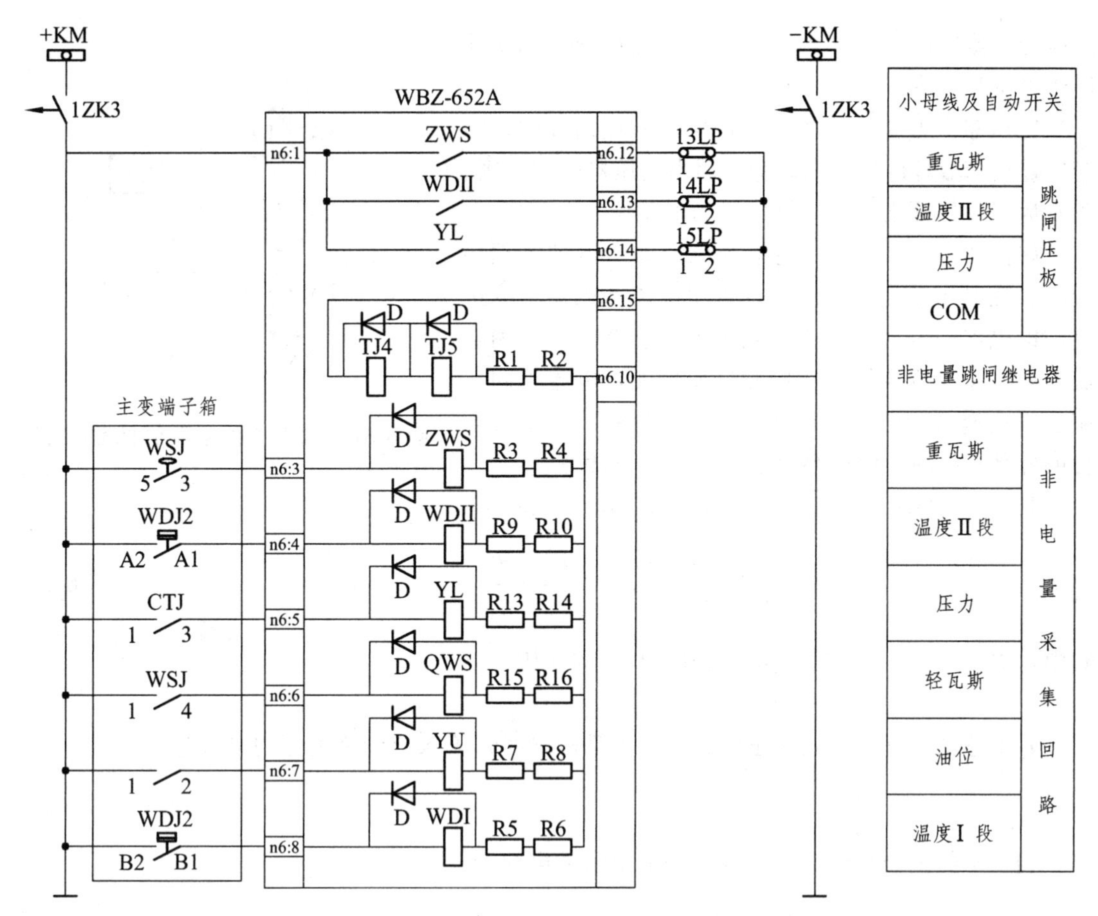

图 6-2-7　WBZ-652A 微机变压器保护非电量保护控制回路原理图

【知识拓展】

查看 WBZ-652A 微机变压器保护测控装置及相关数字式变压器后备保护装置的技术说明书。

任务三　纵联差动保护的构成与运行

【任务描述】

为额定容量为 15 000 kVA，额定电压为 110 kV/10 V，联结组别为 Yd11 的电力变压器配置纵联差动保护。可选用模拟式或数字式保护装置。

【知识链接】

一、纵联差动保护工作原理

变压器纵差保护是利用比较变压器各侧电流的大小和相位原理构成的一种保护装置，它能反应变压器油箱内部与引出线及套管上的各种故障，并能予以瞬时切除，是变压器的主保护。

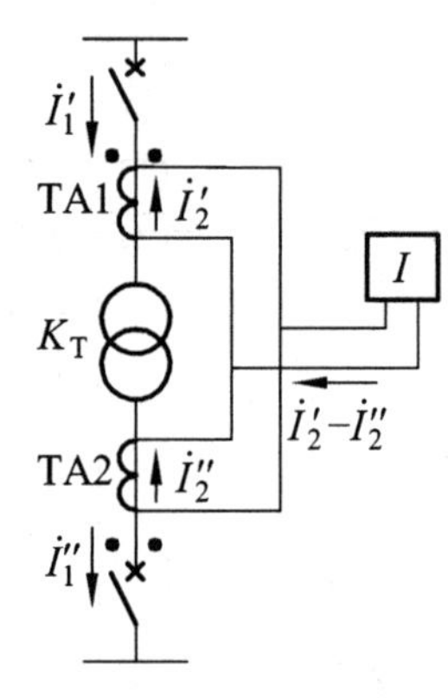

图 6-3-1　变压器纵差保护原理接线图

变压器纵差保护是按照循环电流原理构成的，当变压器内部故障时应可靠动作，而当变压器空载合闸、正常运行、外部出现短路故障时均不动作。

如图 6-3-1 所示为双绕组变压器纵差保护原理接线图，在变压器高低压侧均设置了电流互感器，流过差动继电器中的电流等于两侧电流互感器的二次侧电流之差。由于变压器高压侧和低压侧额定电流不同，应适当选择两侧电流互感器的变比，使变压器正常运行或外部故障时，流过继电器的电流基本为零。

其中，电流互感器 TA1、TA2 二次侧电流为：

$$\dot{I}_2' = \dot{I}_2'' = \frac{\dot{I}_1'}{K_{i1}} = \frac{\dot{I}_1''}{K_{i2}} \quad 或 \quad \frac{K_{i2}}{K_{i1}} = \frac{\dot{I}_2''}{\dot{I}_2'} = K_T \tag{6-3-1}$$

式中　K_{i1}、K_{i2}——电流互感器 TA1、TA2 的变比；

K_T——变压器的变比。

若上述条件满足，则当正常运行或外部故障时，流入差动继电器的电流为

$$\dot{I}_k' = \dot{I}_2' - \dot{I}_2'' = 0 \tag{6-3-2}$$

当变压器内部故障时，流入差动继电器的电流为

$$\dot{I}_k' = \dot{I}_2' + \dot{I}_2'' \neq 0 \tag{6-3-3}$$

如图 6-3-2 所示为 Yd11 结线变压器纵联差动保护原理接线图。

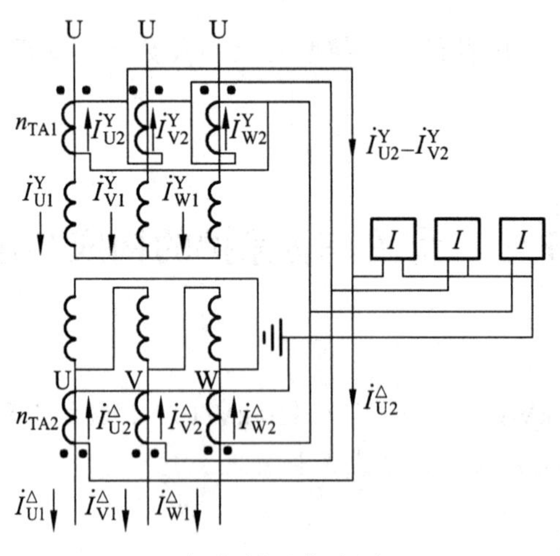

（a）原理接线图

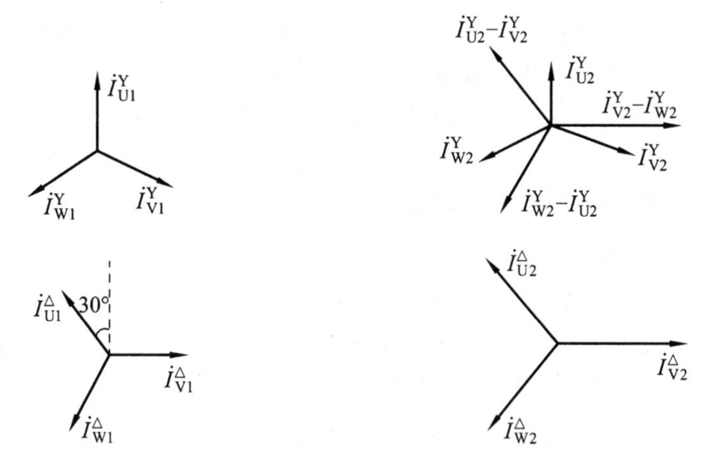

（b）电流互感器原边电流相量图　　（c）差动回路两侧电流相量图

图 6-3-2　Yd11 结线变压器纵差保护接线图和相量图

为实现对纵联差动保护装置的基本要求，在差动保护的构成上应考虑：

（1）差动继电器中电流应为两侧电流互感器二次电流之差，即两侧二次电流应分别流入和流出差动继电器。

（2）流入、流出差动继电器的两电流相位应相同。变压器为 Yd11 联结时，变压器两侧电流的相位差为 30°。为此，变压器星形接线侧的电流互感器接成三角形接线，三角形接线侧的电流互感器接成星形接线，进行相位补偿。

（3）流入、流出差动继电器的两电流大小应相等。为此，应正确选用两电流互感器的变比。

$$\left.\begin{aligned}&\text{高压侧：}\quad K_{i1}=\frac{\sqrt{3}I_{N1}}{5}\\&\text{低压侧：}\quad K_{i2}=\frac{I_{N2}}{5}\\&\text{且}\qquad\quad \frac{K_{i1}}{K_{i2}}=\sqrt{3}K_{T}\end{aligned}\right\}\tag{6-3-4}$$

下面分析差动保护的动作情况：

（1）当变压器正常运行和外部发生短路故障时，流过差动继电器的两电流相位相同且大小相等，其差值为零，差动继电器不动作，差动保护不启动。

（2）当变压器故障时，流入差动继电器的电流为 I_{2Y}（单台变压器运行）或 $I_{2Y}+I_{2\Delta}$（多台变压器并列运行），其值很大，差动继电器可靠动作。

（3）当变压器空载合闸时，流入差动继电器的电流为励磁涌流 I_{2Y}（$I_{2\Delta}=0$），差动继电器可能误动作，必须采取有力措施加以防止。

二、变压器纵联差动保护的特点

变压器纵联差动保护最明显的特点是产生不平衡电流的因素很多。不平衡电流是指变压器在正常运行及保护范围外部故障时流入纵联差动保护差动回路的电流。为了保证纵联差动保护动作的选择性，其动作电流应按躲开外部短路时出现的最大不平衡电流来整定。不平衡电流越大，继电器的动作电流也越大。不平衡电流越大，就会降低内部短路时保护动作的灵敏度。因此，减小不平衡电流及其对保护的影响，是变压器纵差保护要解决的主要问题。

现对不平衡电流产生的原因及改善措施分别进行讨论。

1. 因电流互感器计算变比与实际变比不同而产生的不平衡电流

电流互感器在制造上的标准化，使得实际变比与计算变比往往不相等，从而产生不平衡电流。电流互感器变比误差的影响，采用 BCH 型差动继电器，通过调整差动继电器平衡线圈的匝数来补偿。而在微机保护中利用平衡系数进行自动调整。

2. 因两侧电流互感器型号不同而产生的不平衡电流

由于变压器各侧电压等级和额定电流不同，所以变压器两侧的电流互感器型号不同，其特性无法完全相同，两侧电流互感器传变时会产生误差。其影响可采用提高保护装置的动作电流来消除，即在计算保护装置的动作电流时，引入同型系数。

3. 因变压器带负荷调节分接头而产生的不平衡电流

变压器带负荷调节分接头是电力系统中电压调整的一种方法，改变分接头就是改变变压器的变比。整定计算中，纵差保护只能按照某一变比整定，选择适当的平衡线圈减小或消除不平衡电流的影响。当纵差保护投入运行后，在调压抽头改变时，一般不可能对纵差保护的电流回路重新操作，因此又会出现新的不平衡电流。不平衡电流的大小与调压范围有关。保护装置采用提高动作电流值的方法以躲过不平衡电流的影响。

4. 因变压器励磁涌流而产生的不平衡电流

在空载投入变压器或外部故障切除后恢复供电等情况下，就可能产生很大的励磁电流，其数值可达额定电流的 6～8 倍。这种暂态过程中出现的变压器励磁电流称为励磁涌流。励磁涌流的存在，常常导致纵差保护误动作。

根据实验结果及理论分析可知，励磁涌流具有以下特点：励磁涌流很大，其中含有大量的直流分量；励磁涌流中含有大量的高次谐波，其中以二次谐波为主；励磁涌流的波形有间断角。

根据上述励磁涌流的特点，变压器纵差保护常采用下述措施：

（1）采用带有速饱和变流器的差动继电器构成纵差保护。在差动继电器之前接入速饱和变流器，当励磁涌流流入速饱和变流器时，其大量的直流分量使速饱和变流器迅速饱和，因而在其二次侧感应电势较小，不会使继电器动作。

（2）利用二次谐波制动的差动继电器构成纵差保护。在变压器内部故障或外部故障的短路电流中，二次谐波分量所占比例较小。而当空载投入变压器而产生励磁涌流时，变压器上只有电源侧有电流，利用其中二次谐波形成制动电压，构成二次谐波制动的纵差保护，使之有效地躲过励磁涌流的影响。

（3）采用鉴别波形间断角的差动继电器构成纵差保护。

以上措施中，传统的模拟式差动保护广泛采用的是速饱和变流器的差动继电器，随着微机式差动保护的大量应用，差动继电器可以采用更丰富的手段来鉴别励磁涌流。目前，我国电力系统广泛采用的是二次谐波闭锁原理。二次谐波闭锁原理是根据励磁涌流中含有大量二次谐波分量而内部故障电流中二次谐波含量很低的特点，当监测到差动电流中二次谐波含量大于整定值时，就将差动继电器闭锁，以防止励磁涌流引起的误动。

三、变压器纵联差动保护的动作特性

在实际运行中，变压器纵联差动保护必须考虑各种不平衡电流的影响。变压器纵联差动保护一般由差动速断保护和比率差动保护两个元件组成。

1. 差动速断保护

当变压器内部发生严重故障时，不再进行制动条件的判别，而是直接发出作用于保护出口的跳闸脉冲，快速地跳开变压器两侧断路器。差动电流速断保护动作逻辑如图 6-3-3 所示。

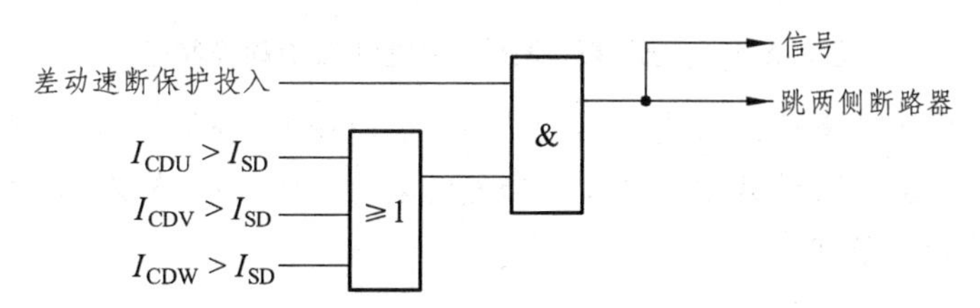

图 6-3-3　变压器差动速断保护动作逻辑图

在差动电流速断保护投入的前提下，只要 U、V、W 三相中有一相差动电流大于差动电流速断保护的动作电流值，差动保护就输出动作信号，并将变压器两侧的断路器跳闸。

2. 比率差动保护

由前面不平衡电流的讨论可知，电流互感器传变产生的不平衡电流与变压器的穿越电流有关。外部故障时，变压器的穿越电流很大，不平衡电流也就很大。如果按照躲过最大外部故障时的不平衡电流来整定动作电流，将会使差动保护的灵敏度降低。为此采用比率差动保护原理，即引入一个能够反映变压器穿越电流大小的制动电流，动作电流的大小可以根据制动电流的大小自动调整，其中比率是指差动电流与制动电流之比。这样既能保证在变压器外部故障时差动保护动作的可靠性，又能保证在内部故障时动作的灵敏性。

制动电流一般定义为

$$I_{ZD}=\frac{1}{2}|\dot{I}_2'+\dot{I}_2''| \tag{6-3-5}$$

三段式比率差动保护的动作特性由三个区域组成：差动速断动作区、比率差动动作区和制动区，如图 6-3-4 所示。在差动动作区，其动作判据可表示为：

$$\left.\begin{array}{ll}I_{CD}\geqslant I_{DZ}, & I_{ZD}\leqslant I_1\\ I_{CD}-K_1(I_{ZD}-I_1)\geqslant I_{DZ}, & I_1\leqslant I_{ZD}\leqslant I_2\\ I_{CD}-K_1(I_2-I_1)+K_2(I_2-I_{ZD})\geqslant I_{DZ}, & I_{ZD}>I_2\end{array}\right\} \tag{6-3-6}$$

式中　I_{ZD}——差动保护的制动电流；

I_{DZ}——差动保护的动作整定电流；

I_1、I_2——差动保护的制动电流Ⅰ段、Ⅱ段整定值；

K_1、K_2——差动保护的Ⅰ段、Ⅱ段整定系数。

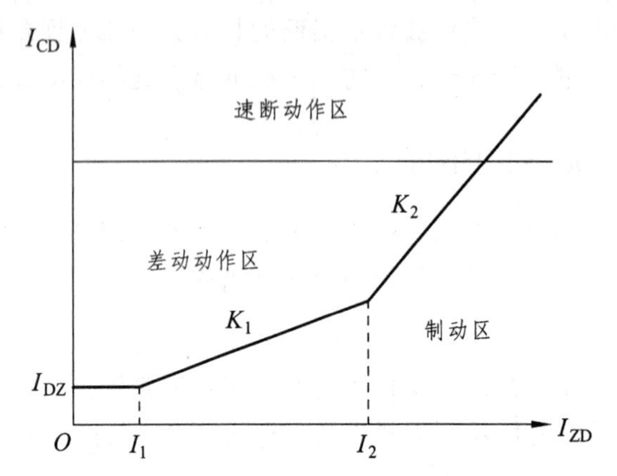

图 6-3-4　变压器三段式比率差动保护动作特性

在制动区内，变压器空载投入或外部故障切除后电压恢复时，会产生励磁涌流。为避免差动保护误动作，增加二次谐波闭锁功能，当差动电流中的二次谐波电流大于一定值时，将保护可靠闭锁。其制动条件为

$$I_{CD2} \geqslant K_{YL} I_{CD} \tag{6-3-7}$$

式中　I_{CD2}——差动电流中的二次谐波电流；

I_{CD}——差动电流中的基波电流；

K_{YL}——二次谐波制动系数。

二次谐波制动的比率差动保护动作逻辑如图 6-3-5 所示。

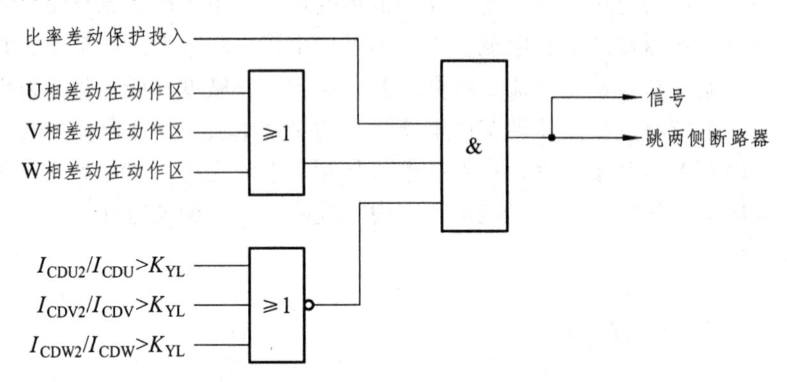

图 6-3-5　变压器二次谐波制动的比率差动保护动作逻辑图

在比率差动保护投入的前提下，只要 U、V、W 三相中有一相差动电流在动作区，且二次谐波制动信号无输出的情况下，差动保护就输出动作信号，并将变压器两侧的断路器跳闸。

四、变压器纵联差动保护的整定计算及特点

1. 动作电流的整定

1）躲过电流互感器二次回路断线时引起的差动电流

变压器某侧电流互感器二次回路断线时，另一侧电流互感器的二次电流全部流入差动继

电器中，此时引起保护误动。有的纵差保护采用断线识别的辅助措施，在互感器二次回路断线时将纵差保护闭锁。若没有断线识别措施，则纵差保护的动作电流必须大于正常运行情况下变压器的最大负荷电流。即

$$I_{op}=\frac{K_{rel}}{K_{re}}I_{Lmax} \tag{6-3-8}$$

式中　K_{rel}——可靠系数，取 1.3；

K_{re}——返回系数，取 0.85；

I_{Lmax}——变压器最大负荷电流。

2）躲过保护范围外部短路时的最大不平衡电流

变压器差动保护的最大不平衡电流为

$$I_{unbmax}=(K_{st}\cdot 10\%+\Delta U+\Delta f_{er})I_{kmax}/k_{i} \tag{6-3-9}$$

式中　10%——电流互感器的允许最大误差；

K_{st}——电流互感器同型系数，若同型取 0.5，若不同型取 1；

ΔU——变压器分接头改变引起的相对误差，取调压范围的一半；

Δf_{er}——平衡线圈整定匝数与计算匝数不等产生的相对误差，处算时取 0.05；

I_{kmax}/k_{i}——为保护范围外部最大短路电流归算到二次侧的值。

3）躲过变压器的最大励磁涌流

在空载投入变压器或外部故障切除后恢复供电等情况下，励磁涌流的存在，常常导致纵差保护误动作。有的纵差保护通过鉴别励磁涌流将纵差保护闭锁。若没有励磁涌流识别措施，则纵差保护的动作电流必须大于变压器的最大励磁涌流。

$$I_{op}=K_{rel}K_{N}I_{N} \tag{6-3-10}$$

式中　K_{rel}——可靠系数，取 1.3；

K_{N}——励磁涌流的最大倍数，一般取 4 ~ 8 倍；

I_{N}——变压器的额定电流。

按上面 3 个条件计算纵差保护的动作电流，选取最大值作为保护的整定值。所有电流都要折算到电流互感器的二次侧值。

2. 动作时间的整定

采用瞬动方式，保护动作不延时。

3. 灵敏系数的校验

$$K_{s}=\frac{I_{kmin}}{I_{op}}\geqslant 2$$

式中，I_{kmin} 为各种运行方式下变压器内部故障时，流经差动继电器的最小差动电流，即采用在单侧电源供电时，系统在最小运行方式下，变压器发生短路时的最小短路电流。

当灵敏系数不能满足要求时，则需采用具有制动特性的差动继电器。必须指出，即使灵敏系数校验能满足要求，但对变压器内部的匝间短路、轻微故障等，纵差保护往往不能迅速灵敏地动作。

运行经验表明：在此情况下，常常是瓦斯保护先动作，然后待故障进一步发展，纵差保护才动作。显然，纵差保护的整定值越大，对变压器内部故障的反应能力越低。

【任务实施】

（1）学生接受任务，学习相关知识，查阅相关的资料。

（2）学生自行制订计划，与其他成员及老师讨论计划的可行性。

（3）为实际设备配置相应的保护装置及相关元件：

模拟式	数字式
BCH-1E 型差动继电器 KD	PST 691U 变压器差动保护装置
DX-31 型信号继电器 KS	硬压板 XB
DZ-10 系列中间继电器 KM	
硬压板 XB	

（4）选用模拟式保护。

① 根据如图 6-3-6 所示原理接线图，小组自行绘制模拟式实验电路图并进行接线。接线完成后，经老师查线合格后，进行通电。

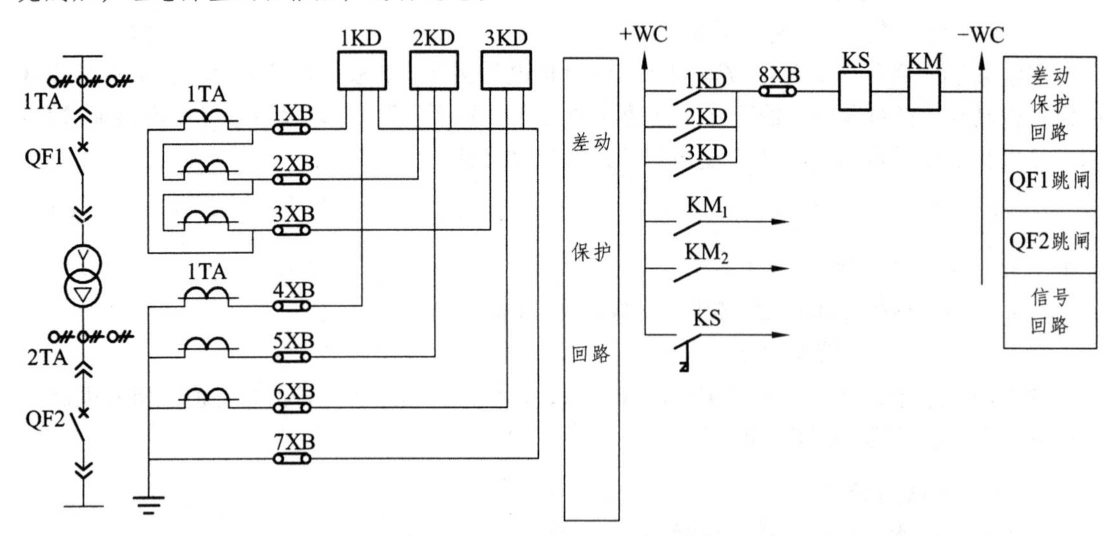

图 6-3-6 变压器模拟式纵联差动保护动作逻辑图原理图

② 试验中，流入各差动继电器的两侧电流可由继电保护测试仪提供的电流模拟。

③ 整定差动继电器动作电流。

④ 模拟变压器正常运行时，各差动继电器两侧均流入相同的工作电流，观察实验现象，并记录。

⑤ 模拟保护区内故障，将 1KD 加入 1.1 倍的动作电流，观察实验现象，并记录。

（5）选用数字式保护。

① PST 691U 微机变压器保护装置端子接线图如图 6-3-7 所示，其工作原理图如图 6-3-8 所示。

出口插件（4X）

端子	说明
1、2	跳高压侧开关
3、4	跳中压侧开关
5、6	跳低压侧开关
7、8	备用出口
9、10	备用出口
11、12	备用出口
22	公共端
23	动作信号
24	告警信号

CPU插件（3X）

端子	说明
1	开入量公共端(+24)
2	非电量1
3	非电量2
4	非电量3
5	非电量4
6	开入量电源自检
7	差动保护投入
16	开入量15(GPS分/秒脉冲)
17	RS485−A
18	RS485−B
19	GPS对时IRIG−B^{+}
20	GPS对时IRIG−B^{-}
21	以太网1
22	以太网2

电源插件（2X）

端子	说明
1	装置电源+
2	装置电源−
3	
4	接地

交流插件（1X）

说明	端子	端子	说明
高压侧电流I_a^*	1	2	高压侧电流I_a
高压侧电流I_b^*	3	4	高压侧电流I_b
高压侧电流I_c^*	5	6	高压侧电流I_c
低压侧电流I_a	7	8	中压侧电流I_a^*
低压侧电流I_b	9	10	中压侧电流I_b^*
低压侧电流I_c	11	12	中压侧电流I_c^*
中压侧电流I_a	13	14	中压侧电流I_a^*
中压侧电流I_b	15	16	中压侧电流I_b^*
中压侧电流I_c	17	18	中压侧电流I_c^*

图 6-3-7　PST 691U 微机变压器保护装置端子图

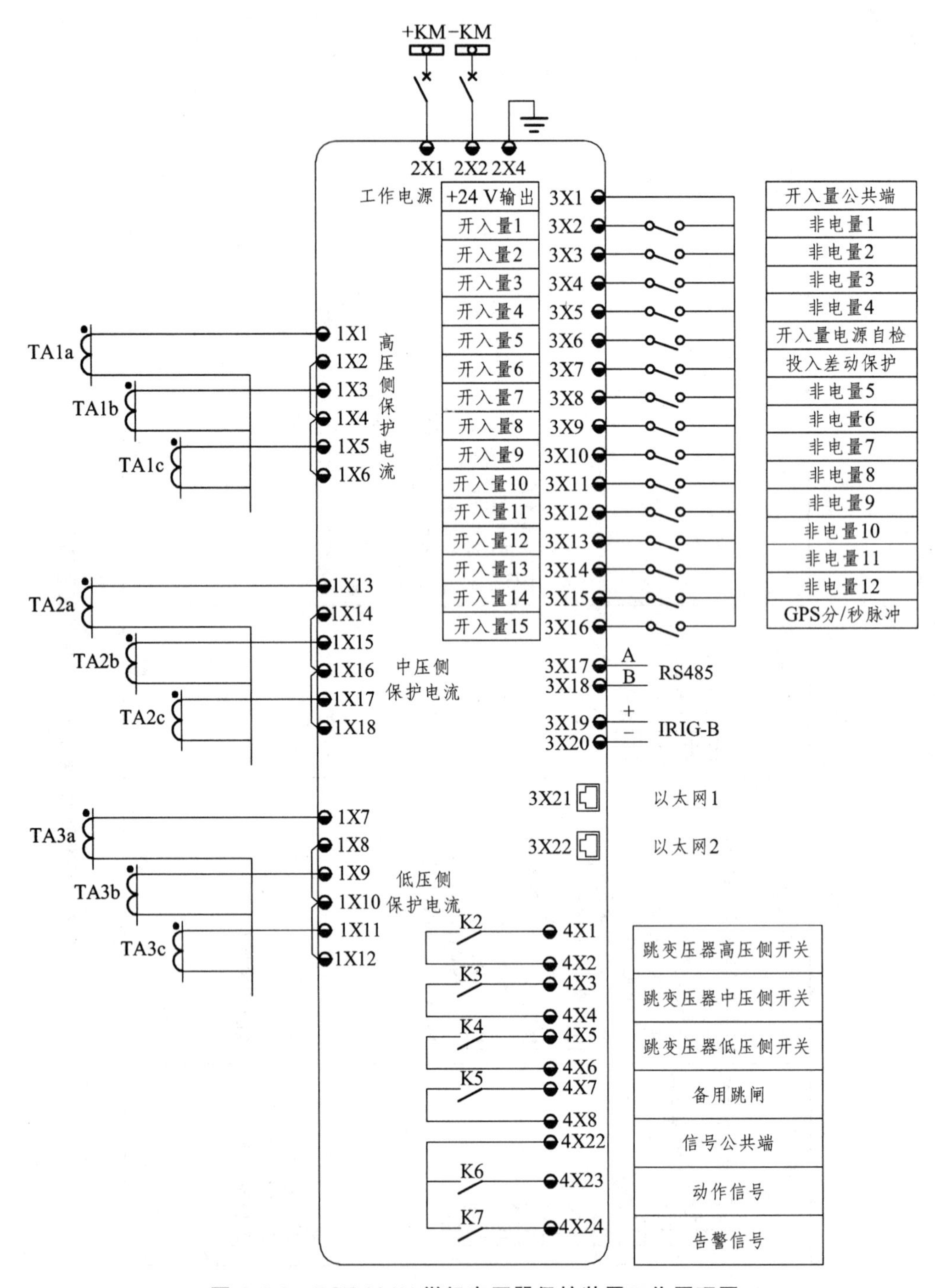

图 6-3-8　PST 691U 微机变压器保护装置工作原理图

② 绘制差动保护的试验电路图，并进行接线。流入 TA1、TA3 二次侧的电流可由继电保护测试仪提供的电流模拟，即将测试仪的第一组电流分别与保护装置的高压侧电流端子相连，测试仪的第二组电流分别与保护装置的低压侧电流端子相连。因本次试验为两侧差动，故中压侧端子（1X13，1X14），（1X15，1X16），（1X17，1X18）不需要接线。将测试仪的开入接点与保护装置的保护跳闸出口接点相连。

③ 接线完成后，经老师查线合格后，进行通电。

④ 对微机保护装置进行定值计算及设置。

序号	名称	整定值		备　注
1	额定电压	110 kV	10 kV	
2	额定电流	15 000/($\sqrt{3}$ ×110) = 78.8 (A)	15 000/($\sqrt{3}$ ×10) = 866 (A)	
3	TA 接线方式	Y	Y	变压器各侧电流互感器可以采用星形接线，由软件进行相位补偿和电流数值补偿
4	TA 二次额定电流	5A	5A	
5	选用 TA 变比	200/5 = 40	1000/5 = 200	
6	定值整定二次额定电流	78.8/40 = 1.97 A	866/200 = 4.33 A	
7	平衡系数 K	1	1.97/4.33 = 0.45	高压侧为基本侧
8	变压器接线方式	Y，d11		
9	二次谐波制动系数	0.15		一般在 0.12 ~ 0.2 之间整定
10	A/B/C 相差动速断电流	16 A		一般整定为（8 ~ 9）I_n（I_n 为高压侧电流互感器二次侧额定电流）
11	A/B/C 相差动动作电流	1 A		一般取 0.25 ~ $0.5I_n$
12	A/B/C 相差动制动电流 1	1 A		第一个拐点取 $0.5I_n$
13	比率制动系数 1	0.5		一般在 0.5 ~ 0.7 之间整定
14	A/B/C 相差动制动电流 2	6 A		第二个拐点取 $3I_n$
15	比率制动系数 2	0.7		一般在 0.5 ~ 0.7 之间整定

⑤ 对微机保护装置进行保护压板投退设定。

序号	软压板名称	对应功能
1	差动速断保护	□退出　□投入
2	A 相差动保护	□退出　□投入
3	B 相差动保护	□退出　□投入
4	C 相差动保护	□退出　□投入
5	二次谐波制动	□退出　□投入

⑥ 进行通道校验。

进入变压器微机差动保护测控装置的测试菜单栏，使微机保护测试仪进入交流动作测试。加入某相电流，如 5 A，按下测试仪“开始测试”按钮，输出标准电流。按下微机变压器差动保护测控装置的“确认”键，如果校准成功，则直接返回到“显示”—“数据”—“保护”画面，观察测试参数与装置参数是否一致。如果校准失败，则主动弹出“校准失败”的画面，应重新校准。将变压器微机差动保护测控装置调节到运行状态，开始试验。

⑦ 进行比率差动保护的动作测试。

在测试仪上进行比率差动保护的相关设置，内容可包括：

保护类别：变压器保护。

变压器绕组数：两绕组。

变压器接线：Y/△-11。

相位校正方式：变压器各侧 TA 二次电流相位由软件调整，装置采用△→Y 变化调整差流平衡，故设为“保护内部△侧校正”。

参与试验绕组：根据实际接线，设为“高压侧→低压侧”。

动作方程 I_{cd}：计算公式的选择一定要与保护装置的一致。

制动方程 I_{zd}：计算公式的选择一定要与保护装置的一致。

补偿系数：Y 侧和△侧的补偿系数由软件来自动计算。

测试项目：比率差动。

测试相别：两相差动。

I_{zd} 变化范围及步长：根据需要设定 I_{zd} 的起点和终点。每隔一个步长选择一个制动点进行测试，即寻找该制动点下的动作电流。

I_{cd} 动作门槛：设为 1A。

I_{cd} 搜索起点、终点：应包含差动保护的动作区和不动作区。

动作接点：根据实际接线，选择相应接点。

参数设置完毕后，按下测试仪的“开始试验”按钮，可手动或自动操作，增大其中一组电流值，直到保护动作，从而测出对应的差动动作电流 I_{cd} 及制动电流 I_{zd}，按照比率差动保护动作判据计算出对应的差动动作电流值，与差动动作整定值进行比较，从而检验差动保护动作的准确性。

⑧ 进行二次谐波制动的差动保护测试。

进入测试仪的谐波制动界面，将“基波电流”设置为 2 A，“二次谐波电流”设置为 0.5 A，缓慢调节细调旋钮，降低二次谐波电流，直至保护动作。此时测试值为二次谐波制动系数，验证与二次谐波制动系数整定值是否一致。

⑨ 进行差动速断保护试验。

在测试仪上选择测试项目为差动速断保护，进行相关设置后，按下测试仪的“开始试验”按钮，可手动或自动操作，增大其中一组电流值，直到保护动作，测出对应的差动动作电流 I_{cd}，验证与差动速断电流整定值是否一致。

（6）注意事项：在通电实验过程中，要认真执行安全操作规程的有关规定，一人监护，一人操作。

（7）在按照确定的工作步骤完成任务的过程中，如发现问题，需共同分析，遇到无法解决的问题时请教老师。

（8）各小组成员之间、各小组之间互相检查，发现问题，提出意见。

（9）老师检查各小组及个人完成的任务，提出问题，给出成绩。

【课堂训练与测评】

（1）简述纵联差动保护的作用及反应故障类型。

（2）简述纵联差动保护工作原理。

（3）简述变压器纵联差动保护中，不平衡电流可能的产生原因及改善措施。

（4）简述变压器差动速断保护的动作特性。

（5）简述变压器二次谐波制动的比率差动保护的动作特性。

（6）画出变压器纵联差动保护的整定方法。

【知识拓展】

查看 PST 691U 及相关数字式变压器差动保护装置的技术说明书。

【思考与练习】

一、判断题

1.（　　）差动保护能够代替瓦斯保护。

2.（　　）当变压器重瓦斯保护动作时，将发出动作信号，断路器不跳闸。

3.（　　）瓦斯保护与纵联差动保护都是变压器的主保护，是可以互相替代的。

4.（　　）当变压器轻瓦斯保护动作时，将发出动作信号，断路器不跳闸。

5.（　　）变压器油箱外的故障比油箱内的故障危险性更大。

6.（　　）变压器运行过程中温度过高为故障状态。

7.（　　）变压器运行过程中过负荷为故障状态。

8.（　　）当变压器处于不正常运行状态时，应发出相应的报警信号及跳闸。

9.（　　）当变压器发生故障时，保护装置应可靠而迅速地动作。

10.（　　）对电力变压器进行保护配置，应设置主保护、后备保护和辅助保护。

11.（　　）电力变压器的主保护应能反应变压器短路故障，并延时动作。

12.（　　）电力变压器的后备保护是当主保护拒动时，由后备保护经一定延时后动作，使变压器退出运行。

13.（　　）大容量油浸式的电力变压器的主保护一般设置有瓦斯保护和电流速断保护。

14.（　　）瓦斯保护可以作为电力变压器各种故障的唯一保护。

15.（　　）变压器瓦斯保护可用来反应变压器绕组、引出线及套管的各种短路故障。

16.（　　）变压器空载合闸时，变压器纵差保护应可靠动作。

17.（　　）正常运行时，流过差动继电器的电流理想为零。

18.（　　）常用的变压器相间短路的后备保护有过电流保护、变压器差动保护、零序电流保护等。

19.（　　）变压器差动保护的差动元件通常采用比率制动特性，外部故障时，短路电流增大，制动量增大，保护不动作。

20.（　　）变压器差动保护可实现外部故障时不动作，内部故障时动作，从原理上能够保证选择性。

二、选择题

1. 变压器在外部短路时差动保护将（　　）。

A. 正确动作　B. 误动作　C. 不动作

2. 能反应变压器油箱内油面降低的保护是（　　）。

A. 瓦斯保护　B. 纵差保护　C. 过励磁保护　D. 电流速断保护

3. 变压器气体保护的主要元件是气体继电器，安装在（　　）。

A. 变压器油箱内　B. 变压器油箱与油枕之间的连接管道中

C. 高压套管上　D. 低压套管上

4. 变压器油箱外故障包括引出线上的相间故障、套管破碎通过外壳发生的单相接地故障及（　　）等。

A. 引出线的套管闪络故障　B. 一相绕组匝间短路

C. 绕组与铁心之间的单相接地故障　D. 绕组间的相间故障

5. 变压器主保护包括（　　）、电流速断保护、纵差动保护。

A. 过负荷保护　B. 过电流保护　C. 零序保护　D. 气体保护

6. 变压器过负荷保护动作后（　　）。

A. 延时动作于信号　B. 跳开变压器各侧断路器

C. 给出轻瓦斯信号

7. 变压器内部发生严重故障时，油箱内产生大量气体，使瓦斯继电器动作，则（　　）。

A. 发出轻瓦斯信号　B. 保护跳闸，断开变压器各侧断路器

C. 发出过电流信号　D. 发出过负荷信号

8. 变压器气体保护的主要元件是（　　）。

A. 电流继电器　B. 电压继电器　C. 气体继电器　D. 中间继电器

9. 变压器差动保护动作电流应按躲过（　　）整定。

A. 最大三相短路电　B. 最小两相短路电流

C. 最大不平衡电流　D. 最大负荷电流

10. 变压器异常运行包括过负荷、外部短路引起的过电流及（　　）等。

A. 油箱漏油等造成油面降低　B. 一相绕组匝间短路

C. 引出线的套管闪络故障　D. 绕组间的相间故障

11. 采用二次谐波制动原理的变压器差动保护，当二次谐波含量超过定值时（　　）差动保护。

A. 闭锁　B. 开放　C. 经给定延时后闭锁

12. 变压器发生故障后，应该（　　）。

A. 加强监视　B. 继续运行

C. 运行到无法运行时断开　D. 立即将变压器从系统中切除

13. 常用的变压器相间短路的后备保护有过电流保护、(　　)、复合电压启动的过电流保护、负序过电流保护、阻抗保护等。

A. 电流速断保护　　B. 低电压启动的过电流保护

C. 变压器差动保护　　D. 气体保护

14. 变压器重瓦斯保护动作时将(　　)。

A. 延时动作于信号　　B. 跳开变压器各侧断路器

C. 给出轻瓦斯信号

15. 变压器保护中,(　　)、零序电流保护为变压器的后备保护。

A. 过电流保护　B. 瓦斯保护　C. 过负荷保护　D. 电流速断保护

16. 变压器差动保护反应(　　)而动作。

A. 变压器两侧电流的大小和相位　　B. 变压器电流升高

C. 变压器电压降低　　D. 功率方向

17. 变压器故障分为油箱内故障和(　　)两大类。

A. 匝间短路故障　B. 绕组故障　C. 绝缘故障　D. 油箱外故障

18. 变压器主保护包括(　　)、电流速断保护、纵差动保护。

A. 过负荷保护　　B. 过电流保护

C. 零序保护　　D. 气体保护

19. 变压器出现励磁涌流时,如不采取措施,差动保护将(　　)。

A. 正确动作　B. 误动作　C. 不动作

20. 能反应变压器的原、副边电流之差的保护是(　　)。

A. 瓦斯保护　B. 纵差保护　C. 过励磁保护　D. 电流速断保护

三、填空题

1. 变压器故障分类:__________、__________。

2. 变压器油箱内故障:__________、__________、__________、__________等。

3. 变压器油箱外故障:__________。

4. 瓦斯保护反应变压器油箱内__________及__________。

5. 轻瓦斯保护动作于__________,重瓦斯保护动作于__________。

6. 变压器差动保护反应变压器__________的各种短路故障。

7. 瓦斯保护被广泛应用在容量为__________及以上的__________式变压器保护中。

8. 瓦斯保护的主要元件是__________继电器,又称为__________继电器,文字符号为__________。

9. 轻瓦斯保护的动作值是按__________来整定的,一般整定的范围在__________。

10. 重瓦斯保护的动作值是按__________表示,一般整定的范围在__________。

11. 瓦斯保护能反应变压器__________的故障,不能反应__________的短路故障。

12. 大容量变压器一般用__________保护作为主保护。

13. 为了防止励磁涌流导致比率差动保护误动作,比率差动保护采取二次谐波闭锁措施,构成__________保护。

14. 三段式比率差动保护由__________区、__________区、__________区组成。

项目七　铁路牵引供电系统继电保护装置运行与调试

【学习目标】

（1）能明确牵引负荷的运行特点。
（2）掌握四边形阻抗继电器的原理与优缺点。
（3）掌握牵引网距离保护的整定原则与计算方法。
（4）掌握牵引网电流增量保护的工作原理。
（5）能明确区分牵引变压器的类型与接线方式。
（6）掌握牵引变压器的主保护和后备保护配置。
（7）能明确并联补偿装置的运行特点与运行状态。
（8）掌握并联补偿装置的保护配置及各个保护的整定原则。
（9）能正确进行并联补偿装置电流保护和电压保护的整定计算。

铁路供电牵引系统是为铁道电力机车提供电能的一套相对独立的供电系统设备。牵引网作为特殊的供电线路，为减小短路造成的破坏程度和损失，要求一旦发生短路应尽快切除故障。因此，建立一套可靠的牵引网保护尤为重要。

任务一　牵引网保护及自动装置配置

【任务描述】

为额定电压为 27.5 kV，额定电流为 600 A，编号为 221 的牵引网馈线配置完善的微机保护方案。

【知识链接】

一、牵引网的特点

由于铁路线路受地理环境位置的影响大，所以牵引网与一般电力系统输电线路相比，在运行环境、网络结构及供电用户负荷特性上存在许多特殊性。

牵引网属于单相交流供电网，其正常工作相当于两相运行，牵引网的对地短路是两相短路。因此，牵引网运行具有以下特点：

（1）牵引网的结构复杂，运行条件差，短路故障发生率高，有时候平均几天就会发生一次跳闸。

（2）牵引负荷是移动的，牵引网负荷电流变化剧烈，最大负荷很大，对保护装置的工作十分不利。

（3）牵引网的阻抗比一般电力系统输电线路的阻抗要大。在系统最小运行方式下，当供电臂末端短路时，短路电流较小，使得保护装置的灵敏性降低，同时牵引网最大负荷电流大。这两个因素共同作用，致使一般电流保护无法使用。

（4）牵引网的负荷阻抗角较大，电力机车的功率因数角也变大。牵引网短路阻抗较小，因此阻抗中电阻的成分比较大。

（5）牵引网负荷电流的波形畸变大，电流中含有大量的三次谐波分量，将导致保护装置误动作。

由此可知，在建立牵引网保护时，应考虑选择速动性好、灵敏度高、可靠性好、躲过渡电阻能力强并适合频繁动作的保护装置，宜使用自动重合闸装置，以提高牵引网供电质量。

二、牵引网的保护配置方案

由于交流牵引网负荷与短路参数的特点，牵引网保护一般采用带方向性的距离保护作为主保护，而用电流增量保护作为辅助保护，同时通常均设有自动重合闸装置。

1. 牵引网的距离保护

交流牵引网通常采用四边形特性方向阻抗继电器的距离保护作为主保护，一般设Ⅱ段距离保护。

1）四边形特性方向继电器

四边形继电器的特性如图 7-1-1 所示，四边形的四条边为阻抗元件的边界线，内部为动作区，外部为非动作区。设线路末端的最大过渡电阻为 *AB* 边，线路始端的最大过渡电阻为 *OC* 边，当线路任一点短路时，保护装置所测量的阻抗值总在 *OABC* 内。如果阻抗继电器的动作特性与此四边形相适应，则能对线路故障起到很好的保护作用。

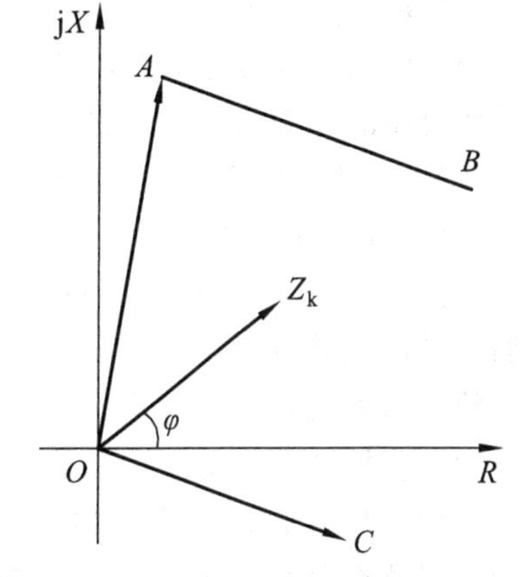

图 7-1-1　距离保护的四边形阻抗继电器特性

2）四边形阻抗继电器的优缺点

四边形特性方向阻抗继电器具有以下几个方面的优点：

（1）具有更高的灵敏度和更强的躲负荷能力。

（2）反应过渡电阻的能力也较强。

（3）不会因为电压互感器二次侧断线而误动作。

（4）当被保护线路上只有变压器励磁涌流时，四边形特性方向阻抗继电器不会误动作。

同时，四边形特性方向阻抗继电器存在以下几个缺点：

（1）比较复杂，用的相量较多，较难掌握，调试比较困难。

（2）易受高次谐波干扰而出现误动或拒动的不可靠工作情况，因此，用在牵引网时，必须采取措施将高次谐波滤掉。

3）牵引网距离保护整定原则

牵引网距离保护的整定原则：当线路末端短路时，保护应具有足够的灵敏度；在正常最小负荷情况下，距离保护装置不应误动。

（1）*AB* 边动作阻抗整定：

$$Z_{\text{set}\cdot\text{AB}} = K_{\text{k}} \cdot Z_{\text{kmax}} \tag{7-1-1}$$

式中　Z_{kmax}——末端短路时的最大短路阻抗；

K_{k}——可靠系数，$K_{\text{k}} = 1.2 \sim 1.5$。

（2）BC 边动作阻抗整定：

$$Z_{\text{set.BC}} = K_{\text{k}} \cdot Z_{\text{fmin}} \tag{7-1-2}$$

式中　Z_{fmin}——线路的最小负荷阻抗；

K_{k}——可靠系数，$K_{\text{k}} = 1.1$。

2. 自适应距离保护

随着电气化铁路的发展，对牵引网馈线保护的性能提出了更高的要求。但由于牵引网结构复杂，牵引负荷又具有移动冲击性、含有丰富的谐波等特点，使得传统保护在自适应能力方面有一定缺陷。因此，在目前所应用的牵引网馈线微机保护装置中更广泛的应用自适应原理，以提高保护的自适应能力，达到优化保护性能的目的。

1）自适应距离保护的优势

对于采用整流型电力机车的电气化铁路，尤其是在重载的情况下，牵引负荷与再生制动电流的叠加都有可能导致常规距离保护误动作。作为牵引网馈线自适应距离保护，其优势就是利用牵引网中存在的谐波电流分量生成控制量，自适应地调节阻抗继电器的动作边界，以提高距离保护的自适应能力。

目前，各种牵引网馈线微机保护装置产品中的距离保护，一般是利用牵引负荷电流中的2、3、5 次谐波含量作为控制量，自适应地调节阻抗继电器的动作边界，从而有效地解决了谐波对距离保护的影响问题。

2）自适应距离保护的原理

目前广泛应用的牵引网馈线微机保护中的距离保护均采用带有抑制谐波功能的自适应阻抗元件。其基本原理是在原有阻抗特性所测量的阻抗之上，加入谐波电流分量生成控制量（综合谐波含量）和谐波抑制系数，从而对阻抗特性进行自适应调整与修正。自适应距离保护的阻抗继电器动作特性如图 7-1-2 所示。

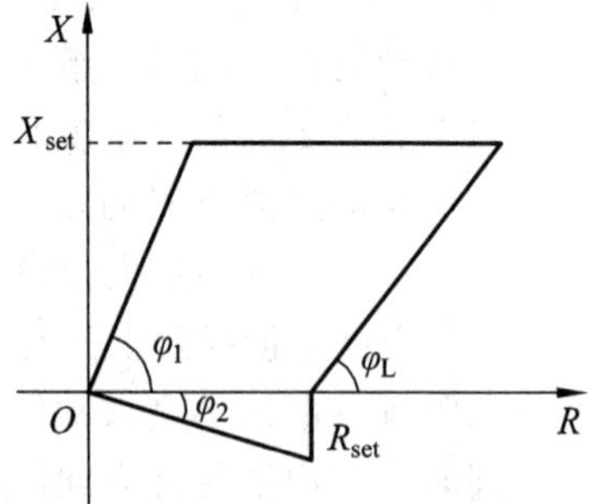

图 7-1-2　自适应距离保护的阻抗继电器动作特性

设常规阻抗继电器元件的动作边界整定阻抗为 Z_{set}，则自适应阻抗继电器的动作边界的整定阻抗值为

$$Z'_{\text{set}} = Z_{\text{set}} / (1 + K_{\text{h}} K) \tag{7-1-3}$$

式中　K——综合谐波含量，应用 2、3、5 次谐波作为控制量时，$K = (I_1 + I_3 + I_5) / I_1$，$I_1$、$I_2$、$I_3$、$I_5$ 分别为基波、2、3、5 次谐波电流分量有效值；

K_{h}——谐波抑制加权系数；

Z'_{set}——自适应调节后的阻抗继电器的动作边界整定值。

根据以上原理，可以对四边形阻抗继电器动作边界进行调节。例如，在常规阻抗继电器的 AB 边的动作整定阻抗的基础上，采用自适应调节后的线路整定阻抗 Z'_{KAB} 为

$$Z'_{\text{KAB}} = Z_{\text{KAB}} /(1+K_{\text{h}}K) \tag{7-1-4}$$

通过对线路整定阻抗的自适应调节后，可以避免被保护线路上同时存在多列机车分别工作在牵引再生或启动工况下的继电器误动现象。

在常规阻抗继电器的 BC 边的动作整定阻抗 Z_{KAB} 的基础上，采用自适应调节后的负荷整定阻抗 Z'_{KAB} 为：

$$Z'_{\text{KBC}} = Z_{\text{KBC}} /(1+K_{\text{h}}K) \tag{7-1-5}$$

通过对负荷整定阻抗的自适应调节后,可以避免继电器在牵引网出现重负荷时的误动作。

3）谐波含量的取值与距离保护的自适应能力

实践证明，谐波分量考虑的成分越大，抑制效果越好。在牵引馈线电流中不但含有丰富的 2、3、5 高次谐波而且 7、9、11 次谐波含量也很高，因此有必要在谐波抑制中加入这些谐波，以提高其精度。

在馈线距离保护中，将负荷电流中的 2、3、5、7、9、11 次谐波综合谐波含量作为控制量，自适应地调节阻抗继电器的动作边界，可以大大提高距离保护的自适应能力。此时，取 $K=(I_2+I_3+I_5+I_7+I_9+I_{11})/I_1$，将 K 代入式（7-1-4）和式（7-1-5）就可得到自适应能力更强的阻抗特性。

3. 利用牵引网中电流增量构成的保护

在正常负荷与故障状态下，短时间内电流的增量是不同的，利用这个差异可构成馈线保护。正常情况下，由于电力机车电路中大电感的使用，机车电流在短时间内的增量不会很大，尤其是机车启动时。当牵引网或机车发生短路时，馈线的短路电流将急速增加，其速度比正常情况高数倍或数十倍。根据这个特点构成的保护称为 ΔI 型保护（即电流增量保护）。

1）电流增量保护的原理

图 7-1-3 为电流增量保护的原理框图。首先将馈线电流 I 经 I/V 变换变换成电压，并经

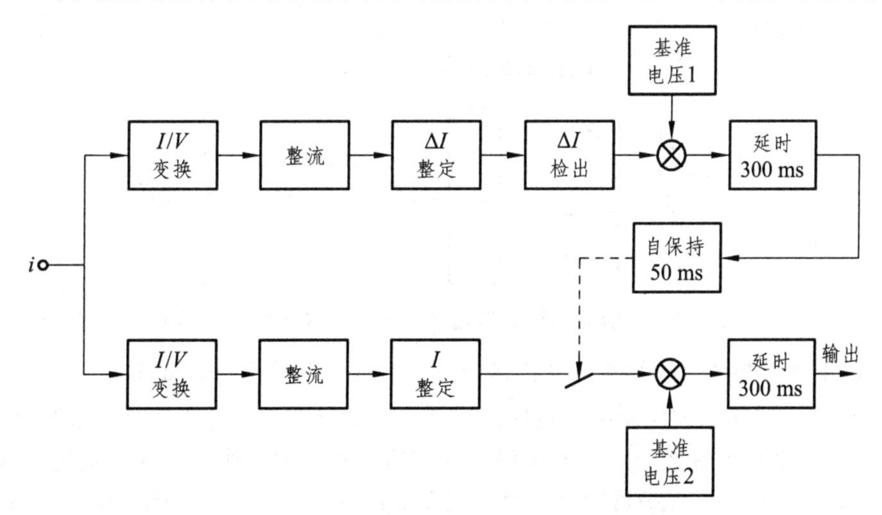

图 7-1-3 电流增量保护的原理示意图

整流后送到各自的整定环节。其中一个回路经 ΔI 检出的电压若大于基准电压 1 时，则有输出。该输出延时 300 ms 后，再自保持 50 ms，在此时限内 I 回路的开关闭合。I 整定回路的电压与基准电压 2 比较，如为正值，则有输出，并自保持 300 ms，在此时限内继电器发出指令使断路器跳闸。

综上所述，可以看出，ΔI 型保护是以 ΔI 超过某一标准电压，且需维持 300 ms 以上才能动作的保护装置。

2）电流增量保护的优缺点

电力增量保护的主要优点是选择能力比普通保护强。因为一般过电流保护是根据最大负荷电流整定的，所以一个供电分区的最大负荷电流一般能达到一列车最大电流的 2 倍左右。而电流增量保护除了反应稳态最大负荷以外，还同时反应短时间内电流的增量，因此其电流整定值可适当减至一列车的最大电流。这样不仅保护范围将大大延长，还可以在发生高阻接地故障、异相短路故障时可靠动作。

电力增量保护的主要缺点是动作时间较长。因为机车变压器或线路上的自耦变压器空载投入时，励磁涌流短时间的增量也是很大的，可能造成电流增量保护的误动作，为此必须增加保护的延时达到 300 ms 以上，所以电流增量保护的动作时间较长。

三、牵引网馈线微机保护装置的动作逻辑图

以下各图中各符号的含义如下：

I_1、I_2——两路馈线测量电流；

U_1——测量电压；

I_{11}、I_{12}、I_{13}、I_{15}——1 回馈线电流 I_1 的基波、2、3、5 次谐波；

ΔI——电流基波电流的突变量；

HWJ——断路器合闸位置继电器。

1. 二次谐波闭锁的自适应距离 I 段保护

图 7-1-4 为二次谐波闭锁的距离 I 段保护动作逻辑图。在距离 I 段投入情况下，TV 断线闭锁不动作，二次谐波闭锁不动作，同时短路故障出现在 I 段保护动作区内，保护延时动作，延时 T_{zk1} 时间后，输出动作信号和断路器跳闸信号。

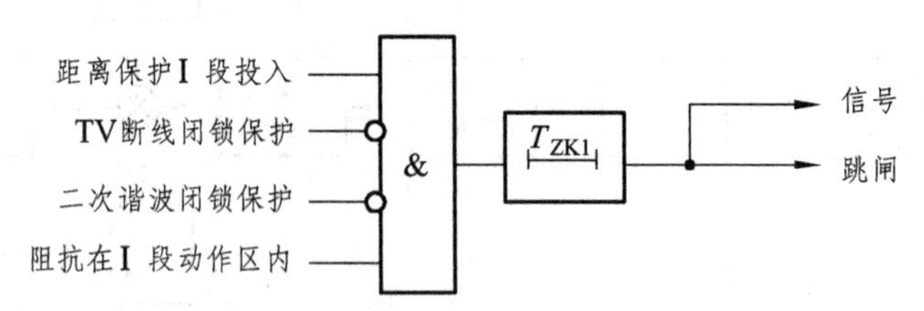

图 7-1-4 谐波闭锁的自适应距离 I 段保护动作逻辑图

2. 二次谐波闭锁的自适应距离 II 段保护及其后加速保护（距离 III 段）

图 7-1-5 所示二次谐波闭锁的自适应距离 II 段保护动作与上述 I 段保护过程基本相同，保护范围更大，动作范围较长。当 II 段保护动作后，重合闸动作，合闸位置继电器 HWJ 动作。此时若故障仍存在，保护再次动作时，则在加速时间 T_{JS} 后动作，使断路器跳闸。

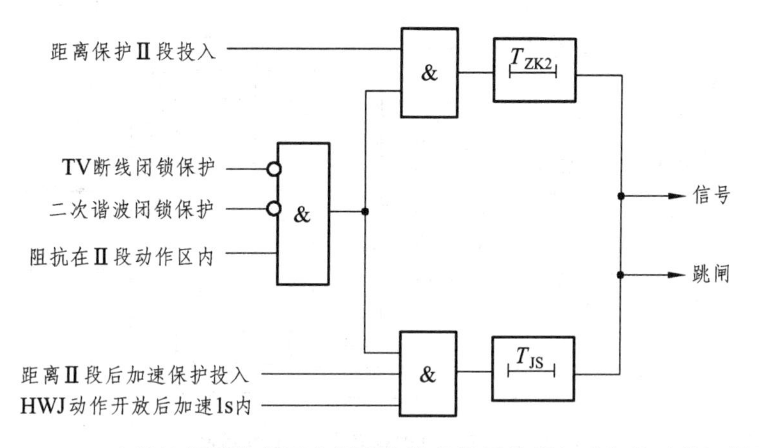

图 7-1-5　二次谐波闭锁的自适应距离Ⅱ段保护及其后加速保护动作逻辑图

3. 电流速断保护

该保护是主要针对牵引网馈线出口处短路故障而设置的，作为距离保护的辅助保护，整定值要躲过馈线最大负荷电流和最大励磁电流。其动作逻辑图如图 7-1-6 所示。

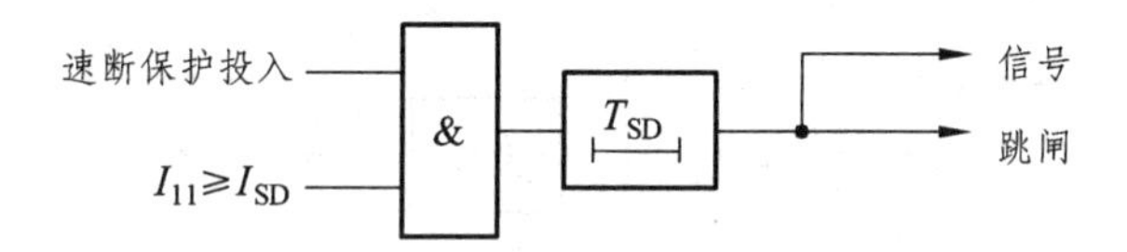

图 7-1-6　电流速断保护动作逻辑图

在速断保护投入情况下，当测量电流的基波分量 I_{11} 大于速断保护整定值 I_{SD} 时，保护延时 T_{SD} 时间后，保护输出动作信号及断路器跳闸信号。

4. 电流增量保护

电流增量保护的动作逻辑图如图 7-1-7 所示。在电流增量保护投入、非励磁涌流情况下，当测量电流 ΔI 大于整定值 ΔI_{ZL} 时，保护输出动作信号及断路器跳闸信号。

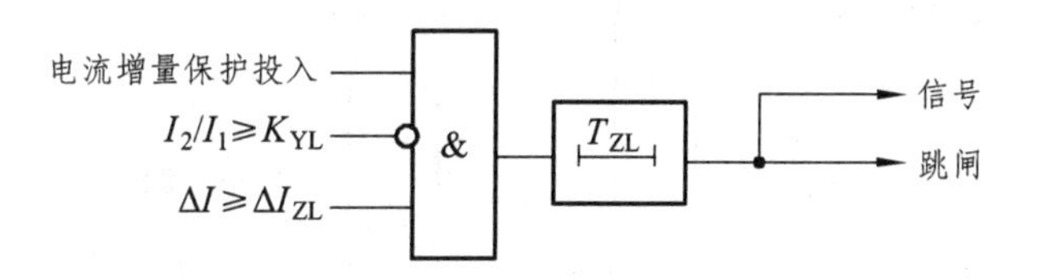

图 7-1-7　电流增量保护的动作逻辑图

5. 过电流保护

该保护作为距离保护的后备保护，保护线路全长，整定值要求躲过馈线的最大负荷电流，如图 7-1-8 所示。

在过电流保护投入的情况下，二次谐波闭锁不动作。当测量电流的基波分量 I_{11} 大于整定值 I_{GL} 时，保护动作延时 T_{GL} 时间后，输出动作信号与断路器跳闸信号。若当过流保护动作后，重合闸动作，合闸位置继电器 HWJ 动作。此时若故障仍存在，则保护在加速时间 T_{JS} 后动作，断路器跳闸。

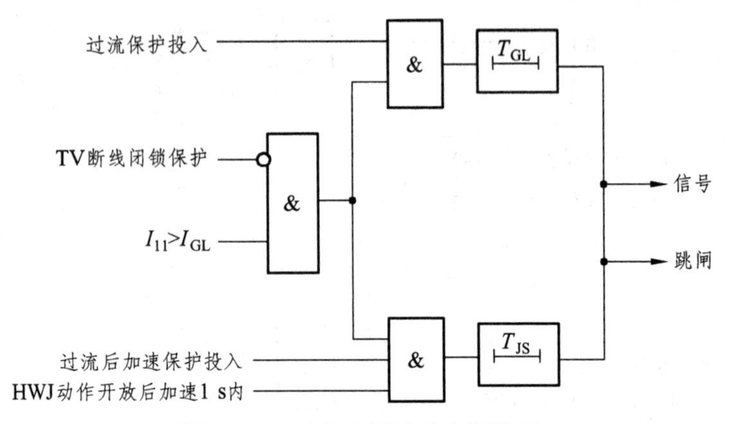

图 7-1-8　过电流保护动作逻辑图

6. 失压保护

失压保护动作逻辑图如图 7-1-9 所示。在失压保护投入情况下，断路器处于合闸位置，合闸位置继电器 HWJ 动作。当测量电压 U_1 低于低压保护整定值 U_{SY} 时，保护经 T_{SY} 延时动作，输出动作信号及断路器跳闸信号。

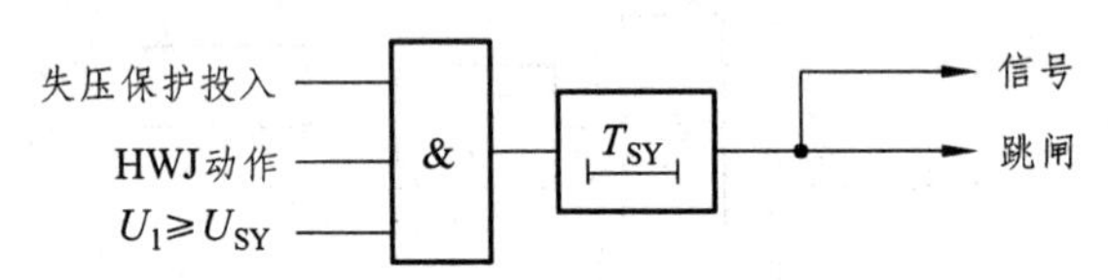

图 7-1-9　失压保护动作逻辑图

7. TV 断线检测

TV 断线检测动作逻辑图如图 7-1-10 所示。当断路器处于合闸位置，合闸位置继电器 HWJ 动作，TV 断线投入，当 U_1 小于断线整定电压 U_{DX}，而电流基波电流 I_{11} 小于整定电流 I_{DX}，则判断为 TV 断线，延时 1 s 后，发出动作信号。

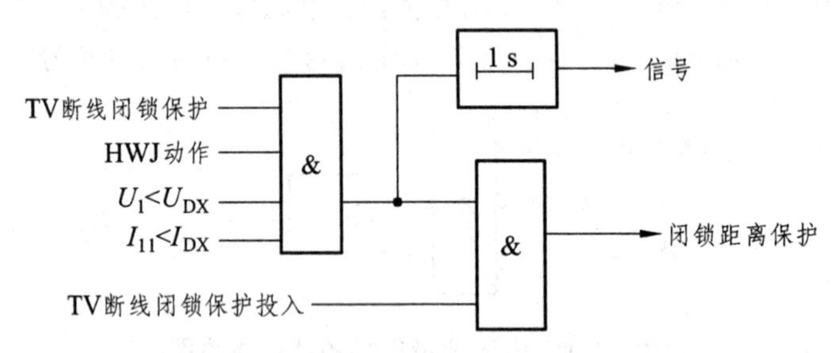

图 7-1-10　TV 断线检测动作逻辑图

8. 二次谐波闭锁

二次谐波闭锁动作逻辑图如图 7-1-11 所示。在二次谐波闭锁投入的情况下，二次谐波电流 I_{12} 与基波电流 I_{11} 之比大于二次谐波制动系数 K_{YL} 时，闭锁装置输出动作信号。

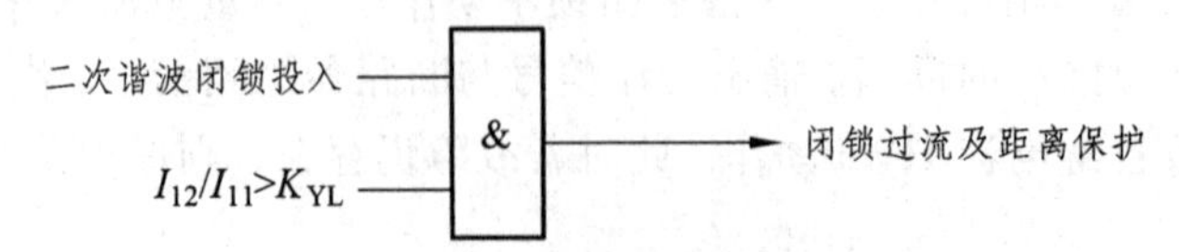

图 7-1-11　二次谐波闭锁动作逻辑图

【任务实施】

（1）学生接受任务，根据给出的相关知识通过学习以及查阅相关的资料。

（2）学生自行制订计划，与其他成员及老师讨论计划的可行性。

（3）为实际设备配置相应的保护装置及相关元件：WKH-892 型微机馈线保护装置、硬压板 XB。

微机馈线保护装置的端子图如图 7-1-12 所示，保护接线原理图如图 7-1-13 所示。

（4）对微机馈线保护装置进行保护定值设置。

馈线号：馈线号为 221，整定为 0221。

电流互感器变比：额定电流为 600A，则 TA 变比为 600/5A，整定为 120。

电压互感器变比：额定电压为 27.5 kV，则 TV 变比为 27.5/0.1 kV，整定为 275。

二次谐波制动系数：其含义为电流中二次谐波电流与基波电流之比，整定时按出厂设定为 0.2。

距离Ⅰ、Ⅱ、Ⅲ段定值：任何一段距离保护都可反应保护馈线正方向或反方向短路故障。

高阻接地Ⅰ段电流：按接触网电流 240 A 整定，TA 变比为 120，则整定为 240 A /120 = 2 A。

高阻接地Ⅱ、Ⅲ段电流：按接触网电流 80 A 整定，整定为 80 A/120 = 0.7 A。

电流畸变系数：整定为 0.99～0.995。

TV 断线检测电压：按 30～80 V 整定。

TV 断线检测电流：应按躲过最大负荷电流并低于最小短路电流整定。

手合闭锁延时：一般整定为 180 s。

线路阻抗特性角：一般按照默认整定为 75°。

故障测距：采用分段线性化电抗逼近法原理测距，电抗值以线路一次值输入。

牵引网馈线微机保护的定值清单如表 7-1-1 所示。

表 7-1-1　保护定值清单

序号	名　称	内　容	整定范围	序号	名　称	内　容	整定范围
0	馈线号	NO. = 0221	0×××	12	距离Ⅱ段电抗定值	$X_2 = 6\ \Omega$	$(0 \sim +250)\ \Omega$
1	电流互感器变比	$K_i = 120$	0～999	13	距离Ⅱ段时间	$T_{ZK2} = 0.5$ s	0.01～9.99 s
2	电压互感器变比	$K_u = 275$	0～999	14	距离Ⅲ段偏移电阻定值	$R_{03} = -1\ \Omega$	$(-250 \sim 0)\ \Omega$
3	二次谐波制动系数	$K_{YL} = 0.2$	0.10.5	15	距离Ⅲ段电阻定值	$R_3 = 8\ \Omega$	$(0 \sim +250)\ \Omega$
4	距离Ⅰ段偏移电阻定值	$R_{01} = -1\ \Omega$	$(-250 \sim 0)\ \Omega$	16	距离Ⅲ段偏移电抗定值	$X_{03} = -1\ \Omega$	$(-250 \sim 0)\ \Omega$
5	距离Ⅰ段电阻定值	$R_1 = 4\ \Omega$	$(0 \sim +250)\ \Omega$	17	距离Ⅲ段电抗定值	$X_3 = 8\ \Omega$	$(0 \sim +250)\ \Omega$
6	距离Ⅰ段偏移电抗定值	$X_{01} = -1\ \Omega$	$(-250 \sim 0)\ \Omega$	18	距离Ⅲ段时间	$T_{ZK3} = 1$ s	0.01～9.99 s
7	距离Ⅰ段电抗定值	$X_1 = 4\ \Omega$	$(0 \sim +250)\ \Omega$	19	过流电流	$I_{GL} = 8$ A	$(0.2 \sim 6)I_n$
8	距离Ⅰ段时间	$T_{ZK1} = 0.1$ s	0.01～9.99 s	20	过流时间	$T_{GL} = 0.5$ s	0.01～9.99 s
9	距离Ⅱ段偏移电阻定值	$R_{02} = -1\ \Omega$	$(-250 \sim 0)\ \Omega$	21	速断电流	$I_{SD} = 15$ A	$(0.2 \sim 6)I_n$
10	距离Ⅱ段电阻定值	$R_2 = 6\ \Omega$	$(0 \sim +250)\ \Omega$	22	速断时间	$T_{SD} = 0.1$ s	0.01～9.99 s
11	距离Ⅱ段偏移电抗定值	$X_{02} = -1\ \Omega$	$(-250 \sim 0)\ \Omega$	23	重合闸延时	$T_{CH} = 2$ s	0.01～9.99 s

6(PW) 电源插件

d		Z
	2	
	4	FGI
	6	
	8	
	10	
	12	
	14	
	16	
+24V	18	+24V
G24V	20	G24V
	22	
DC+	24	DC+
	26	
DC−	28	DC−
	30	
	32	DD

5(COM) 通信插件

光纤接口

4(TR) 跳闸插件

d		Z
+KM	2	BCJ1_1
TQ	4	BCJ1_2
TLP	6	BCJ2_1
TZ	8	BCJ2_2
HC	10	ZCH_1
HLP	12	ZCH_2
HZ	14	HW_1
−KM	16	HW_2
PM	18	
FM	20	
COM1	22	QFKD_1
FWD	24	QFKD_2
HWD	26	QF_FWJ
BD−1	28	
BD−2	30	
DD	32	

3(OUT) 信号插件

d		Z
QF-COM	2	1QS_COM
QF-TZ	4	1QS_TZ
QF-HZ	6	1QS_HZ
2QS-COM	8	3QS COM/BC SY1
2QS-TZ	10	3QS_TZ/BC_SY2
2QS-HZ	12	3QS_HZ
COM1	14	COM2
ΔI	16	ZK
I	18	FI
JXZT_1	20	YX_COM
JXZT_2	22	YX_DD
	24	YX_DL
1BY_1	26	1BY_2
QFSL_1	28	QFSL_2
AM_1	30	AM_2
CHZ_1	32	CHZ_2

2(PR) 保护插件

d		Z
4QS_HW	2	1QS_HW
5QS_HW	4	1QS_KD
6QS_HW	6	1QS_JGGZ
2QS_HW	8	3QS_HW/BC_YY
2QS_KD	10	3QS_KD
2QS_JGGZ	12	3QS_JGGZ
7QS_HW	14	8QS_HW
GPTR/DC_SY	16	GPRS_JYY
XCHW	18	QSEHW
QF_KD	20	QF_JGGZ
ZHTR	22	YK
+KR	24	+KR
−KR	26	−KR
GND	28	GND
TKD	30	RXD
RWS	32	CTS

1(AC) 交流插件

Y		L
DD	1	
	2	
	3	
	4	
	5	
	6	
	7	
U_B	8	
U_B^*	9	
	10	
	11	I_M
	12	I_M
	13	I_M
	14	I
	15	
U	16	
U+	17	

图 7-1-12　牵引网微机馈线保护装置的端子接线图

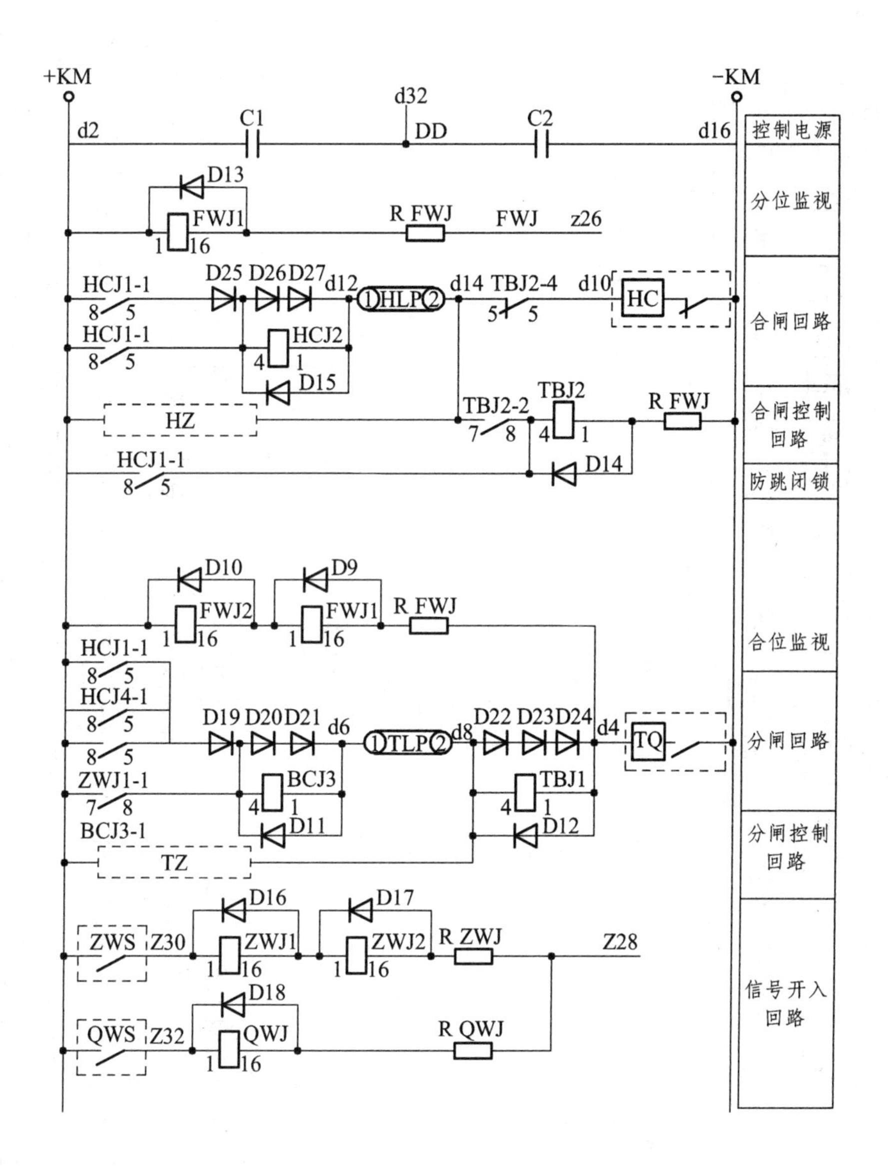
+KM
−KM
d32
C1
C2
d2
DD
d16
控制电源
D13
FWJ1
R FWJ
FWJ
z26
分位监视
HCJ1-1
D25 D26 D27
d12
HLP
d14
TBJ2-4
d10
HC
合闸回路
HCJ2
D15
HZ
TBJ2-2
TBJ2
R FWJ
合闸控制回路
D14
防跳闭锁
D10
D9
FWJ2
FWJ1
R FWJ
合位监视
HCJ4-1
D19 D20 D21
d6
TLP
d8
D22 D23 D24
d4
TQ
分闸回路
ZWJ1-1
BCJ3
TBJ1
D11
D12
BCJ3-1
TZ
分闸控制回路
D16
D17
ZWS
Z30
ZWJ1
ZWJ2
R ZWJ
Z28
D18
QWS
Z32
QWJ
R QWJ
信号开入回路

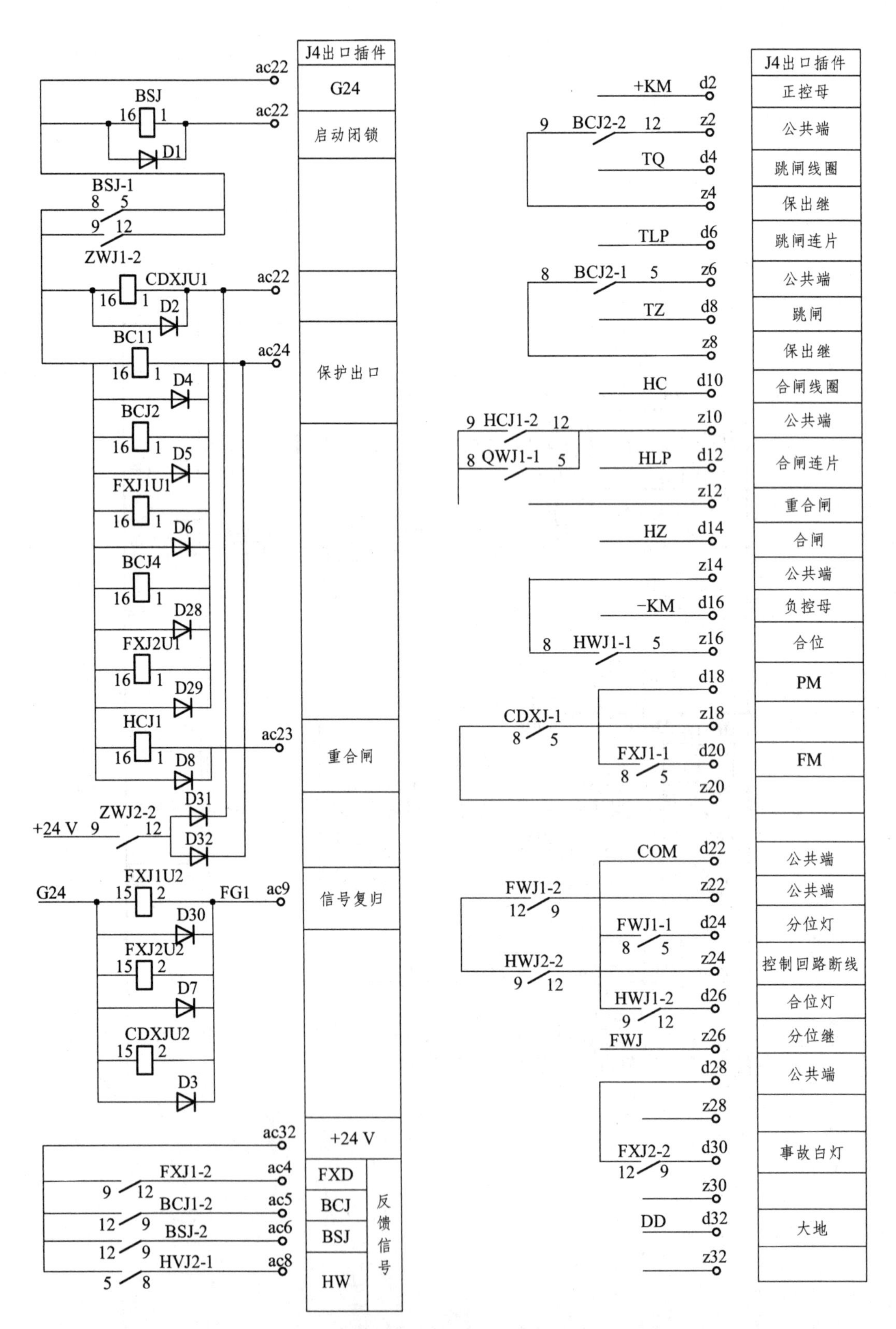

图 7-1-13 牵引网微机馈线保护装置的接线原理图

续表

序号	名　称	内　容	整定范围	序号	名　称	内　容	整定范围
24	后加速延时	$T_{JS}=0.1$ s	0 ~ 0.5 s	32	电流畸变系数	$K_{DZ1}=0.99$	0.99 ~ 0.995
25	TV 断线检测电压	$U_{DX}=60$ V	30 ~ 60 V	33	基波相移系数	$K_{DZ2}=0.99$	0.99 ~ 0.995
26	TV 断线检测电流	$I_{DX}=6$ A	$(0.2 \sim 6)I_n$	34	吸馈电流比系数	$M_{DZ}=0.95$	0.95
27	电流增量保护	$I_{ZL}=2$ A	$(0.2 \sim 2)I_n$	35	失压电压	$U_{SY}=40$ V	0 ~ 60 V
28	电流增量保护时间	$T_{ZL}=0.5$ s	0.1 ~ 10 s	36	失压时间	$T_{SY}=0.5$ s	0.01 ~ 9.99 s
29	高阻接地Ⅰ段电流	$I_{GZ1}=2$ A	$(0.1 \sim 1)I_n$	37	手合闭锁延时	$T_{SVS}=180$ s	0 ~ 999 s
30	高阻接地Ⅰ段时间	$T_{GZ1}=2$ s	0.01 ~ 9.99 s	38	线路阻抗特性角	$Z_{KJD}=75°$	60° ~ 80°
31	高阻接地Ⅱ、Ⅲ段电流启动定值	$I_{GZ2QD}=0.7$ A	$(0.1 \sim 1)I_n$				

（5）在牵引网馈线微机保护装置的面板上进行保护模拟测试的操作。

（6）将软压板投退设入，观察保护动作现象，并记录。

（7）在按照确定的工作步骤完成任务的过程中，如发现问题，需共同分析，遇到无法解决的问题时请教老师。

（8）各小组成员之间、各小组之间互相检查，发现问题，提出意见。

（9）老师检查各小组及个人完成的任务，提出问题，给出成绩。

【课堂训练与测评】

（1）简述牵引网的运行特点。

（2）简述牵引网的继电保护配置方案。

（3）简述四边形方向阻抗元件的优缺点。

（4）简述牵引网的距离保护整定原则。

（5）简述牵引网的电流增量保护的原理。

（6）简述电流增量保护的优缺点。

【知识拓展】

查看 WXB-65 型微机变压器保护测控装置技术说明书。

任务二　牵引变压器保护及自动装置配置

【任务描述】

为额定容量为 10 MVA，额定电压为 110 kV/27.5 kV，编号为 001 的牵引变压器配置继电保护方案，从牵引变压器的主保护保护和后备保护两方面来设置。

【知识链接】

一、牵引变压器的类型及绕组接线

牵引变压器是牵引变电所的主要设备。牵引变压器的额定电压，原边为 110 kV（或 220 kV），次边为 27.5 kV，比接触网额定电压 25 kV 高 10%。AT 供电方式的牵引变压器次边额定电压为 55 kV 或 2×27.5 kV。牵引变压器的额定容量有 10 MVA、12.5 MVA、16 MVA、20 MVA、25 MVA、31.5 MVA、40 MVA、50 MVA、63 MVA 等九个等级。

1. 牵引变压器的类型

牵引变电所常用的牵引变压器的类型有单相变压器、三相变压器、三相-两相变压器（斯科特接线、阻抗匹配平衡变压器）。从变压器的结构上讲，牵引变压器主要为油浸式变压器。

2. 牵引变压器的绕组接线

1）单相牵引变压器

单相牵引变压器的接线形式有纯单相接线、单相 Vv 接线和三相 Vv 接线三种。单项变压器采用纯单相接线的原理如图 7-2-1 所示。

2）三相牵引变压器

三相双绕组变压器的接线有多种形式，为统一起见，国标规定：Yd11、Yyn12、YNd11 三种形式为标准接线。牵引变电所采用的是 YNd11 接线，原边电压为 110 kV，副边电压为 27.5 kV。三相牵引变压器采用 YNd11 接线的原理图如图 7-2-2 所示。采用 YNd11 接线的优点如下：

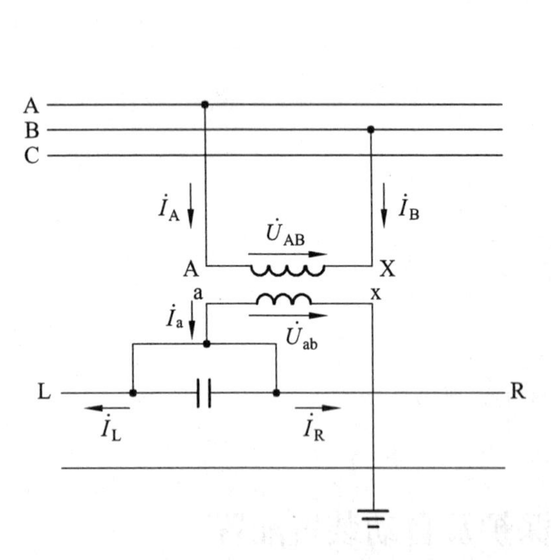

图 7-2-1　牵引变压器纯单相接线原理图

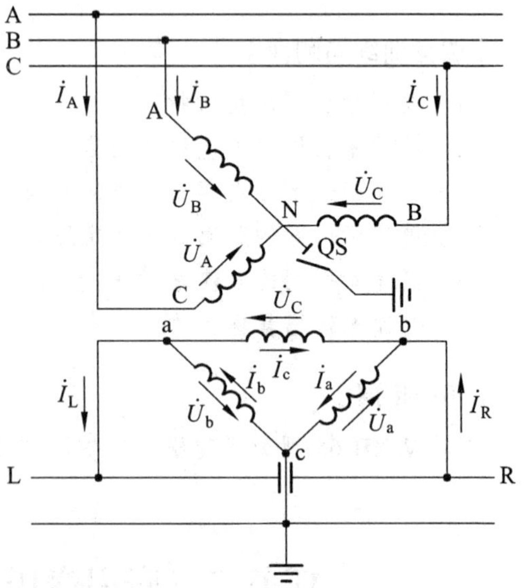

图 7-2-2　牵引变压器采用 YNd11 接线原理图

（1）牵引变压器的容量较大，一般只能由 110 kV 或 220 kV 电网供电，而该电压等级的电网为中性点直接接地系统。三相牵引变压器的原边绕组接成 YN，便于与电力系统的运行方式配合。另外，中性点接地还具有降低绕组绝缘造价等优点。

（2）由电机学原理可知，当三相变压器的次边为三角形接线时，可以提供三次谐波电流的通路，从而保证变压器主磁通和电势为正弦波。

原边绕组接成 YN，引出线端子 A、B、C 接电力系统三相，中性点通过隔离开关 QS 接地；次边绕组接成三角形，c 端子接钢轨和地网，a 端子和 b 端子分别接到两臂的牵引母线上。由于两臂的电压相位不同，因此两臂的接触网必须用分相绝缘器分开。

三相牵引变压器由于具有中性点接地方式与电力系统相适应、结构相对简单、运用技术成熟、供电安全、可靠性高等特点而被广泛使用。目前，其在我国电气化铁道牵引供电系统中占有的比重达到 80% 以上。

3）三相-两相牵引变压器

三相-两相牵引变压器又称平衡牵引变压器，它能使原边电力系统的对称三相系统变换为次边相互垂直的两相系统。反之，只要牵引变压器次边的两相电压、电流相互垂直且大小相等，则原边的三相系统就能保持三相对称。

采用三相-两相牵引变压器的目的是使电力系统的三相负荷对称，消除或减弱由牵引负荷在电力系统中所产生的负序电流。典型的采用斯科特接线的三相-两相牵引变压器的接线原理如图 7-2-3 所示。

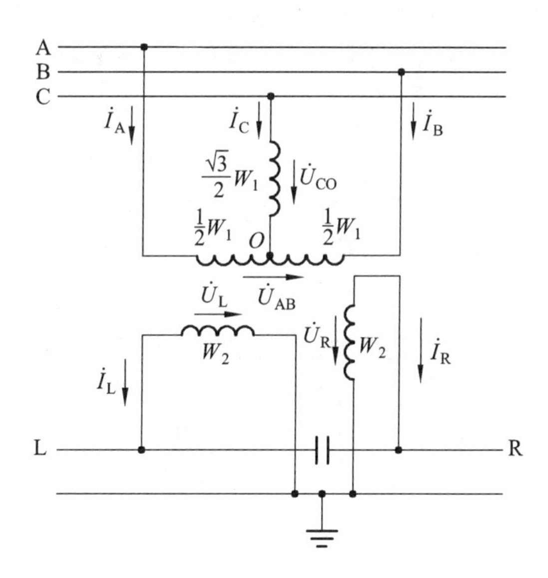

图 7-2-3　牵引变压器采用斯科特接线原理图

二、牵引变压器的继电保护配置

下面以三相油浸式牵引变压器为例来介绍牵引变压器的继电保护配置，对牵引变压器主要应装设以下保护。

1．纵联差动保护

纵联差动保护作为牵引变压器的主保护使用，可以反应油浸式变压器内部故障和外部故障中的相间短路和接地短路故障，如变压器绕组内部相见短路故障、高压侧单相接地短路、匝间层间短路故障、套管及引出线故障等，具有很高的动作灵敏性、速动性。

2. 瓦斯保护

瓦斯保护在油浸式变压器的保护装置中具有特殊地位，作为变压器的主保护使用，既可以反应变压器油箱内部故障（如匝间短路、层间短路等），又可以反应变压器的不正常工作状态（如油面过低、长期过热等）。所以，瓦斯保护也分为轻瓦斯和重瓦斯，轻瓦斯动作于报警，重瓦斯动作于跳闸。

3. 过电流保护

过电流保护在变压器的保护装置中主要作为后备保护使用。在实际应用中，由于牵引供电系统为重负荷供电线路，常采用低电压启动方式提高过电流保护的动作灵敏性，即采用低电压启动过电流保护。

4. 接地保护

接地保护在牵引变压器的保护装置中作为反应变压器一次侧发生接地故障时的保护，是一种相对独立的保护，也是纵联差动保护的一种辅助保护。

对中性点直接接地电网，由外部接地短路引起过电流时，如变压器中性点接地运行，应装设零序电流保护。零序电流保护通常由两段组成，每段可各带两个时限，并均以较短的时限用于缩小故障影响范围，以较长时限用于断开变压器各侧的断路器。

5. 过负荷保护

过负荷保护在牵引变压器的保护装置中用来反应变压器过负荷的不正常工作状态。当牵引变压器出现过负荷时，过负荷保护应给出报警信号。在经常无值班人员的变电站，必要时过负荷保护可动作于跳闸或断开部分负荷。

6. 过热保护

过热保护在油浸式牵引变压器的保护装置中为反应变压器油箱内部油温过高而设置，具有油温过高报警和启动控制冷却系统工作的功能，属于牵引变压器的非电气量保护。

综上所述，纵联差动保护和瓦斯保护在牵引变压器中主要作为主保护设置，过电流保护、接地保护、过负荷保护和过热保护在牵引变压器中主要作为后备保护设置。

三、牵引变压器保护动作逻辑图

1. 差动电流速断保护

差动电流速断保护的动作逻辑图如图 7-2-4 所示。图中 I_{CDU}、I_{CDV}、I_{CDW} 分别为 U、V、W 三相的差动电流，I_{SD} 为差动电流速断保护的电流整定值。

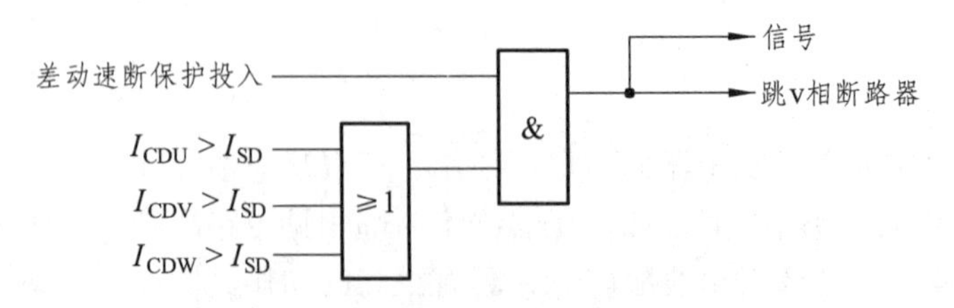

图 7-2-4 差动电流速断保护动作逻辑图

2. 二次谐波制动的比率差动保护

二次谐波制动的比率差动保护的动作逻辑图如图 7-2-5 所示。其中 I_{CDU}、I_{CDV}、I_{CDW} 分别为 U、V、W 三相的差动电流，I_{CDU2}、I_{CDV2}、I_{CDW2} 分别为 U、V、W 三相差动电流的二次谐波电流，K_{YL} 为二次谐波制动系数，一般取 0.2。

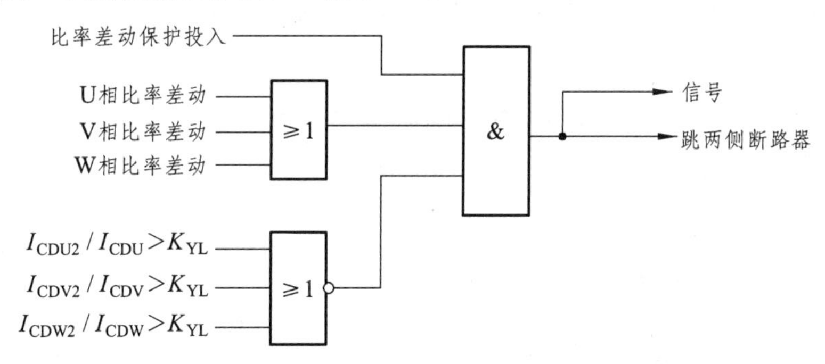

图 7-2-5　二次谐波制动的比率差动保护动作逻辑图

3. 零序过电流保护

图 7-2-6 所示为零序过电流保护动作逻辑图。其中 I_0 为零序电流，I_{DZ} 为零序电流保护的电流整定值。

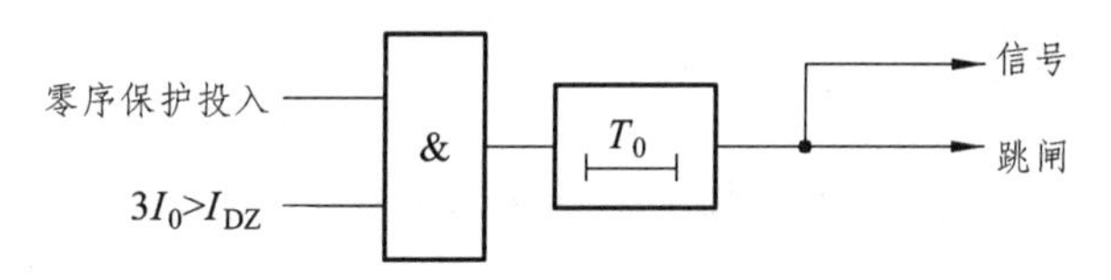

图 7-2-6　零序过电流保护动作逻辑图

4. 低电压启动的 u、v 相过电流保护

图 7-2-7、图 7-2-8 分别为 u 相，v 相过电流保护动作逻辑图。U_u、U_v 分别为低压侧 u 相、v 相测量电压值，U_{DY} 为低电压保护的电压整定值，I_{1GLu}、I_{1GLv} 为过电流保护的电流整定值。

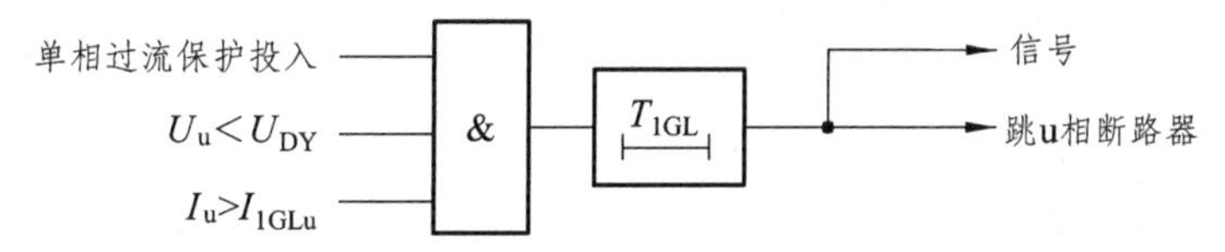

图 7-2-7　u 相低电压启动过电流保护动作逻辑图

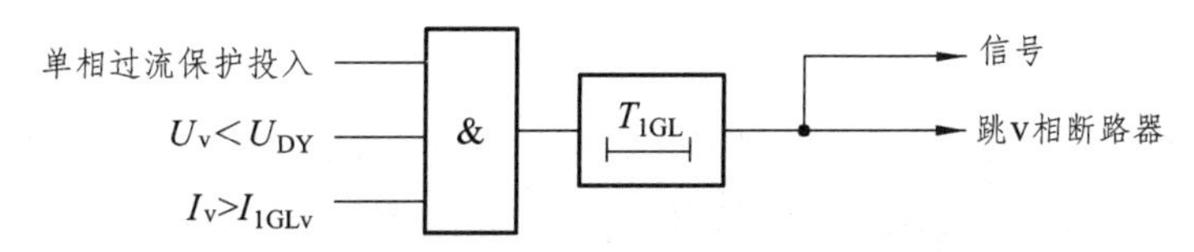

图 7-2-8　v 相低电压启动过电流保护动作逻辑图

5. 高压侧失压保护

图 7-2-9 所示为失压保护的动作逻辑图，其中 HWJ 为断路器合闸位置继电器，U_1 为变压器高压侧测量电压，U_{SY} 为失压保护的电压整定值。

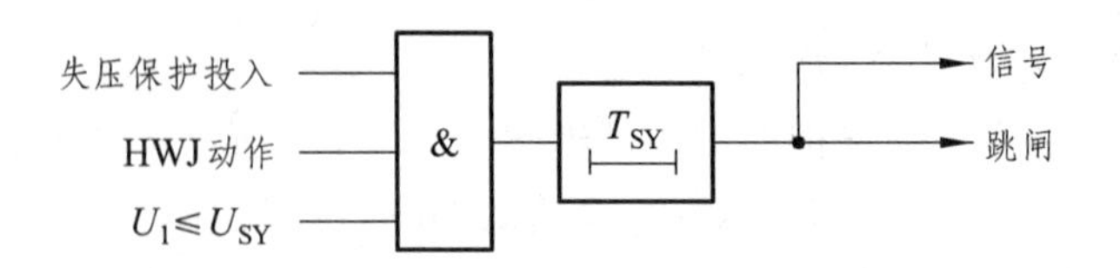

图 7-2-9　失压保护动作逻辑图

6. 高压侧 TV 断线检测

图 7-2-10 为高压侧 TV 断线检测动作逻辑图。U_U、U_V、U_W 为高压侧测量电压，U_u、U_v、U_w 为低压侧测量电压，U_{DX} 为断线闭锁整定值。

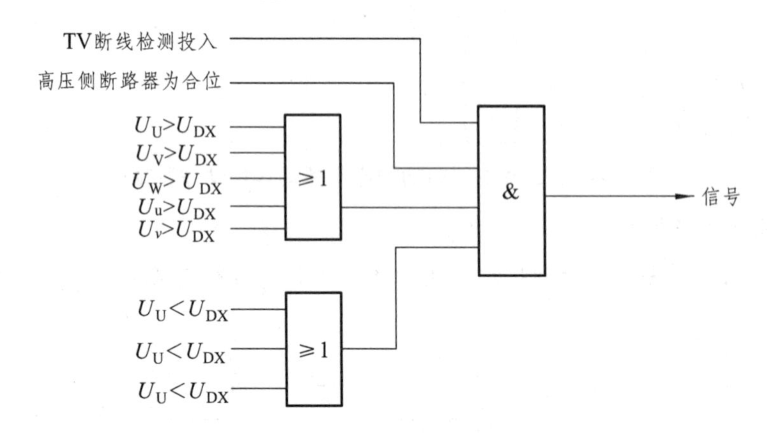

图 7-2-10　高压侧 TV 断线检测动作逻辑图

【任务实施】

（1）学生接受任务，根据给出的相关知识以及查阅相关的资料，自行完成任务的内容。

（2）学生自行制订计划，与其他成员及老师讨论计划的可行性。

（3）为牵引变压器配置相应的保护装置及相关元件：WBH-892 型变压器微机保护装置、硬压板 XB。

（4）根据牵引变压器微机保护装置接线图对保护装置进行安装接线。保护装置端子接线如图 7-2-11 所示，接线原理图如图 7-2-12 所示。

（5）接线经老师检查无误后，对保护装置从主保护和后备保护两方面进行定制设置。

牵引变压器微机保护装置主保护的定值清单如表 7-2-1 所 示，后备保护的定制清单如表 7-2-2 所示。

（6）在牵引变压器微机保护装置的面板上进行保护模拟测试的操作。

（7）将软压板投退设入，观察保护动作现象，并记录。

（8）在按照确定的工作步骤完成任务的过程中，如发现问题，需共同分析，遇到无法解决的问题请教老师。

（9）各小组成员之间、各小组之间互相检查，发现问题，提出意见。

（10）老师检查各小组及个人完成的任务，提出问题，给出成绩。

9(PW) 电源插件

d		Z
	2	
	4	FGI
	6	
	8	
	10	PD2-1
	12	PD2-2
	14	
	16	
+24V	18	+24V
G24V	20	G24V
	22	
DC+	24	DC+
	26	
DC−	28	DC−
	30	
	32	DD

8(COM) 通信插件

光纤接口

7(TR) 跳闸插件

d		Z
+KM3	2	BCJ1_1
7Q3	4	BCJ1_2
TLP3	6	BCJ2_1
TZ3	8	BCJ2_2
HC3	10	QWS_1
HLP3	12	QWS_2
HZ3	14	3QFHW_1
−KM3	16	3QFHW_2
PM	18	ZWS_1
FM	20	ZWS_2
COM13	22	3QFKD_1
FWD3	24	3QFKD_2
HWD3	26	3QF_FWJ
BD3_1	28	COM
BD3_2	30	ZWJ
DD	32	QWJ

6(TR) 跳闸插件

d		Z
+KM2	2	BCJ1_1
7Q2	4	BCJ1_2
TLP2	6	BCJ2_1
TZ2	8	BCJ2_2
HC2	10	YU_1
HLP2	12	YU_2
HZ2	14	2QFHW_1
−KM2	16	2QFHW_2
PM	18	ZWS_1
FM	20	ZWS_2
COM12	22	2QFKD_1
FWD2	24	2QFKD_2
HWD2	26	2QF_FWJ
BD2_1	28	COM
BD2_2	30	ZWJ
DD	32	YUJ

5(TR) 跳闸插件

d		Z
+KM1	2	BCJ1_1
TQ1	4	BCJ1_2
TLP1	6	BCJ2_1
TZ1	8	BCJ2_2
HC1	10	WD1_1
HLP1	12	WD1_2
HZ1	14	1QFHW_1
−KM1	16	1QFHW_2
PM	18	ZWS_1
FM	20	ZWS_2
COM11	22	1QFKD_1
FWD1	24	1QFKD_2
HWD1	26	1QF_FWJ
BD1_1	28	COM
BD1_2	30	ZWJ
DD	32	WD1J

4(OUT) 信号插件

d		Z
	2	
	4	
	6	
	8	
	10	
	12	
	14	
	16	
	18	
	20	
	22	
	24	
	26	
	28	
	30	
	32	

3(OUT) 信号插件

d		Z
1QFSL-1	2	2QFSL_1
1QFSL-2	4	2QFSL_2
	6	
3QFSL_1	8	1QFHW_1
3QFSL_2	10	1QFHW_2
	12	
2QFHW_1	14	3QFHW_1
2QFHW_2	16	3QFHW_2
	18	
PT_COM	20	YX_COM
P7275_A	22	YX_DD
P7275_B	24	YX_DL
BY_1	26	BY_2
FY_1	28	FI_2
AM_1	30	AM_2
	32	

2(PR) 保护插件

d		Z
1QF-HW	2	1QF_KD
2QF-HW	4	2QF_KD
3QF-HW	6	3QF_KD
YLSF	8	1QS_KD
WD2	10	2QS_KD
FJLS	12	3QS_KD
ZWS	14	4QS_KD
QWS	16	YU
WD1	18	
	20	
	22	YK
+KR	24	+KR
−KR	26	−KR
GND	28	GND
TXD	30	RXD
RTS	32	CTS

1(AC) 交流插件

Y		L
DD	1	
	2	
	3	I_{0*}
U_0	4	I_0
U_E	5	I_{B*}
	6	I_B
	7	I_{a*}
	8	I_a
	9	I_{c*}
	10	I_c
	11	I_{B*}
U_B	12	I_B
U_B^*	13	I_{A*}
	14	I_A
	15	
U_0	16	
U+	17	

图 7-2-11 牵引变压器微机保护装置端子接线图

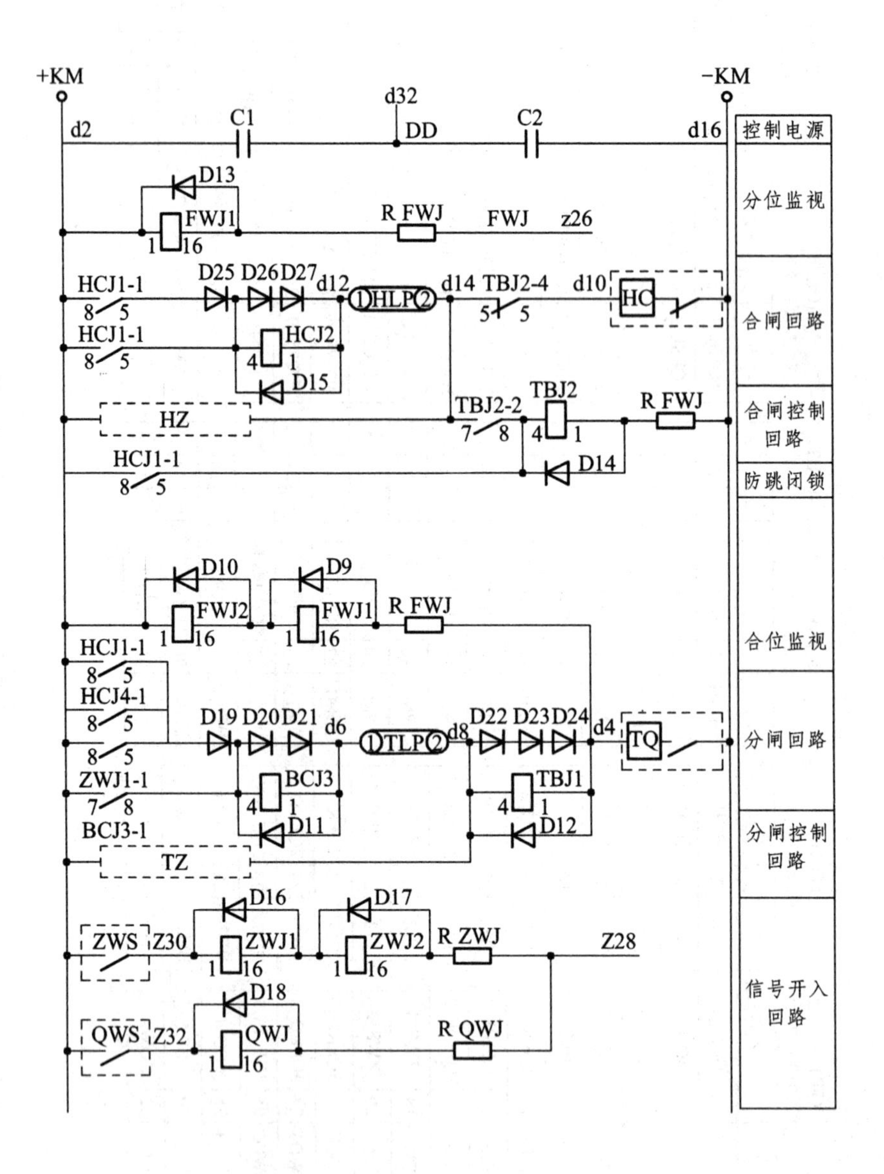
+KM
−KM
d2
C1
d32
DD
C2
d16
控制电源
D13
FWJ1
1
16
R FWJ
FWJ
z26
分位监视
HCJ1-1
8 5
D25 D26 D27
d12
①HLP②
d14
TBJ2-4
5 5
d10
HC
合闸回路
HCJ1-1
8 5
HCJ2
4 1
D15
HZ
TBJ2-2
7 8
TBJ2
4 1
R FWJ
合闸控制
回路
HCJ1-1
8 5
D14
防跳闭锁
D10
FWJ2
1 16
D9
FWJ1
1 16
R FWJ
合位监视
HCJ1-1
8 5
HCJ4-1
8 5
8 5
D19 D20 D21
d6
①TLP②
d8
D22 D23 D24
d4
TQ
分闸回路
ZWJ1-1
7 8
BCJ3
4 1
D11
TBJ1
4 1
D12
BCJ3-1
TZ
分闸控制
回路
D16
ZWS
Z30
ZWJ1
1 16
D17
ZWJ2
1 16
R ZWJ
Z28
D18
QWS
Z32
QWJ
1 16
R QWJ
信号开入
回路

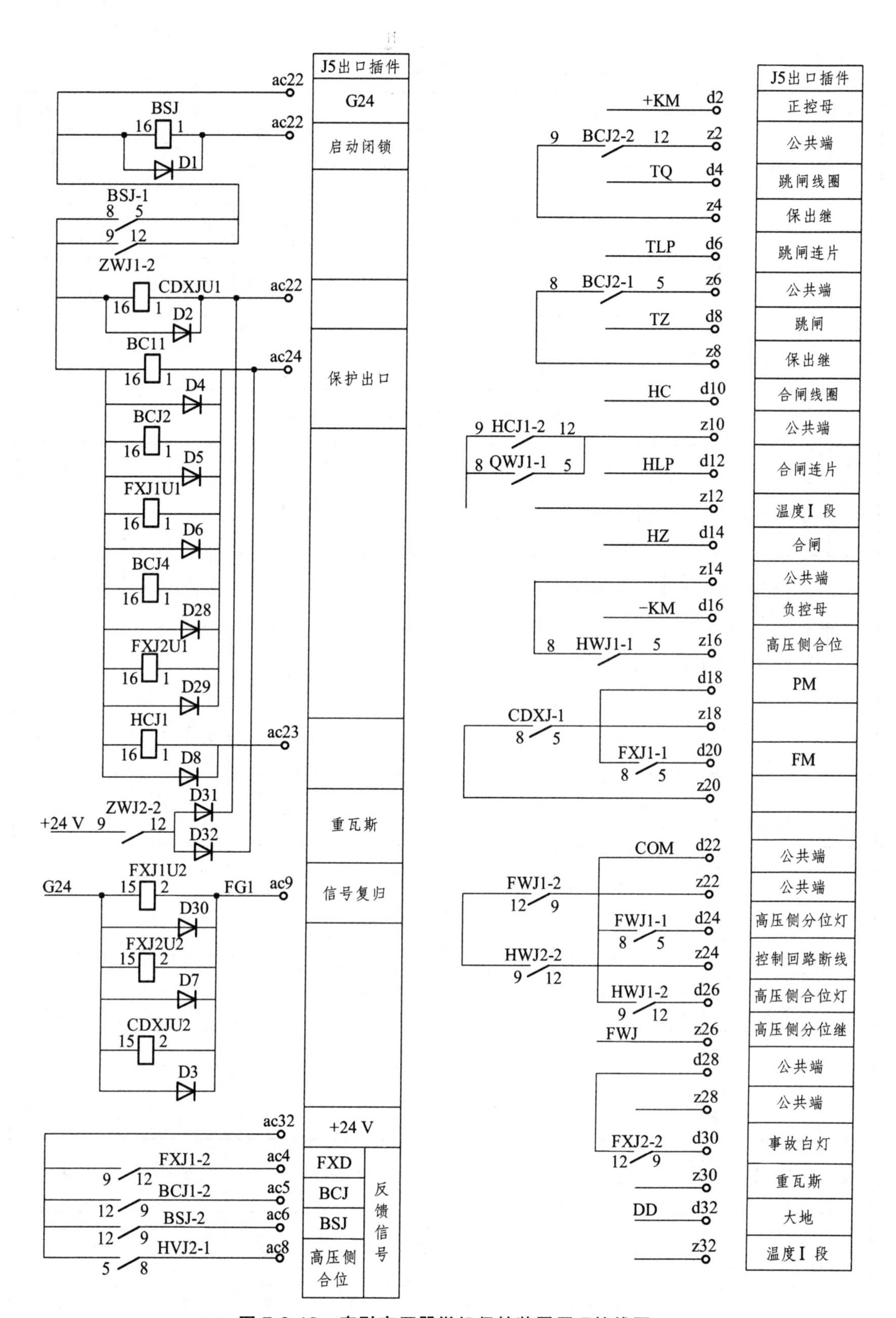

图 7-2-12 牵引变压器微机保护装置原理接线图

表 7-2-1　牵引变压器主保护定值清单

序号	名　称	内　容	整定范围	序号	名　称	内　容	整定范围
1	主变号	NO. = 0001	0×××	8	差动制动电流 2	I_{DZ2} = 5 A	$(0.1 \sim 10)I_n$
2	平衡系数	K_{ph} = 1.04		9	比率制动系数 2	K_{ZD2} = 0.5	0.25 ~ 0.75
3	二次谐波制动系数	K_{LY} = 0.2	0.1 ~ 0.5	10	零序过电流保护定值	I_{LX} = 6 A	$(0.1 \sim 10)I_n$
4	差动速断电流定值	I_{SD} = 21 A	$(0.1 \sim 10)I_n$	11	零序过流时限	T_{LX} = 1 s	0.01 ~ 9.99s
5	差动动作电流定值	I_{DZ} = 1.1 A	$(0.1 \sim 10)I_n$	12	差　动	投　入	投入或退出
6	差动制动电流 1	I_{DZ1} = 1.5 A	$(0.1 \sim 10)I_n$	13	差动速断	投　入	投入或退出
7	比率制动系数 1	K_{ZD1} = 0.5	0.25 ~ 0.75	14	零序过流	投　入	投入或退出

表 7-2-2　牵引变压器后备保护定值清单

序号	名　称	内　容	整定范围	序号	名　称	内　容	整定范围
1	主变号	NO. = 0001	0×××	15	过负荷Ⅱ段 U 相电流定值	I_{FH2U} = 3 A	$(0.2 \sim 2)I_n$
2	高压侧低电压定值	U_{DH} = 60 V	30 ~ 80 V	16	过负荷Ⅱ段 V 相电流定值	I_{FH2V} = 3 A	$(0.2 \sim 2)I_n$
3	低压侧低电压定值	U_{DL} = 60 V	30 ~ 80 V	17	过负荷Ⅱ段 W 相电流定值	I_{FH2W} = 3 A	$(0.2 \sim 2)I_n$
4	三相过流 U 相电流定值	I_{3GLU} = 5 A	$(0.2 \sim 6)I_n$	18	过负荷Ⅱ段时限	T_{FH2} = 60 s	1 ~ 300 s
5	三相过流 V 相电流定值	I_{3GLV} = 5 A	$(0.2 \sim 6)I_n$	19	失压电压定值	U_{SY} = 30 V	0 ~ 80 V
6	三相过流 W 相电流定值	I_{3GLW} = 5 A	$(0.2 \sim 6)I_n$	20	失压时限	T_{CY} = 2 s	0.5 ~ 5 s
7	三相过流时间	T_{3GL} = 1 s	0.5 ~ 5 s	21	TV 断线电压定值	U_{DX} = 30 V	30 ~ 80 V
8	u 相过流电流定值	I_{1GLu} = 6 A	$(0.2 \sim 6)I_n$	22	三相过流保护	投　入	投入或退出
9	v 相过流电流定值	I_{1GLv} = 6 A	$(0.2 \sim 6)I_n$	23	U 相过流保护	投　入	投入或退出
10	单相过流时限	T_{1GL} = 1 s	0.5 ~ 5 s	24	V 相过流保护	投　入	投入或退出
11	过负荷Ⅰ段 U 相电流定值	I_{FH1U} = 3 A	$(0.2 \sim 2)I_n$	25	过负荷Ⅰ段保护	投　入	投入或退出
12	过负荷Ⅰ段 V 相电流定值	I_{FH1V} = 3 A	$(0.2 \sim 2)I_n$	26	过负荷Ⅱ段保护	投　入	投入或退出
13	过负荷Ⅰ段 W 相电流定值	I_{FH1W} = 3 A	$(0.2 \sim 2)I_n$	27	失压保护	投　入	投入或退出
14	过负荷Ⅰ段时限	T_{FH1} = 30 s	1 ~ 300 s	28	TV 短线检测	投　入	投入或退出

【课堂训练与测评】

（1）简述牵引变压器的类型。

（2）简述牵引变压器的绕组接线。

（3）画出牵引变压器采用 YNd11 接线原理图。

（4）简述牵引变压器纵联差动保护的原理。

（5）简述牵引变压器的瓦斯保护的原理。

（6）从牵引变压器主保护和后备保护两方面说明继电保护配置。

【知识拓展】

设计 110 kV/27.5 kV 牵引变电所的主变压器和馈出线侧的继电保护配置。

任务三　并联补偿装置保护配置

【任务描述】

对接入 27.5 kV 牵引网，额定电流为 600 A，电流互感器变比为 600/5，电压互感器变比为 27.5/0.1，编号为 010 的并联电容补偿装置进行微机继电保护配置。

【知识链接】

在牵引供电系统中，由于电力机车负荷大、功率因数较低，同时牵引网末端电压水平也较低，所以要求在牵引变电所装设并联电容器补偿装置，以提高系统的功率因数，降低供电线路的损耗，提高供电电压质量。

一、并联补偿装置的运行特点

并联电容补偿装置是按照工频额定电压下，牵引供电系统所需要的无功功率而设计的。但是在实际中，因为谐波电压的存在和电压波动的情况，都将对并联电容的运行产生影响。并联电容补偿装置的运行有以下特点：

（1）牵引供电系统电压、电流畸变时，谐波电流会从容抗小的电容电路通过，电流增大使电容器电容器的功率损失增大同时还会使严重过负荷，从而引起电容器损坏。

（2）牵引供电系统运行电压波动时，若静电电容的运行电压要比额定电压低得多，这时无功功率的输出将大为减少，就起不到应有的无功补偿作用。若静电电容的运行电压升高，将会使电容器的温度显著增加，热平衡遭到破坏，最后导致电容器的损坏。

二、并联补偿装置的故障及不正常运行

牵引变电所并联补偿装置常见的电气故障及不正常运行方式有以下几种：

（1）并联补偿装置与断路器之间连线的短路。

（2）并联补偿装置中某一故障电容器切除后引起的过电压。

（3）并联补偿装置中电容器组的单相接地。

（4）并联补偿装置内部故障及其引出线的短路。

（5）并联补偿装置过电压。

（6）并联补偿装置所连接的母线失压。

三、并联补偿装置的保护配置

1. 电流速断保护

电流速断保护用于并联电容补偿装置断路器到电容器或电抗器连接线的短路故障和母线的接地短路故障。速断保护的动作逻辑图如图 7-3-1 所示，其整定原则为：

（1）不因电力牵引列车产生的高次谐波电流而动作。

（2）不因并联补偿装置投入时产生的合闸涌流而动作。

电流速断保护的动作电流 I_{SD} 一般按照第（2）条原则整定，同时也就满足了第（1）条原则的要求。计算公式为

$$I_{SD}=\frac{K_{rel}K_{i}}{K_{re}n_{i}}I_{N} \tag{7-3-1}$$

式中 I_N——并联补偿装置的额定电流（A）；

n_i——电流互感器的电流变比；

K_i——并联补偿装置投入时最大冲击电流倍数；

K_{rel}——可靠系数，一般取 1.2；

K_{re}——返回系数，一般取 0.85。

并联补偿装置投入时，最大冲击电流倍数 K_i 的计算公式为

$$K_{i}=1+\sqrt{\frac{X_{C}}{X'_{L}}} \tag{7-3-2}$$

式中 X_C——并联补偿装置电容器组的容抗（Ω）；

X'_L——串联电抗器感抗 X_L 与系统感抗 X_S 之和，即 $X'_L=X_S+X_L$（Ω）。

灵敏系数 K_{sen} 按牵引侧母线最小两相短路电流 $I_{k,min}^{(2)}$ 校验，不应小于 1.5。其计算公式为

$$K_{sen}=\frac{I_{k,min}^{(2)}}{I_{SD}n_{i}}\geqslant 1.5 \tag{7-3-3}$$

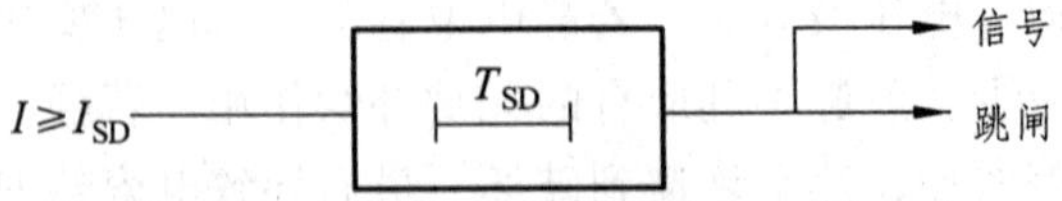

$I \geqslant I_{SD}$ —— T_{SD} —— 信号 / 跳闸

图 7-3-1 电流速断保护动作逻辑图

2. 过电流保护

过电流保护作为电流速断保护的后备保护，反应并联补偿装置内部部分接地故障的保护。其保护的动作逻辑图如图 7-3-2 所示，过电流保护的动作电流 I_{GL} 的整定按照躲过并联电容器组的长期允许电流来计算，其计算公式为

$$I_{GL}=\frac{K_{rel}K_{pe}}{K_{re}n_i}I_N \tag{7-3-4}$$

式中 K_{pe}——电容器最大长期允许电流倍数，一般取 1.3；

I_N、n_i、K_{rel}、K_{re}——含义与式（7-3-2）相同。

过电流保护的灵敏系数仍按式（7-3-3）计算，但保护灵敏度系数要求不小于 2。动作延时按躲过合闸涌流的时间确定，动作时限一般为 0.5 ~ 1 s。

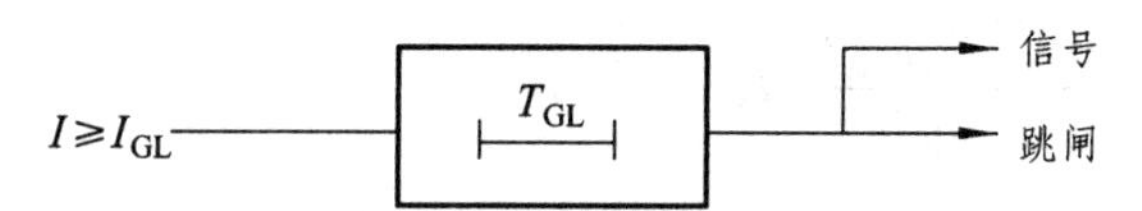

图 7-3-2 过电流保护的动作逻辑图

3. 谐波过电流保护

谐波过电流保护用作并联补偿装置高次谐波超过允许值的保护，其动作逻辑图如图 7-3-3 所示。可根据流入并联电容补偿装置高次谐波电流允许值和相应时间进行整定。

有关技术条件规定，电容器在通过额定电流（正弦）的同时允许通过等价三次谐波电流 I_3 的数值与时间为

$$I_3=\sqrt{\sum_{n=2}^{\infty}\left(\frac{n}{3}I_n\right)^2}\leqslant 0.78I_N \text{（持续）}$$

$$I_3\leqslant 1.5I_n \text{（2 min）}$$

式中 I_n——流入并联电容补偿装置的 n 次（通常 n 为 3、5、7）谐波电流（A）；

I_N——并联电容补偿装置的额定电流（A）。

因此，谐波过电流保护动作电流为：

$$I_{XB}=\sqrt{\frac{\sum_{n=2}^{\infty}\left(\frac{n}{3}I_n\right)^2}{n_i}}=\frac{1.2I_n}{n_i} \tag{7-3-5}$$

式中 n_i——电流互感器的变比。

动作时限 $t=2\sim3$ min。

当流入并联补偿装置的等价三次电流的数值与时间达到上述整定值（I_{XB}，t）时，谐波过电流保护动作，使相应的断路器跳闸。

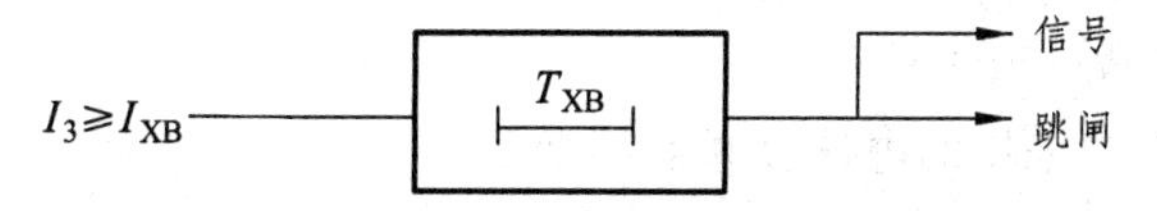

图 7-3-3 谐波过电流保护的动作逻辑图

4. 差电流保护

差电流保护（纵向电流差动保护）用作并联电容补偿装置对地短路的主保护，特别是对电抗器、末端电容器和它们引线的保护具有重要意义。这些设备对地短路时，回路阻抗增大、

短路电流减小，而差电流保护对短路电流很小的故障有很高的灵敏度，因此能可靠、有效地切除故障。差电流保护的动作逻辑图如图 7-3-4 所示，I_{dif} 为并补支路差电流的基波分量。

该保护是由并联补偿装置首端和末端两个电流互感器二次侧按电流差接线构成的。采用一般电流继电器做差流继电器，而不采用差动继电器。因后者要求的动作电流较大，对短路电流小的情况不能进行整定。

该保护差流继电器的动作电流计算公式为

$$I_{CL}=\frac{\Delta f_{max}K_{st}K_{rel}K_i}{n_i}I_N \tag{7-3-6}$$

式中 Δf_{max}——电流互感器最大允许误差，取 0.1；

K_{st}——考虑电流互感器特性不同的系数，不同型为 1，同型为 0.5；

I_N、n_i、K_{rel}、K_{re} 的含义与式（7-3-1）中相同。

如果需要进一步减小该保护差流继电器的动作电流，可采用动作延时的方法躲过并联补偿装置投入时的合闸涌流。

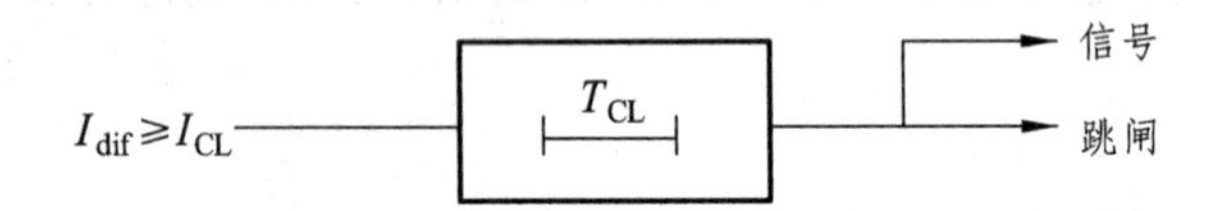

图 7-3-4 差电流保护动作逻辑图

5. 差电压保护

差电压保护是一种用于反应并联补偿装置电容器内部故障和局部（单串）电容器过电压的保护。差电压保护灵敏度高，保护范围大，不受合闸涌流、高次谐波和电压波动的影响。正常时，因两段串联电容器的容抗基本相等，差压继电器线圈的差电压基本为零（安装时尽量满足这一要求），差压继电器不动作。当某段有电容器发生内部故障时，两段串联电容器的容抗不再相等，差压继电器线圈得到差电压。当差电压达到或大于整定值时，差电压继电器动作，并切除并联电容补偿装置。其动作逻辑图如图 7-3-5 所示，U_{dif} 为并补装置两半组电容器之差电压的基波分量。

差压继电器的动作电压 U_{CY} 的计算公式为

$$U_{CY}=\frac{\Delta U_C}{n_u K_{sen}} \tag{7-3-7}$$

式中 ΔU_C——电流互感器最大允许误差，取 0.1；

K_{sen}——灵敏系数，取 1.5；

n_u——差电压保护采用的电压互感器的变比。

为躲过两段串联电容器瞬时出现的电压不平衡，差电压保护应有 0.5 ~ 1 s 的动作时限。

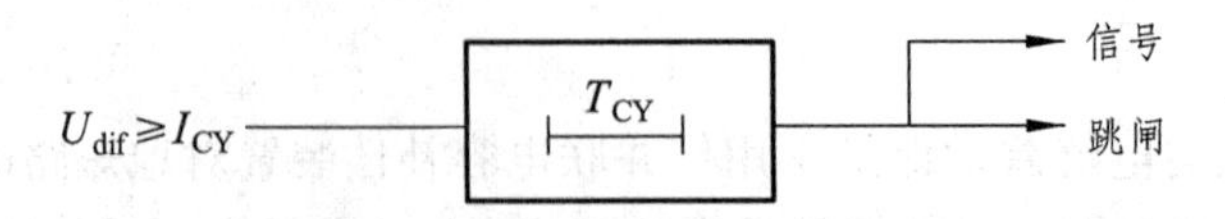

图 7-3-4 差电压保护动作逻辑图

6. 失压保护

为了防止电容器所连接的母线失压后由下列原因对电容器造成的损坏，并联补偿装置应装设失压保护。其动作逻辑图如图 7-3-6 所示。

（1）电容器装置失压后立即恢复供电将可能造成电容器过电压而损坏电容器。

（2）变电所失压后恢复供电，可能造成变压器带电容器合闸涌流及过电压，或失压后的恢复供电可能因无负荷造成电压升高构成的过电压而损坏电容器。

失压保护的整定值既要保护失压后电容器尚有残压时能够可靠动作，又要防止在牵引侧母线瞬间电压降低时发生误动作。一般失压保护的电压继电器的动作值可整定为 50%～60% 的牵引网额定电压，带短延时跳闸。失压保护的动作电压 U_{SY} 的计算公式为

$$U_{SY}=\frac{K_{min}U_N}{n_u} \tag{7-3-8}$$

式中 U_N——电容器所接牵引侧母线的额定电压；

K_{min}——系统正常运行时可能出现的最低电压系数，一般取 0.5；

n_u——电压互感器的变比。

并联补偿装置的失压保护一般动作时限为 0.5～1 s。

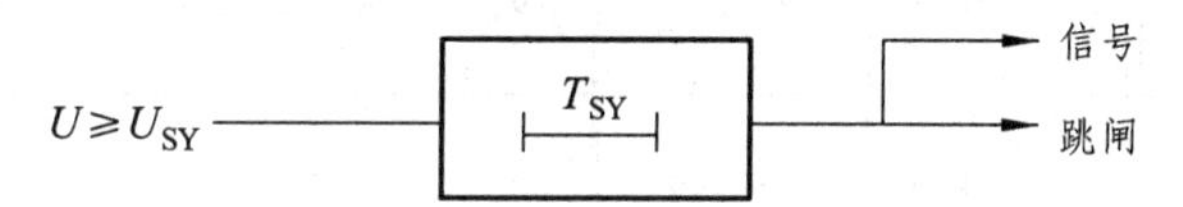

图 7-3-6 失压保护动作逻辑图

7. 过电压保护

过电压保护是为了防止牵引供电系统运行电压过高危及电力电容器组的安全运行（发生绝缘损坏）而装设的保护，过电压保护动作逻辑图如图 7-3-7 所示。

标准规定，电容器允许在 1.1 倍额定电压下长期运行，在 1.15 额定电压下运行 30 min，在 1.2 倍额定电压下运行 5 min，在 1.3 倍额定电压下运行 1 min。为安全起见，过电压保护的实际整定比较保守，一般在 1.1 倍额定电压时要求延时动作于信号；在 1.2 倍额定电压时要求 5～10 s 动作于断路器跳闸。过电压保护延时跳闸的目的是为了避免瞬时电压波动引起的误跳闸。过保护的动作电压 U_{GY} 的计算公式为:

$$U_{GY}=\frac{K_C U_N}{n_u} \tag{7-3-9}$$

式中 U_N——电容器所接入母线（电网标称）的额定电压；

K_C——电容器允许的过电压倍数；

n_u——电压互感器的变比。

并联补偿装置的过电压保护一般动作时限为 1～5 s。

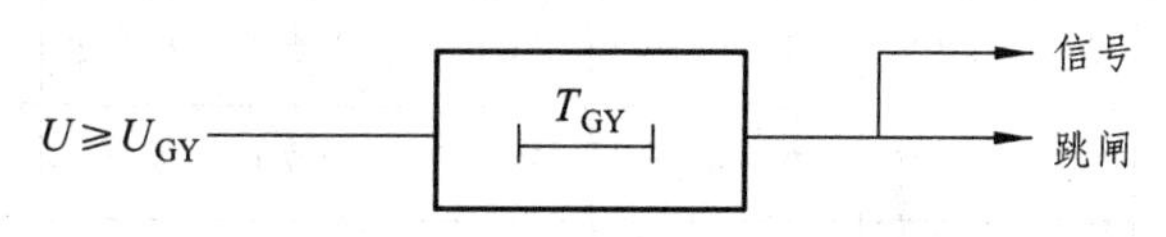

图 7-3-7 过电压保护动作逻辑图

【任务实施】

（1）学生接受任务，根据给出的相关知识以及查阅相关的资料。

（2）学生自行制订计划，与其他成员及老师讨论计划的可行性。

（3）为实际设备配置相应的保护装置及相关元件：WBB-892 型电容器微机保护装置、硬压板 XB。

WBB-892 型电容器微机保护装置的端子接线图如图 7-3-8 所示，其接线原理图如图 7-3-9 所示。

（4）对电容器微机保护装置进行保护定值设置。

电容器微机保护装置的定值清单如表 7-3-1 所示。

表 7-3-1　并联电容器保护定值清单

序号	名　称	内　容	整定范围	序号	名　称	内　容	整定范围
0	电容号	NO. = 0010	0×××	17	速断时间	$T_{SD}=0.5$ s	0～5 s
1	过电流 TA 变比	$K_{GL}=120$	0～999	18	差电流时间	$T_{CL}=2$ s	0～5 s
2	电容 1 组差电流 TA 变比	$K_{CL1}=120$	0～999	19	谐波过流时间	$T_{XB}=0.1$ s	0～600 s
3	电容 2 组差电流 TA 变比	$K_{CL2}=120$	0～999	20	过电压时间	$T_{GY}=2$ s	0～5 s
4	过电压 TV 变比	$K_{GY}=275$	0～999	21	失压时间	$T_{SY}=0.1$ s	0～5 s
5	电容 1 组差电压 TV 变比	$K_{CY1}=275$	0～999	22	差电压时间	$T_{CY}=2$ s	0～5 s
6	电容 2 组差电压 TV 变比	$K_{CY2}=275$	0～999	23	过电流保护	投　入	投入或退出
7	过电流定值	$I_{GL}=10$ A	$(0\sim4)I_n$	24	速断电流保护	投　入	投入或退出
8	速断电流定值	$I_{SD}=8$ A	$(4\sim8)I_n$	25	电容 1 组差电流保护	投　入	投入或退出
9	电容 1 组差电流定值	$I_{CL1}=7$ A	$(0\sim4)I_n$	26	电容 2 组差电流保护	投　入	投入或退出
10	电容 2 组差电流定值	$I_{CL2}=7$ A	$(0\sim4)I_n$	27	谐波过电流保护	投　入	投入或退出
11	谐波过电流	$I_{XB}=6.5$ A	$(0\sim4)I_n$	28	过电压保护	投　入	投入或退出
12	过电压电压	$U_{GY}=150$ V	0～200 V	29	失压保护	投　入	投入或退出
13	失压电压	$U_{SY}=80$ V	0～100 V	30	电容 1 组差电压保护	投　入	投入或退出
14	电容 1 组差电压	$U_{CY1}=20$ V	0～30 V	31	电容 2 组差电压保护	投　入	投入或退出
15	电容 2 组差电压	$U_{CY2}=20$ V	0～30 V	32	谐波过电流	跳　闸	跳闸或发信号
16	过电流时间	$T_{CL}=2$ s	0～5 s				

6(PW) 电源插件

d		Z
	2	
	4	FGI
	6	
	8	
	10	PD2-1
	12	PD2-2
	14	
	16	
+24V	18	+24V
G24V	20	G24V
	22	
DC+	24	DC+
	26	
DC−	28	DC−
	30	
	32	DD

5(COM) 通信插件

光纤接口

4(TR) 跳闸插件

d		Z
+KM	2	BCJ1_1
TQ	4	BCJ1_2
TLP	6	BCJ2_1
TZ	8	BCJ2_2
HC	10	
	12	
HZ	14	HW_1
−KM	16	HW_2
PM	18	
FM	20	
COM1	22	QFKD_1
FWD	24	QFKD_2
HWD	26	QF_FWJ
BD−1	28	
BD−2	30	
DD	32	

3(OUT) 信号插件

d		Z
QF-COM	2	1QS_COM
QF-TZ	4	1QS_TZ
QF-HZ	6	1QS_HZ
COM1	8	COM2
AI	10	ΔU
I>	12	I>>
COM3	14	COM4
U>	16	I_M
U<	18	
2BY_1	20	YX_COM
2BY_2	22	YX_DD
	24	YX_DL
1BY_1	26	1BY_2
QFSL_1	28	QFSL_2
AM_1	30	AM_2
	32	

2(PR) 保护插件

d		Z
	2	QS_HW
	4	QS_KD
	6	QS_JGGZ
QWS	8	DRQGR
DBBGR	10	DBFZ
	12	
	14	
YLSF	16	DKQGR
XCHW	18	ZWS
QF_KD	20	QF_JGGZ
SYTC	22	YK
+KR	24	+KR
−KR	26	−KR
GND	28	GND
TXD	30	RXD
RTS	32	CTS

1(AC) 交流插件

Y		L
DD	1	
	2	
	3	
U	4	
U*	5	I1*
	6	I_M
	7	I*
ΔU3	8	I
ΔU3*	9	ΔI3*
	10	ΔI3
	11	ΔI2*
ΔU2	12	ΔI2
ΔU2*	13	ΔI1*
	14	ΔI1
	15	
ΔU1	16	
ΔU1*	17	

图 7-3-8　电容器微机保护装置端子接线图

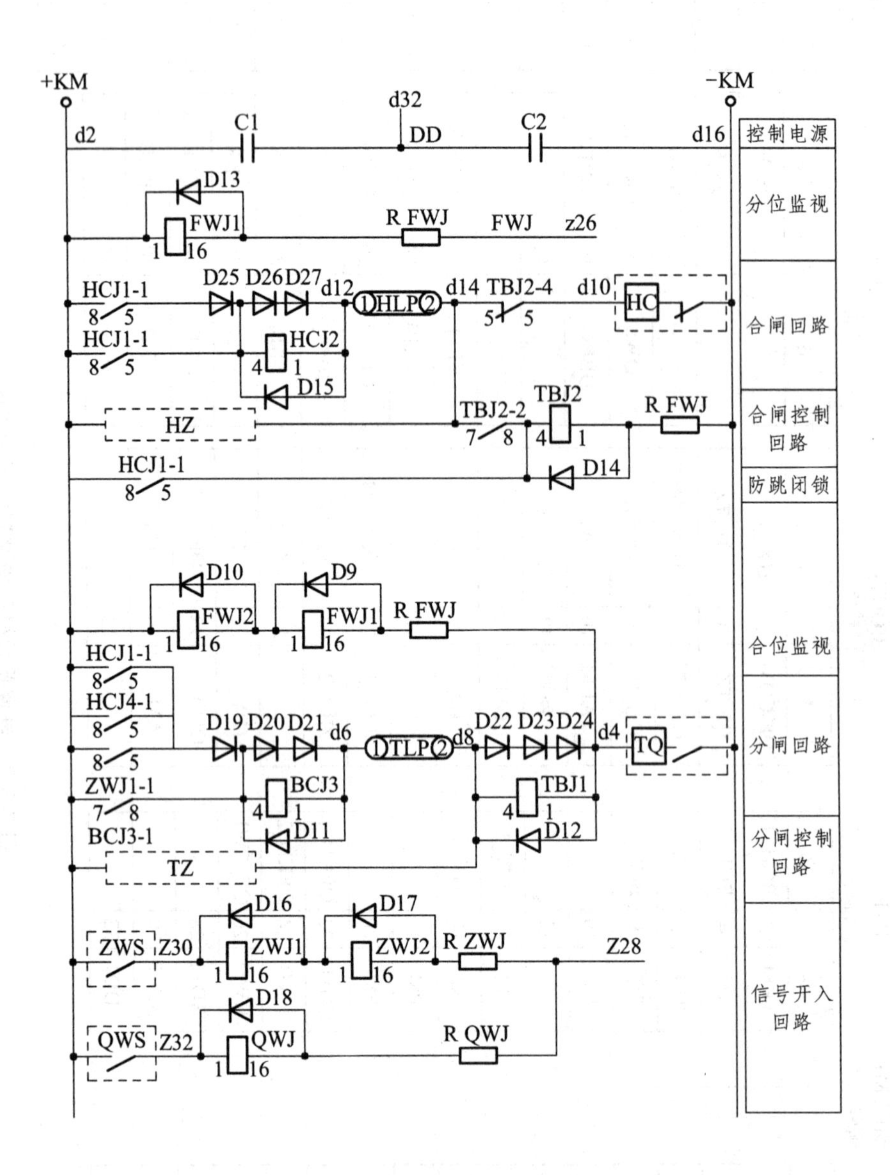

+KM
-KM
d32
C1
C2
d2
DD
d16
控制电源
D13
FWJ1
R FWJ
FWJ
z26
分位监视
HCJ1-1
D25 D26 D27
d12
HLP
d14
TBJ2-4
d10
HC
合闸回路
HCJ2
D15
TBJ2-2
TBJ2
R FWJ
HZ
合闸控制回路
HCJ1-1
D14
防跳闭锁
D10
D9
FWJ2
FWJ1
R FWJ
合位监视
HCJ1-1
HCJ4-1
D19 D20 D21
d6
TLP
d8
D22 D23 D24
d4
TQ
分闸回路
ZWJ1-1
BCJ3
TBJ1
D11
D12
BCJ3-1
TZ
分闸控制回路
D16
D17
ZWS
Z30
ZWJ1
ZWJ2
R ZWJ
Z28
D18
QWS
Z32
QWJ
R QWJ
信号开入回路

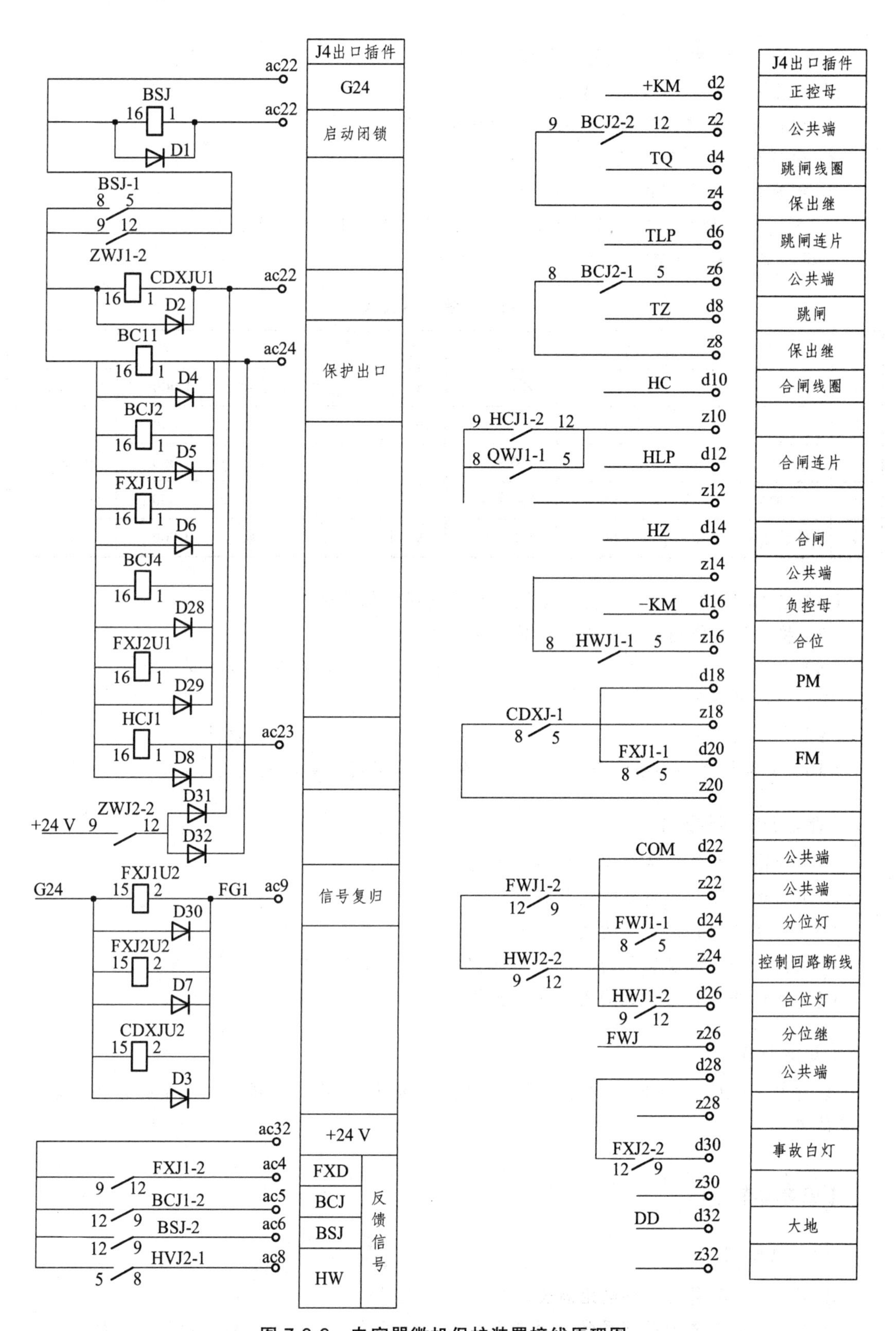

图 7-3-9　电容器微机保护装置接线原理图

（5）对电容器微机保护装置进行装置参数设置。

① 口令：为用户口令，可修改。

② 通信地址：整定范围 0～32，此时设定为 15。

③ 通信速率：一般整定为 2。

④ 额定电压与额定电流：按实际情况整定。

⑤ 通道补偿系数：整定范围为 0.8～1.2，默认值为 1，用户不需修改。

电容器微机保护装置参数清单如表 7-3-2 所示。

表 7-3-2　装置参数清单

序号	名　称	内　容	整定范围	序号	名称	内容	整定范围
0	口　令		××××	5	U_{CY1} 通道补偿系数	1.000	0.8～1.2
1	通信地址	15	0～32	6	U_{CY2} 通道补偿系数	1.000	0.8～1.2
2	通信速率	2	0～7	7	I 通道补偿系数	1.000	0.8～1.2
3	额定电流	5A	5A 或 1A	8	I_{CL1} 通道补偿系数	1.000	0.8～1.2
4	U 通道补偿系数	1.000	0.8～1.2	9	I_{CL2} 通道补偿系数	1.000	0.8～1.2

（6）在电容器微机保护装置的面板上进行保护模拟测试的操作。

（7）将软压板投退设入，观察保护动作现象，并记录。

（8）在按照确定的工作步骤完成任务的过程中，如发现问题，需共同分析，遇到无法解决的问题时请教老师。

（9）各小组成员之间、各小组之间互相检查，发现问题，提出意见。

（10）老师检查各小组及个人完成的任务，提出问题，给出成绩。

【课堂训练与测评】

（1）简述并联补偿装置在牵引供电系统中的作用。

（2）简述并联补偿装置的运行特点。

（3）简述并联补偿装置的故障和不正常运行状态有哪些。

（4）简述并联补偿装置的电流速断保护的整定原则和计算方法。

（5）简述并联补偿装置的差电压保护的整定原则和计算方法。

【知识拓展】

设计额定电压为 35 kV，电流互感器变比为 100/1，电压互感器为 35/0.1 的并联电容补偿装置的电流保护。

【思考与练习】

一、判断题

1.（　　）牵引网的供电距离长，末端故障电流小。

2.（　　）交流牵引网通常采用圆形特性方向阻抗继电器的距离保护作为主保护，一般设三段距离保护。

3.（　　）牵引网距离保护的整定时，在正常最小负荷情况下，距离保护装置不应拒动。

4.（　　）牵引变压器的次边电压比接触网额定电压 25 kV 高 15%。

5.（　　）并联电容补偿装置的作用是提高系统的功率因数。

二、选择题

1. 以下不属于单相牵引变压器的绕组接线形式的为（　　）

A. 纯单相接线　　B. 单相 Vv 接线　　C. 三相 Yy 接线　　D. 三相 Vv 接线

2. 牵引变压器中，其额定电压一次侧为（　　），二次侧为（　　）。

A. 330 kV　　B. 110 kV　　C. 50 kV　　D. 27.5 kV

3. 并联电容补偿装置中，失压保护的动作时限一般为（　　）。

A. 0.5 ~ 1 s　　B. 1 ~ 5 s　　C. 2 ~ 7 s　　D. 1.5 ~ 2 s

4. 过电压保护的动作时限一般为（　　）。

A. 0.5 ~ 1 s　　B. 1 ~ 5 s　　C. 2 ~ 7 s　　D. 1.5 ~ 2 s

三、填空题

1. 牵引网保护一般采用带____________作为主保护，而用____________作为辅助保护。

2. 在牵引变压器中，__________________和__________________主要作为主保护，____________、____________、____________和____________在牵引变压器中主要作为后备保护设置。

3. 并联电容补偿装置需配置的电流保护有____________、____________、____________、____________，需配置的电压保护有____________、____________、____________。

四、简答题

1. 牵引网距离保护的四边形阻抗继电器的特点是什么？

2. 说明牵引网距离保护的电流增量保护的原理。

3. 我国牵引变压器一般采用 YNd11 的原因是什么？

五、画图题

请画出牵引变压器采用 YNd11 接线原理图。

参考文献

[1] 任晓丹，李蓉娟. 电力系统继电保护运行与调试[M]. 北京：北京理工大学出版社，2014.
[2] 马玲. 继电保护与测控技术[M]. 北京：中国铁道出版社，2011.
[3] 杨利水. 继电保护及自动装置检验与调试[M]. 北京：中国电力出版社，2014.
[4] 谢珍贵，许建安. 继电保护整定实例与调试[M]. 北京：机械工业出版社，2014.
[5] 许建安，路文梅. 电力系统继电保护技术[M]. 北京：机械工业出版社，2011.
[6] 张建中. 电力系统继电保护[M]. 北京：中国电力出版社，2011.
[7] 芮新花，赵珏裴. 继电保护综合调试实习实训指导书[M]. 北京：中国水利水电出版社，2010.
[8] 王永康. 继电保护及自动装置[M]. 北京：中国铁道出版社，2010.
[9] 王敏，高爱云. 继电保护运行与调试[M]. 广州：华南理工大学出版社，2012.
[10] 陈小川. 铁路供电继电保护与自动化[M]. 北京：中国铁道出版社，2010
[11] 杨利水. 继电保护及自动装置检验与调试 200 例[M]. 北京：中国电力出版社，2008.
[12] 丁书文. 变电站综合自动化原理及应用[M]. 北京：中国电力出版社，2010.